「トラックのすべて」

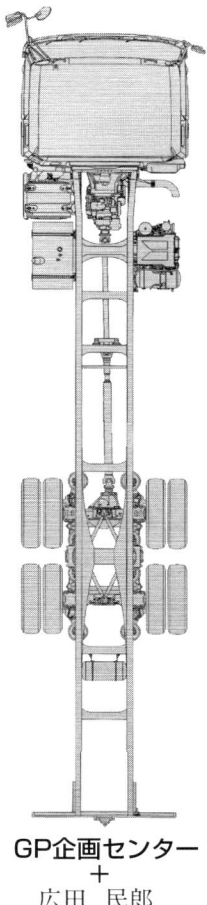

GP企画センター
＋
広田　民郎

グランプリ出版

はじめに

　2005年10月に「国産トラックの歴史」を刊行した。そのときに、以前つくった「トラック・その魅力と構造」を振り返ることになったが、何しろ8年も前のものなので、内容的にいささか古くなっていた。そこで、この機会にこれとは異なる構想で、現在の最先端のトラックについて、いろいろな角度から見たものを新しくつくることにした。歴史の先にある現在のトラックについての本として完成したのが本書である。

　8年の間に、エンジンを初めとして技術的に進化したものがあったものの、トラックを取り巻く状況は、さらに厳しくなってきている。

　そのなかで、よりクリーンなエンジンにするために規制は更新され、燃費性能などの向上が図られている。また、エアサスペンションの普及などもあり、トラックの機能は日進月歩を遂げている。販売台数が伸びないなかで、各種の規制や条例などへの対応を迫られていると同時に将来に向けて、よりクリーンで経済的で、なおかつ安全性を高めたものにしていかなくてはならない。

　日本国内の物流を支え続けるために、トラックメーカー、輸送業者、ドライバーや関係者がたゆまぬ努力をしているわけだが、特に大型や中型トラックを中心に、その機構だけでなく、工場を初めとして現場の状況も伝える内容にしたつもりである。

　1章から5章までのトラックの構造などはGP企画センターのメンバーが担当し、6章以下のトラックの生産現場やトラックターミナル、ディーラーのサービス、トラック用品などはジャーナリストの広田民郎氏が担当した。

　また、「国産トラックの歴史」同様に、トラックの構造に関する部分では元クリエートセンターにいらした岩崎民雄氏に、いろいろとご指導いただいた。岩崎氏の知恵をお借りしなければ、もっとレベルの低いものになっていたに違いないので、このことを記して感謝したい。さらに、今回もトラックメーカー各社の広報部の方には資料のご提供などで大変お世話になったことに感謝する次第です。本書が、トラックへの理解を深めるために役に立てば、こんな嬉しいことはない。

トラックのすべて
目 次

1. 物流の主役を占めるトラック……………………………9
- ■トラックの車両規格による分類……………………………12
- ■量産がむずかしい大型トラック……………………………14
- ■普通トラックのクラス分け…………………………………16
- ■トラックの大きさの限界……………………………………18
- ■商用車という分類とトラックの種類………………………20
- ■ボンネット型とキャブオーバー型トラック………………24
- ■車輪の数によるトラックの違い……………………………26
- ■トラックのキャブ・荷台・シャシー・エンジンなど……30
- ■規制緩和とトラック…………………………………………34
- ■トラックのモデルチェンジのサイクル……………………36

2. 進化するキャブ及び運転操作機構……………………38
- ■多様なキャブの種類…………………………………………40
- ■キャブの基本構造……………………………………………44
- ■キャブのデザインと空力的な進化…………………………47
- ■キャブなどの安全性の追求…………………………………53
- ■快適空間の追求………………………………………………57
- ■操作性のしやすさの追求……………………………………61
- ■イージードライブ技術の進化………………………………62
- ■運転操作をアシストする装置………………………………67
- ■各種の情報システムと運行データサービス………………70

3. トラックの荷台と特装トラック………………………73
- ■平ボディ………………………………………………………77
- ■バンボディ……………………………………………………79
- ■ウイングボディ………………………………………………82
- ■冷凍車および冷蔵車の特徴…………………………………87
- ■テールゲートリフターなどの荷役省力化装置……………89
- ■クレーン付きトラック………………………………………91
- ■特装車及びパワーテイクオフ機構…………………………92

- ■ダンプトラック･････････････････････････････････ 95
- ■ミキサー車･･････････････････････････････････････ 99
- ■タンクローリー車････････････････････････････････ 101
- ■粉粒体運搬車････････････････････････････････････ 103
- ■その他の特装車･･････････････････････････････････ 104

4. トラック用ディーゼルエンジン･･････････････107
- ■ディーゼルエンジンの機構････････････････････････ 108
- ■日本におけるディーゼルエンジンの進化･･･････････ 111
- ■ディーゼルエンジンのさまざまな種類･････････････ 116
- ■トラック用エンジンは直列6気筒が主流･･･････････ 118
- ■大型トラック用は直列6気筒ターボが中心･････････ 121
- ■ディーゼルエンジンはOHV型やSOHC型が主流･･･ 123
- ■エンジンの要である燃料噴射ポンプ･･･････････････ 125
- ■コモンレール式燃料噴射装置･･････････････････････ 127
- ■さらに進化するコモンレールシステム･････････････ 130
- ■ユニットインジェクションによる高圧化･･･････････ 131
- ■ターボチャージャーの装着とその技術進化･････････ 133
- ■厳しくなる排気規制とその対策・その1･･･････････ 135
- ■厳しくなる排気規制とその対策・その2･･･････････ 138
- ■厳しくなる排気規制とその対策・その3･･･････････ 140
- ■排気対策の方向性の違い･･････････････････････････ 142
- ■省燃費対策及び環境対応技術･･････････････････････ 143

5. トラックのシャシーなどの機構････････････････147
- ■フレーム･･ 147
- ■プロペラシャフトとデフ･･････････････････････････ 150
- ■リア2軸駆動････････････････････････････････････ 151
- ■前2軸車のステアリング･･････････････････････････ 152
- ■トラックのサスペンション････････････････････････ 153
- ■リーフスプリング式のフロント懸架装置･･･････････ 156
- ■リアのリーフスプリング式懸架装置･･･････････････ 158
- ■エアサスペンション機構･･････････････････････････ 161
- ■トラックのブレーキ･･････････････････････････････ 167

■排気ブレーキ及び圧縮圧解放ブレーキ……………………………170
　■リターダーによるブレーキ………………………………………171
　■ホイール及びタイヤ………………………………………………174

6. 大型トラックの生産ラインを見る………………**178**
　■大型エンジンの組み立てライン…………………………………180
　■同じエンジンでも用途で補器類ががらりと変化する世界………182
　■キャブの艤装ライン………………………………………………184
　■いよいよ大型トラックのラインオフまで………………………187
　■キャブとのドッキング……………………………………………189

7. 物流システムを支える巨大トラックターミナル…**192**
　■1960年代の高度経済成長期に誕生………………………………193
　■433個のバースとは何を意味する？………………………………195
　■トラックターミナルは眠らない…………………………………198
　■日本オリジナルのトラックステーション………………………202

8. ディーラーサービス工場………………………………**204**
　■大型トラックサービスマンのオールラウンド能力とは………206
　■進化するハイテク機構の学習に岡崎まで飛ぶ…………………209
　■エンジンオイルの交換にかかる費用……………………………211
　■ピストン1個が3万円強の世界……………………………………213
　■乗用車の整備の現場と大きく違うところ………………………216

9. トラックのチューニング及びドレスアップ……**219**
　■トラックのエアロパーツ…………………………………………220
　■人気の高い泥除け…………………………………………………223
　■DIYでオイル管理してセーブマネーするドライバー……………225
　■運転時間が長いトラックのキャブ内用品の世界………………226
　■省エネ大賞の用品も登場…………………………………………229
　■人気用品のデコデコとは…………………………………………230

装幀：藍　多可思

物流の主役を占めるトラック

　日本の物資の輸送はトラックに支えられている。輸送に関わっているのは、鉄道、船舶、飛行機などいろいろあるが、トラックの占める割合が圧倒的なのだ。かつては鉄道車両による輸送が中心だったが、1950年代にピークをむかえてからは減少し続けており、歯止めがかからずに現在にいたっている。

　トラックによる輸送は1980年代から現在まで、貨物の輸送トン数でみると90％以上を占めている。これに貨物の輸送距離をかけたトンキロ・ベースでみると、長距離輸送をもっぱらとする船舶による輸送が増えて40％ほどを占めるが、トラック輸送が半

長距離輸送を受け持つ大型トラック。荷台スペースを優先したつくりであるが、乗員が長時間過ごすキャビンの快適性も重視されている。

中型トラックは中距離を主として受け持つが、高速走行もあるので空力的なスタイルをしているものもある。

分以上を占めることに変わりない。ドア・ツー・ドアという優位性があるとはいうものの、トラックがここまで主役になっているのは、自動車メーカーがユーザーの要求に応えてトラックを進化させ、輸送効率を上げる努力をしてきたからである。出力性能を向上させながら燃料消費率も良くなり、キャビンの快適性も向上し、荷台も立派になり、使い勝手も良くなってきている。

1960年代に日本は経済成長を遂げて輸送する貨物量は毎年増え続けたが、それを支えたのがトラックによる物流だった。増加する分の輸送だけでなく、鉄道車両による輸送のかなりな部分までトラックが引き受けることになったのだ。

日本が経済成長するなかで、道路の舗装化が進み高速道路網が整備されるようになったことに対応して、トラックの性能が上がって高速で大量の物資を輸送することを可能にした。1950年代までは5、6トン積みトラックが輸送の中心だったが、1960年代になって長距離輸送が本格化するにつれて10トン積みトラックがその中心になった。

環境の変化に対応してトラックメーカーは、高性能にして積載重量を増やしたトラックを開発して市場に投入した。それに合わせて、ガソリン税などは道路の整備に使用されることになったので、その後も舗装化が進み、幹線道路の整備とともに高速道路の開通が相次いだ。いっぽうの鉄道車両による輸送は、旅客を対象にしたものが優先されて貨物輸送の増強まで手がまわらなかった上に、ストライキなどが頻発して効率の良い輸送が期待できない状況だった。1964年に開通した東海道新幹線も貨物輸送とは関係ないものだった。

現在も、トラックは技術的な進化を遂げ続けており、安全性や地球環境に対する配

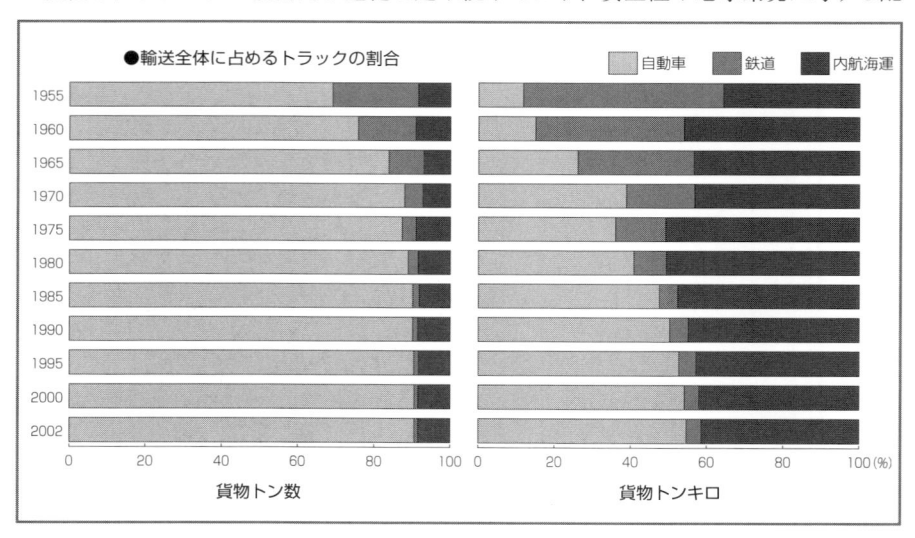

1. 物流の主役を占めるトラック

慮も心掛けられている。排気規制などの行政による規制があり、メーカー同士の技術的な競争もあるからだ。常に進化し続けなくてはメーカーとしての存続が保証されない状況のなかにある。

　それでも、自動車全体のなかでトラックの占める生産台数や販売台数では、乗用車とは比較にならないほど少ない。生産台数や販売台数で見ると、トラックなどより圧倒的に乗用車の方が多い。個人所有の遊びなどに使用するクルマが、すべての自動車のなかで主流になっている。乗用車を中心にしたメーカーは、トヨタやホンダや日産などで、生産台数も多い。

　2004年の販売台数で見た場合、乗用車が全体の81.5％で、トラックなどの商用車は18.2％を占めている。残りの0.3％はバスである。トラックやバスなど仕事をしているクルマは、20％にも満たない販売台数になっている。生産台数で見ると、トラックは16.5％と販売台数よりも比率で少なくなっている。輸出でも乗用車の占める割合が多いからだ。こうしたデータからも、日本の自動車産業は、乗用車によって支えられていることがわかるが、日本だけではなく、先

● 2004年の車種別新車登録・販売台数とその構成比

バス 18,147（0.3％）
軽四輪車 519,067（8.9％）
小型四輪車 361,449（6.2％）
普通車 186,588（3.2％）
トラック 1,067,104（18.2％）
普通車 1,358,281（23.2％）
合計 5,853,379（100％）
軽四輪車 1,372,083（23.4％）
乗用車 4,768,131（81.5％）
小型四輪車 2,037,767（34.8％）

● 2004年の車種別生産台数とその構成比

バス 60,442（0.6％）
軽四輪車 514,202（4.9％）
小型四輪車 446,536（4.2％）
普通車 769,953（7.3％）
トラック 1,730,691（16.5％）
普通車 4,044,563（38.5％）
合計 10,511,518（100％）
軽四輪車 1,366,675（13.0％）
乗用車 8,720,385（82.9％）
小型四輪車 3,309,147（31.5％）

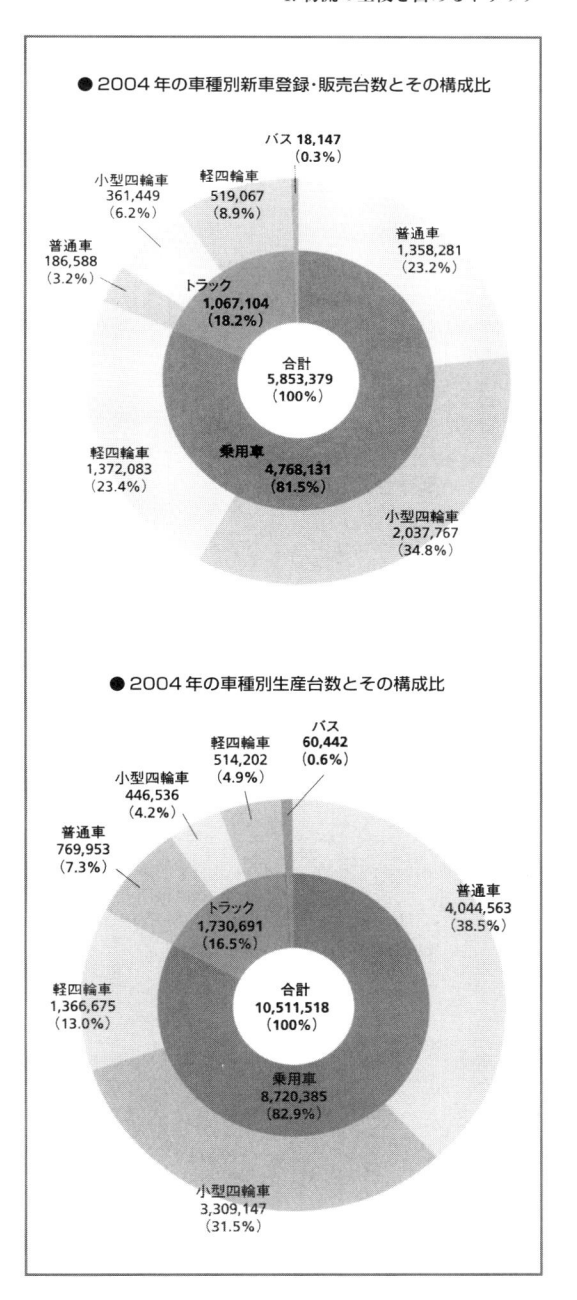

進国では軒並みそうした傾向を示している。

■トラックの車両規格による分類

　日本のトラックは、車両の規格で分類すると、軽トラック、小型トラック、普通トラックとなる。これは乗用車などと共通した規格である。このうち軽及び小型トラックがトラック全体に占める販売台数や保有台数で比率が多くなっている。2004年の自動車販売の18.2％をトラックが占めているが、半分近くの約52万台が軽トラックであり、小型トラックが3分の1以上となる約36万台となっている。

　日本の物流の大きな特徴の一つが、きめ細かく網の目のようにトラックによる配送が行き届いていることであるが、そのためには軽トラックや小型トラックの存在が欠かせない。小さい商店の配送やコンビニなどの商品の輸送に使用される。

　軽トラックや小型トラックに比較して普通車に分類されるトラックの台数は少ないが、走行距離を加味した貨物輸送量であるトンキロで見ると、普通トラックが82.3％と圧倒的な比率を占める。つまり、物流の主役は普通車なのである。1台で積載する

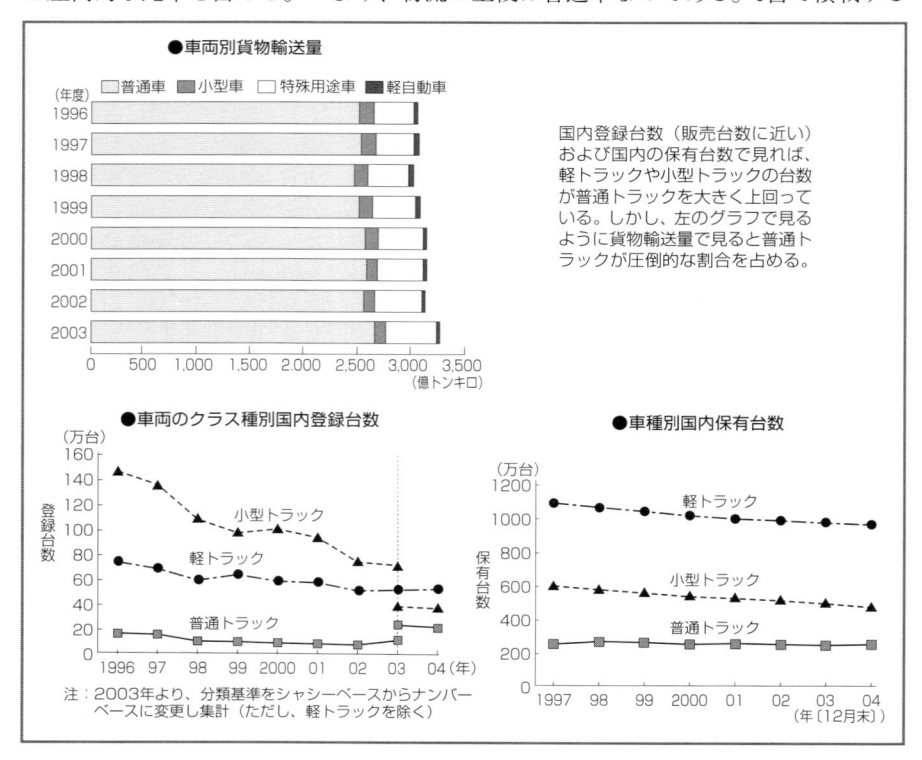

●車両別貨物輸送量

国内登録台数（販売台数に近い）および国内の保有台数で見れば、軽トラックや小型トラックの台数が普通トラックを大きく上回っている。しかし、左のグラフで見るように貨物輸送量で見ると普通トラックが圧倒的な割合を占める。

●車両のクラス種別国内登録台数

注：2003年より、分類基準をシャシーベースからナンバーベースに変更し集計（ただし、軽トラックを除く）

●車種別国内保有台数

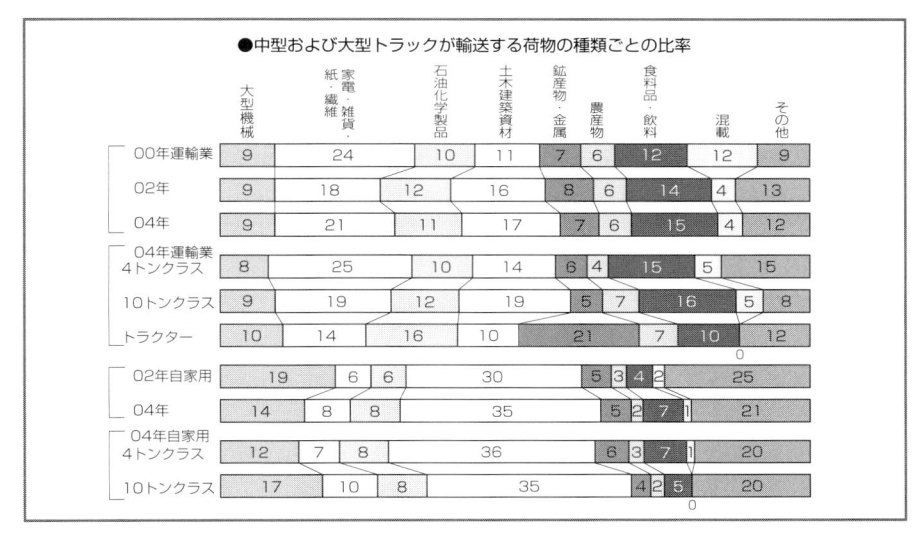

●中型および大型トラックが輸送する荷物の種類ごとの比率

	大型機械	紙・家電・雑貨・繊維	石油化学製品	土木建築資材	鉱産物・金属	農産物	食料品・飲料	混載	その他
00年運輸業	9	24	10	11	7	6	12	12	9
02年	9	18	12	16	8	6	14	4	13
04年	9	21	11	17	7	6	15	4	12
04年運輸業 4トンクラス	8	25	10	14	6	4	15	5	15
10トンクラス	9	19	12	19	5	7	16	5	8
トラクター	10	14	16	10	21	7	10		12
02年自家用	19	6	6	30	5	3	4	2	25
04年	14	8	8	35	5	2	7	1	21
04年自家用 4トンクラス	12	7	8	36	6	3	7	1	20
10トンクラス	17	10	8	35	4	2	5		20

貨物量が多いうえに、長距離走行に用いられるのが中心であるからだ。それだけ過酷な使用に耐えるようにつくらなくてはならない。

　短距離の輸送を受け持っている小型トラックや軽トラックは、人間の血液循環にたとえれば毛細血管の役目を果たしている。

　小型や軽トラックが毛細血管であれば、普通トラックは大動脈のなかを流れる血液ということになる。きめ細かい物流の根幹を支えているのだ。

　普通トラックは残りの20％弱に当たる18万台強で、乗用車を含めた自動車全体のなかで普通トラックは3.2％を占めるにすぎない。しかし、輸送の主役は普通車である。特に長距離輸送はこの分野のトラックの独壇場である。普通トラックは、積載量は3〜4トンクラスのものから20〜25トンクラスのトレーラーまでいろいろ種類がある。

　乗用車は小型が5ナンバー、普通車が3ナンバーと分かれているが、サイズ的には全長4700mm、全幅1700mmを超えれば普通車に分類されるし、軽はさらに小さく全長3300mm、全幅1480mmの範囲に収まっていなくてはならない。また、エンジンに関しても、軽自動車は660cc以下、小型自動車は2000cc以下と決められている。ただし、これはガソリンエンジンに関してのもので、ディーゼルエンジンの場合は小型車でも2000ccの排気量より大きくても許されている。ディーゼルエンジンの場合は車両サイズが小型車の枠内に収まっていればよいことになっている。乗用車の5ナンバーに相当する小型トラックは4ナンバーで、普通トラックは1ナンバーとなっている。

　小型トラックの分野にはピックアップトラックやバンも含まれるが、当然のことながらこのクラスが主流を占める乗用車などと同じエンジンを使用することが多い。そ

のほかの部品でも乗用車と共通なものがかなりある。そのほうが車両のコストを低くすることができるからだ。つまり、量産されることで車両価格を抑えることが可能になる。こうした車両のつくり方は乗用車メーカーが得意であり、この分野のトラックはトヨタや日産でもつくっている。

軽自動車を得意とするスズキやダイハツなどがトラックの分野でもシェアを確保している。小型トラック同様に量産効果を上げることができる分野である。

積載量2～3.5トンクラスのトラックには、他メーカーからOEM供給を受け、自社ブランドで販売されているクルマもあり、小型車枠を超えるクルマもある。

普通車トラックは2004年に18万台つくられているが、この中にはこうしたクルマも含まれている。これ以上の積載量の大きいトラックとなると、日野、三菱ふそう、いすゞ、日産ディーゼルというトラックメーカーの独壇場になる。乗用車メーカーが、量産効果を上げて開発する分野の自動車ではないからだ。なお、これらのデータ及びグラフは自動車工業会の資料によるものである。

■量産がむずかしい大型トラック

2004年のトラックメーカーによる普通車の生産は、その合計が12万台ほどである。車両価格が高いものであるとはいえ、生産台数でいえば、乗用車メーカーの10分の1以下であるだけでなく、購入する顧客の使用条件に合わせるために、さまざまなバリエーションを揃えなくてはならない。

かさばる荷物のためには荷台の長さを優先しなくてはならないし、重量物の場合は荷台長は短くて済むものの、荷重のかかり方が厳しいから、それに対応した仕様にする必要がある。車軸配列も何種類かになり、ホイールベースも異なるものになり、全長の違うものを用意しなくてはならない。

少量多種生産が求められることになり、最初からそのための設計をしなくてはならない。同じ仕様のクルマを数多く生産することでコストを抑える乗用車とは異なるつくり方であり、自動車メーカーの行き方としてトヨタや日産などとはベースのところ

日産ディーゼル上尾工場におけるキャビンの組立ライン。塗装色や仕様の異なるキャビンが同じライン上を流れていく。

1. 物流の主役を占めるトラック

●トラックの一般的な構成と名称

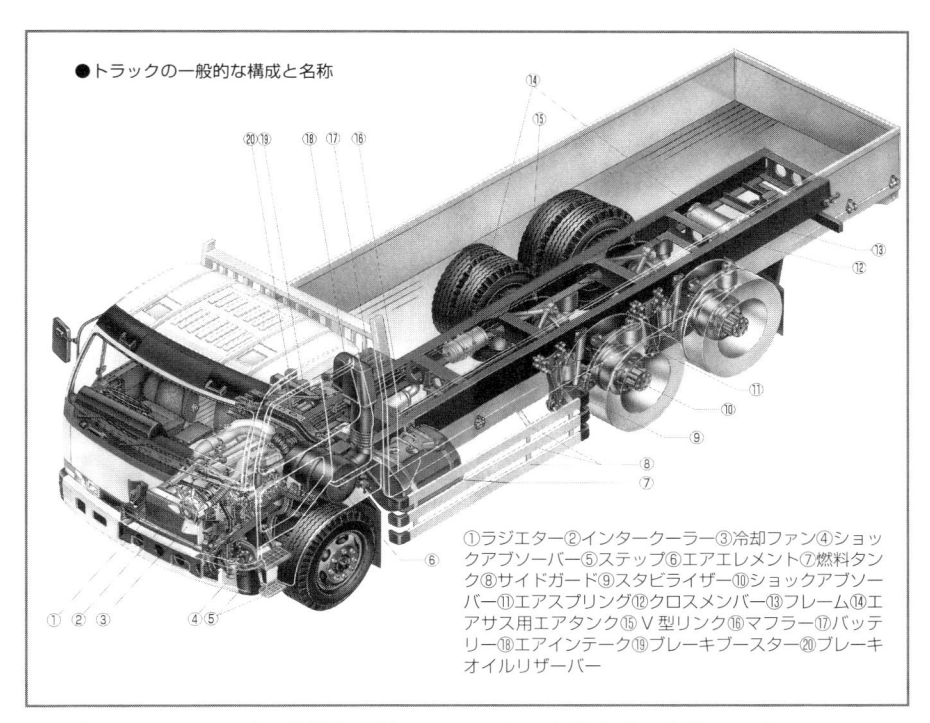

①ラジエター②インタークーラー③冷却ファン④ショックアブソーバー⑤ステップ⑥エアエレメント⑦燃料タンク⑧サイドガード⑨スタビライザー⑩ショックアブソーバー⑪エアスプリング⑫クロスメンバー⑬フレーム⑭エアサス用エアタンク⑮Ｖ型リンク⑯マフラー⑰バッテリー⑱エアインテーク⑲ブレーキブースター⑳ブレーキオイルリザーバー

から違っている。設計の段階から違っているが、生産方式でも違いがある。

　乗用車やSUVなどは、多少の荷物を一緒に運ぶものの、主として人間の移動手段として用いられる。エンジンのパワーも、特別なものを除けば自ずから上限が設定される。したがって、同じ規格のクルマを大量につくる。ユーザーの好みに合わせるといっても、最大公約数を狙うことになり、主要なターゲットを決めてその多くを取り込むことが求められる。

　大型トラックの場合はそうはいかない。走行距離や輸送する対象物は実にさまざまである。重いものがあると思えば、かさばるものがあり、貨物のかたちも一定でない。漏れると発火の危険のあるものの輸送もある。

　また、同じ食料品であっても、穀物や魚類などでは荷台に対する要求が違ってくる。重いものであれば、荷台のサイズは大きくなくて良いが、エンジンのトルクやシャシーの強さが求められる。ダンプカーなどがその典型だ。いっぽうで、かさばる商品の運搬では荷台が大きいことが重要になり、輸送中に商品の損傷がないようにする配慮が必要になる。

　使用目的によっては、長距離走行が求められないこともあり、使い方によっていろ

いろと要求が変わってくる。つまり、量産効果を上げることができない自動車なのである。

■普通トラックのクラス分け

　大型トラックという分類は、ドライバーの免許制度としては存在している。つまり、乗用車とともに普通免許で運転できるのは、積載量5トン未満の普通トラックに限られている。とはいえ、5トン近くの荷物を積んだトラックは乗用車とはサイズ的にも大きく異なり、普通免許で運転できるものの、その運転感覚を自分のものにするにはある程度時間がかかるものだ。

　これより大きいトラックの場合は、大型免許が必要になる。技量を持った人しか運転してはいけないというわけだ。また、AT限定の免許でも運転できる4トン車も用意されている。

　しかし、道路車両運送法の規定で、大型トラックが実際には積載量が何トンからという具合に規則できっちりと決まっているわけではない。普通トラックの分類のなかで、積載量の多いものが大型、比較的多くないものが中型トラックと呼ばれている。

　いっぽうで、道路交通法では大型車の規定がある。

　統計などでは積載量によって、4トン、5～6トン、7～8トン、9～11トン、12トン超にクラスが分けられている。このうち、普通免許では運転できない6トン車や7トン車も、どちらかといえば中型といえる。というのは、キャブやエンジンなどの主要な部分が中型トラックと共通になっていたり、それをベースに改良を加えたものであるからだ。

　実際に、トラックの場合は、車両規則が細かく決められている。積載量はきっちり

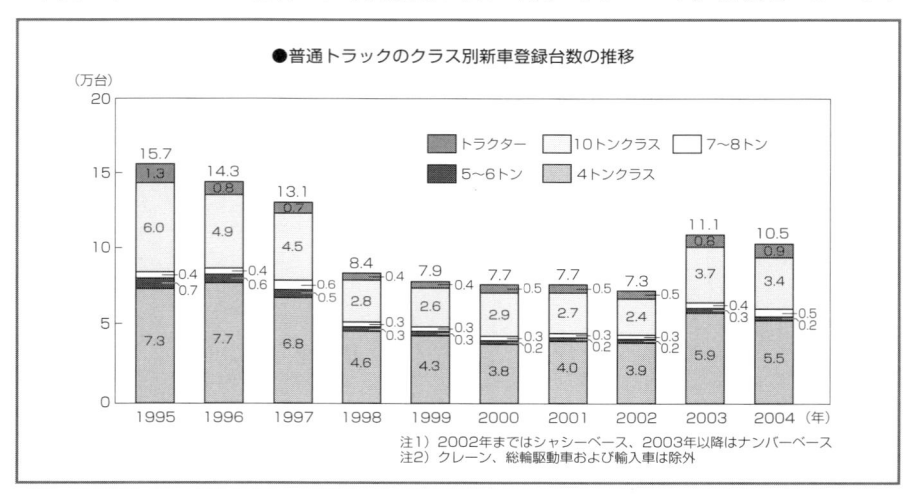

1. 物流の主役を占めるトラック

と先に決められるわけではなく、車両総重量が決められている。車両総重量というのは当然、荷物を満載したときの状態を指している。

車両規則に則って、安全に運行するための条件を満たした車両としての重量と定員となる人間の重量、それに積載した荷物ということになるが、車両重量と乗車定員は仕様によって異なるので、積載量は、車両そのものの重量などを差し引いた残りとなる。したがって、車両重量が重くなっていれば、荷物の積載量はそれだけ少なくなってしまう。車両規則を満たした上で、車両の軽量化を図ることができれば、積載量を増やすことができる計算になる。

普通免許で運転できるトラックは、正確にいえば車両総重量8トン未満ということになり、これが積載量で見ると4.95トンが上限になっている。

しかし、2007年6月には、この免許制度が見直される。これまでは、普通車免許と大型免許の2本立てだったものに、中型免許が新設されて3本立てとなる。

現行法規では普通免許で運転できるのは車両総重量が8トンを境にしていて、それ以上が大型と規定されている。この普通車と大型車の両方にまたがる車両総重量5トン以上11トン未満の「中型自動車」を新しく設定し、このクラスの車両を運転するには中型免許を取得しなくてはならなくなる。中型免許を取得するには、普通免許を受けてから2年経過していることが条件で、場内試験に合格しなくてはならない。大型免許は、これまで普通免許を取得してから2年経過するという条件が3年に引き上げられる。つまり、中型免許は20歳以上、大型免許は21歳以上になる。

こうした改正は、トラックの交通事故が他の四輪車よりも多いことが背景にあると

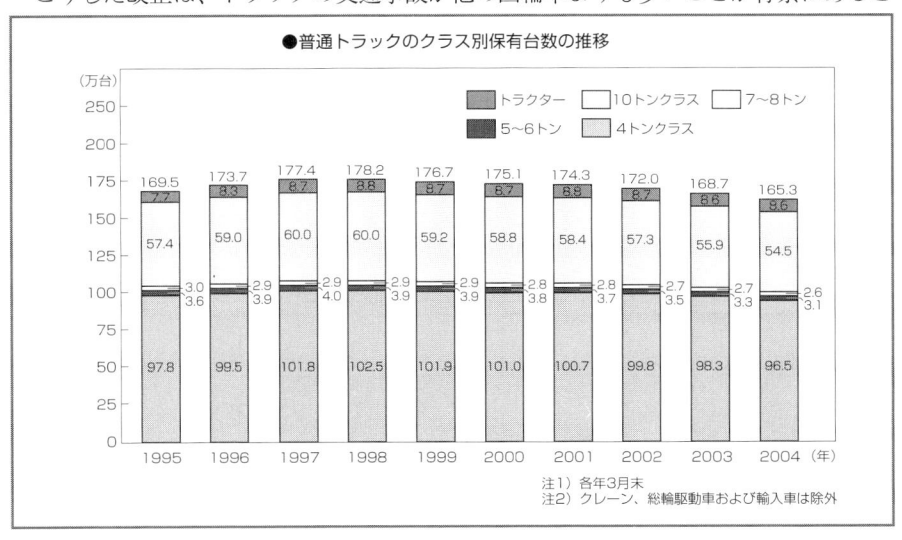

●普通トラックのクラス別保有台数の推移

(万台)	1995	1996	1997	1998	1999	2000	2001	2002	2003	2004 (年)
合計	169.5	173.7	177.4	178.2	176.7	175.1	174.3	172.0	168.7	165.3
トラクター	7.7	8.3	8.7	8.8	8.7	8.7	6.8	8.7	6.6	3.6
10トンクラス	57.4	59.0	60.0	60.0	59.2	58.8	58.4	57.3	55.9	54.5
7~8トン	3.0	2.9	2.9	2.9	2.9	2.8	2.8	2.7	2.7	2.6
5~6トン	3.6	3.9	4.0	3.9	3.9	3.8	3.7	3.5	3.3	3.1
4トンクラス	97.8	99.5	101.8	102.5	101.9	101.0	100.7	99.8	98.3	96.5

注1) 各年3月末
注2) クレーン、総輪駆動車および輸入車は除外

現行制度		
普通免許	〈車両総重量8トン未満〉 ・18歳以上 ・路上試験	
大型免許	〈車両総重量8トン以上〉 ・20歳以上で普通免許取得後2年以上 ・場内試験	
	※政令大型免許 〈車両総重量11トン以上〉 ・21歳以上で普通免許取得後3年以上経過している大型免許保有者	

↓

改正後	
普通免許	〈車両総重量5トン未満、最大積載量3トン未満〉 ・18歳以上 ・路上試験
中型免許	〈車両総重量5トン以上11トン未満、最大積載量3トン以上6.5トン未満〉 ・20歳以上で普通免許取得後2年以上 ・路上試験
大型免許	〈車両総重量11トン以上、最大積載量6.5トン以上〉 ・21歳以上で普通免許取得後3年以上 ・路上試験

●免許制度の改正

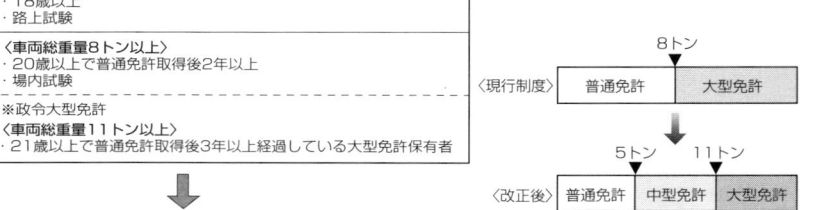

〈現行制度〉 普通免許 | 大型免許（8トン境）

↓

〈改正後〉 普通免許 | 中型免許 | 大型免許（5トン・11トン境）

2007年6月に改正されて、中型免許が新設。これまで車両総重量8トン未満（最大積載量4.95トン）のトラックは普通免許で運転できたが、改正によって普通免許では車両総重量5トン未満に制限される。

いう。つまり、事故の原因のひとつが大型化するトラックの運転技能の不足と考えられているようだ。

■トラックの大きさの限界

　中型や大型といったサイズや積載量による分類だけでなく、荷台の違いや仕様の仕方の違いなどで分類することもできる。まずは、サイズによる分類から見ていこう。
　トラックの車両規則が決められたのは今から50年以上前のことで、その後1990年代に一部改定されて現在に至っている。
　公道を走るトラックは、全長が12m以下、全幅が2.5m以下、全高が3.8m以下、最小回転半径12m以下となっている。このときに車両総重量は20トン以下と決められたから、車両重量が8トンのトラックが積載できるのは12トン以下であった。
　また、軸重は10トン以下、輪重は5トン以下という規則がある。これは車両総重量を20トンにする場合は3軸にしなくてはならないことを意味する。
　したがって、積載量10トンクラスのトラックは、すべて前か後が2軸になっていなくてはならない。いっぽうで、欧米のように4軸にした大型トラックにする意味は日本の法律ではないので、後述するように1990年代になって低床化するために登場するまで存在しなかった。
　規制緩和の一環として車両総重量が25トンまで引き上げられたのが1992年のことで、1995年からこの規格にあった積載量が12トンを超えた超大型トラックが登場する

1. 物流の主役を占めるトラック

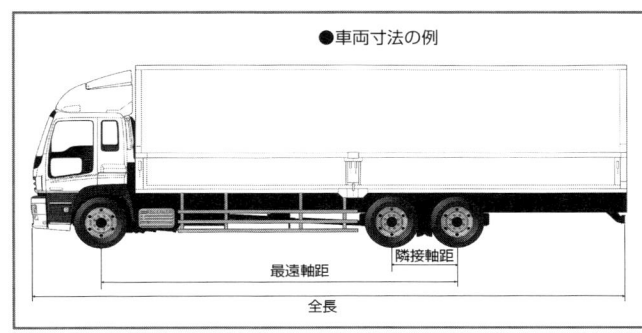

●車両寸法の例

隣接する軸にかかる荷重の和が隣接軸重で、隣接軸距の長さによって隣接軸重が決められる。隣接軸距1.3m未満では軸重18トン、1.3～1.8m未満では19トン、1.8m以上では20トンとなっている。

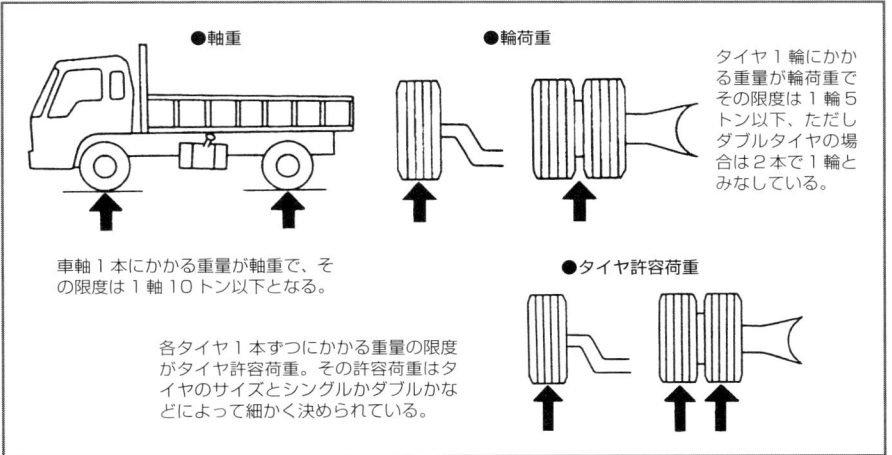

最遠軸距　隣接軸距　全長

●軸重

車軸1本にかかる重量が軸重で、その限度は1軸10トン以下となる。

各タイヤ1本ずつにかかる重量の限度がタイヤ許容荷重。その許容荷重はタイヤのサイズとシングルかダブルかなどによって細かく決められている。

●輪荷重

タイヤ1輪にかかる重量が輪荷重でその限度は1輪5トン以下、ただしダブルタイヤの場合は2本で1輪とみなしている。

●タイヤ許容荷重

ようになった。現在のところ、積載量15トンというのが国産トラックで最大級である。輸送に関するコストは積載量が増えた分に比例して増えないから、積載量の大きいトラックは歓迎される。そのために、登場した1995年こそは12トンを超える大型トラックは、10～12トンクラスのトラックより販売台数は及ばなかったものの数年のうちに大型の主流の地位を占めるようになった。

日野、三菱ふそう、いすゞ、日産ディーゼルというトラックの4大メーカーの場合は、この超大型の12トンを超える積載量のトラックと、4トンクラスのトラックが生産でも販売でも二つの大きな勢力となっている。

中型トラックの厳密な定義はないが、どちらかといえば中距離輸送を中心としたもので、その需要はかなり根強いものである。したがって、各メーカーは4トンクラスと大型クラスのトラックを開発の中心に据えており、その中間となる5～8トンクラス、9～12トンクラスは、販売台数で見ても多くないので、中型か大型のバリエーショ

ンとしてつくられている。しかし、前述したように中型免許が誕生したことによって、将来的には現在の車両のクラス分けに変化が訪れる可能性が出てきた。

■商用車という分類とトラックの種類

　車両の分類でいえばトラックは商用車になる。仕事で荷物などを搭載して使用する車両ということになり、物品税や取得税などが乗用車よりも軽減されている。

　ピックアップトラックのように乗用車の乗り心地を確保しながらトラックとして荷物も積めるようにした車両も含まれるが、これは輸送のためのものというより、個人で使用するに際して荷物も積めた方が便利であるというユーザーのためのものである。

　トラックと同じように物資の輸送に使用されるトレーラートラックは、中大型同様にトラックメーカーがつくっている。エンジンとキャブを持った、牽引のための車両と、荷台部分が区別されているもので、前の部分がトラクターで、牽引される部分がトレーラーと呼ばれている。トラクターのみで走行することが可能であるが、トレーラーに荷物を積載するので、普通のカーゴトラックより荷物の積載スペースを大きくすることができる。

　車両の総重量は最遠軸距により規定があり、それが9.5m以上の場合は28トンまで認められており、これが現行では最大となる。

　全長も1993年の規制緩和で12mから13.8m程度まで延長できるようになった。トラックより運転がむずかしくなるものの、積載量が多くなるので重量物や長大物を搭載することができるので、一定の需要がある。ただし、牽引免許を持っていないと運転することはできない。特殊技能が必要である。

　使い方としては、長距離輸送に適しているだけでなく、トラクターと切り離されてフェリーなどで無人航送されたトレーラーを港で待ち受けるトラクターに積み替えることができる。

　トラクターには、カプラー（第5輪）でトレーラーの荷重の一部を担いながら牽引するタイプのセミトラクターと、トラクター自身にも荷台を持ちながらトレーラーを牽引するフルトラクターがある。全長が限られている関係もあって日本では、セミトラ

いすゞピックアップトラック。日本ではそれほど需要がないが、アメリカでは売れ筋のひとつになっている。主として個人で荷物もある程度運べるクルマとして広く使われている。

1. 物流の主役を占めるトラック

トラクターには後方のトレーラーのみ荷物を積載するセミトラクターと自身も積載してトレーラーを牽引するフルトラクターとがある。

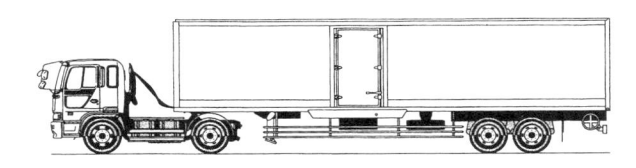

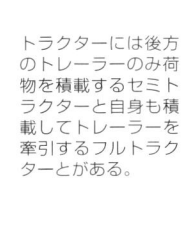

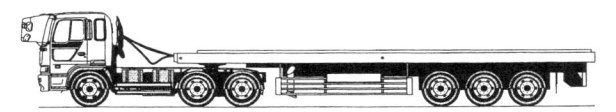

セミトレーラーの車両総重量は最遠軸距の長さにより最大値が決められる。最大は28トンとなり、ほぼ23トンまで積載することができる。道路法により連結全長は17mまでとされている。

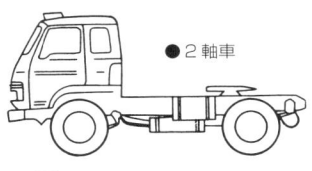

● 2軸車

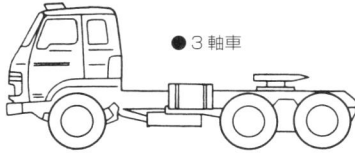

● 3軸車

4×2トラクターは高速用と6×4の重量用とがある。

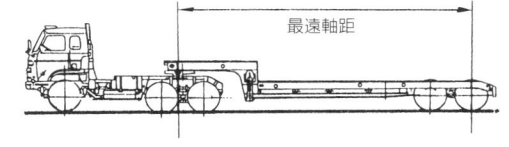

セミトラクターの車両総重量は最遠軸距の長さによって保安基準で決められている。

最遠軸距

セミトレーラーの車両総重量最大値

連結装置中心から最後軸中心までの距離	5m未満	5m〜7m未満	7m〜8m未満	8m〜9.5m未満	9.5m以上
セミトレーラー車両総重量	20 t	22 t	24 t	26 t	28 t

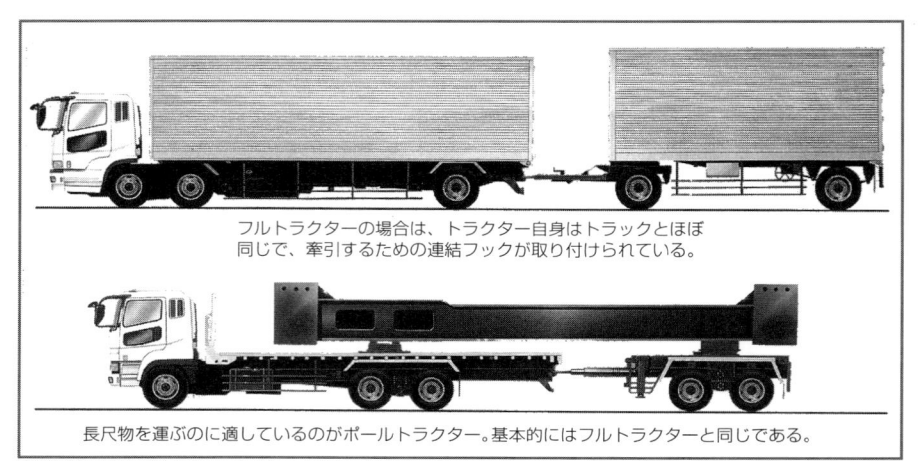

フルトラクターの場合は、トラクター自身はトラックとほぼ同じで、牽引するための連結フックが取り付けられている。

長尺物を運ぶのに適しているのがポールトラクター。基本的にはフルトラクターと同じである。

クタータイプのほうが主流になっている。ヨーロッパなどではトレーラーを2台牽引するダブルストレーラーが走行するのを見かけることができるが、日本では特別に許可を得なくては走行することができない。

もう一つが特装車と呼ばれるトラックである。石油など決められた液体を運ぶため

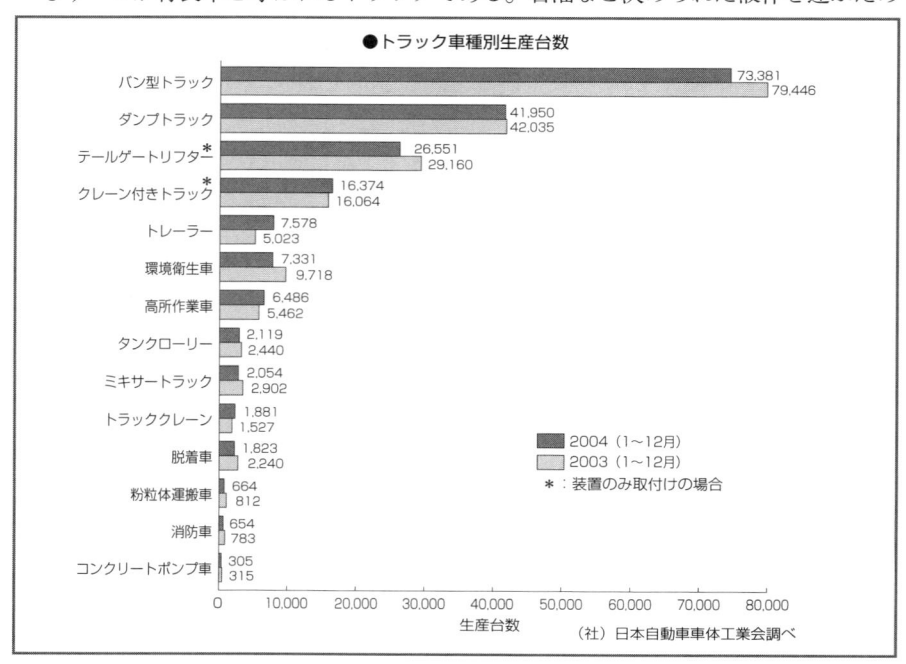

●トラック車種別生産台数

車種	2004（1〜12月）	2003（1〜12月）
バン型トラック	73,381	79,446
ダンプトラック	41,950	42,035
テールゲートリフタ*	26,551	29,160
クレーン付きトラック*	16,374	16,064
トレーラー	7,578	5,023
環境衛生車	7,331	9,718
高所作業車	6,486	5,462
タンクローリー	2,119	2,440
ミキサートラック	2,054	2,902
トラッククレーン	1,881	1,527
脱着車	1,823	2,240
粉粒体運搬車	664	812
消防車	654	783
コンクリートポンプ車	305	315

＊：装置のみ取付けの場合

（社）日本自動車車体工業会調べ

に特別に架装されたタンクローリー、コンクリートを作業しやすいように運搬しながら撹拌しているミキサー、冷凍食品などを輸送するための装置が施された保冷・冷凍車、自動車などを運ぶためにしつらえた荷台を持つ車載運搬車などである。一般的な荷台を持つものは、普通にカーゴトラックと呼ばれている。オープンな荷台ではなく、屋根付きの部屋になって荷物を保護するように運ぶのはパネルバンとか普通バンと呼ばれているが、軽量化を図りながらサイドのパネルがウイングのように大きく開くタイプの荷台を持つものはウイングボディと呼ばれており、次第にこのタイプのトラックが多くなる傾向を示している。

　カーゴトラックやダンプトラックは、トラックメーカーがボディメーカーと提携して荷台まで一貫して生産する場合もあるが、特装車になると使用する運送会社やトラックを使用する企業の要求に合わせて一品料理のように荷台をつくっていくケースが多くなる。トラックメーカーは、キャブやエンジンやシャシーを組み立てて走行可

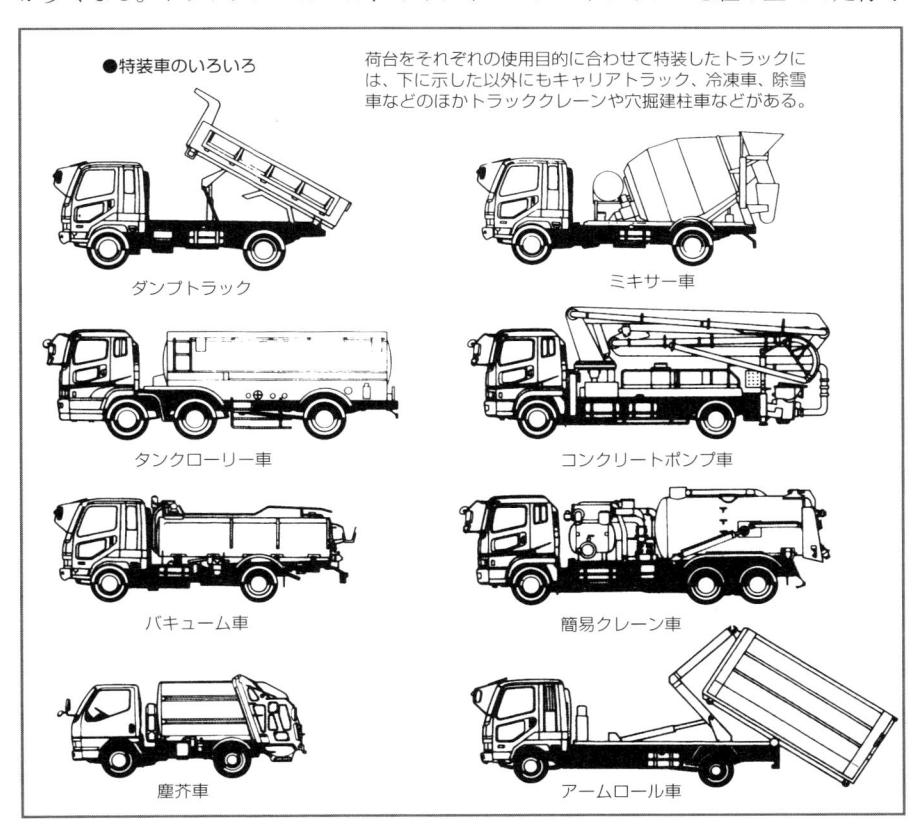

●特装車のいろいろ

荷台をそれぞれの使用目的に合わせて特装したトラックには、下に示した以外にもキャリアトラック、冷凍車、除雪車などのほかトラッククレーンや穴掘建柱車などがある。

ダンプトラック　　　　　　　　　ミキサー車

タンクローリー車　　　　　　　　コンクリートポンプ車

バキューム車　　　　　　　　　　簡易クレーン車

塵芥車　　　　　　　　　　　　　アームロール車

●トラック平均使用年数の推移

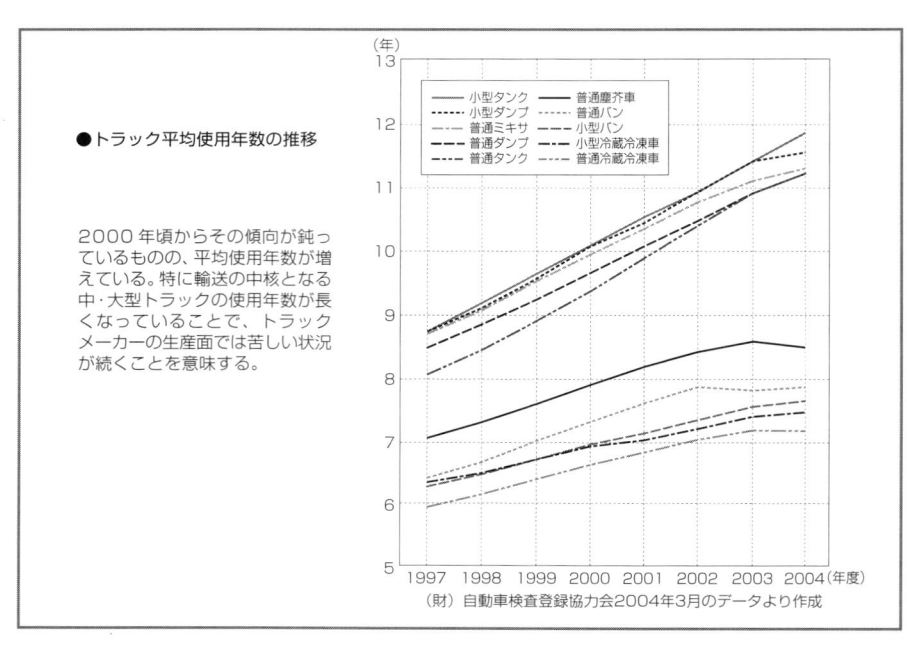

2000年頃からその傾向が鈍っているものの、平均使用年数が増えている。特に輸送の中核となる中・大型トラックの使用年数が長くなっていることで、トラックメーカーの生産面では苦しい状況が続くことを意味する。

（財）自動車検査登録協力会2004年3月のデータより作成

能な状態で出荷し、荷台の架装は、それぞれ得意とする車体メーカーが担当することになる。

　かつての自動車は、セダンでも顧客の要求に応じてボディスタイルも独自に架装するのが普通であったが、それと同じことがトラックでは現在も日常的に実施されているのである。現在の乗用車などは、わずかな仕様の違いがあるものの完成車としてすべて同じスタイルになっているのが当然と受け止められているが、生産台数の多くなかった時代は、同じエンジン付きシャシーに乗用車ボディが載せられたり、トラックに架装されたりしていたのだ。

■ボンネット型とキャブオーバー型トラック

　現在のトラックは、どのクラスのものでもキャブオーバータイプが圧倒的多数になっているが、1960年ころまではボンネットタイプのトラックが多く見られた。キャブオーバータイプは、エンジンの上にキャブ、つまりドライバーの運転席兼居室があるタイプで、このほうが荷台を長くすることができる。

　これに対してエンジンルームが前にあり、そのすぐ後方に運転席を持つタイプがボンネット型である。このほうがエンジンルームを開けることが容易であり、メンテナンスには有利であった。エンジンのトラブルやメンテナンスにも手間暇がかかるかつ

1. 物流の主役を占めるトラック

1950年代に11トン積みトラックとして活躍した日産ディーゼル6TW12型ボンネットトラック（上）。これをベースにフレームやシャシーが共通でキャブオーバートラックとして1961年11月に登場した6TWDC12型（下）は荷台長7.65mで、当時国内最長を誇った。

日本で最初の大型キャブオーバートラックとして登場した日野TC10型。6×2前2軸は当時ユニークな存在だった。10トン積みで荷台長6.75mだった。

ボンネットタイプのトラックは1960年代になっても活躍した。こうした特装車は当時から数多くつくられていた。

1950年に登場した日野最初の大型トラックTH10型。7.5トン積みだが、当時は最大級に近いものだった。

てのトラックでは、このタイプである必要があった。

　舗装も進まずに悪路が大半だった時代には、重心が高くなるタイプでは乗り心地も悪かったのでボンネットタイプの方が喜ばれた。現在でも未開の土地などで使用するのは、どちらかといえばボンネットタイプである。特に未舗装路や悪路走行では、ボンネットタイプの方がフロントヘビーにならないから、走破性が優れている。ぬかるみなどで足を取られることがないことが重要になる。そのうえ、キャブオーバータイプでは、ドライバーの位置が車両の前面になるから、草木をかき分けて進むような場合は危険でもある。

　キャブオーバータイプのトラックは、全長が4800mmに制限されている小型トラックで先に普及してきたのは、荷台を長くする必要性がそれだけ強かったからである。軽トラックについても同様である。

　キャブオーバータイプのトラックは、舗装が進んで快適な道路を走ることが前提になっている。舗装が進み、高速道路を走る機会が増えれば、輸送効率を上げることが最優先されるようになる。

　キャブオーバータイプになってから、トラックの仕様が多様化した。ボンネットタイプが主流だった時代には、積載量によるトラックのサイズの違いがあったものの、荷台のバリエーションも豊富ではなく、キャブも広くとることができなかった。これは、ボンネットタイプであったからというより、多様化の要求が大きくなかった時代だからであり、キャブオーバータイプになってから多様化が進み、キャブが乗員の居室として快適性が高められていった。

■車輪の数によるトラックの違い

　ホイールの数がいろいろあるのが大型トラックの特徴でもある。中型トラックは乗用車などと同じ四輪車である。それで充分であるからだが、サイズが大きく積載量が多くなる大型トラックはそうはいかない。車両総重量20トンクラスやそれを超えるようなトラックは6輪のものが多い。

　1990年代に入ってから8輪を持つ大型トラックが少しずつ増えてきた。規格的には8輪まで増やす必要はないものの、前4輪・後4輪の8輪にしたのはホイール径を小さくすることによって荷台の位置を低くすることができるからである。乗用車はほとんどが応力外皮ともいわれるモノコックタイプであるが、重量物を輸送することを目的とするトラックは、フレームを持つ構造になっているから荷台の位置を低くすることがむずかしい。そのなかでいろいろな工夫で少しずつ荷台の位置を低くする試みがなされてきた。その延長線上に8輪車が登場してきたのである。

　トラックで何よりも重要なことは荷台スペースの確保である。全高が規定で決められ

●車軸配置別バリエーション

大型の場合は、比較的軽量にできることから積載量の多くない仕様で安価になる。
　　　　　　　　　　　4×2

オールマイティに対応できるタイプで、最もバリエーションが多い。悪路や雪道が得意でない。
　　　　　　　　　　　6×2 後2軸

後2軸とも駆動するので悪路や雪道の走破性に優れるが、シャシーが重く価格も高い。
　　　　　　　　　　　6×4

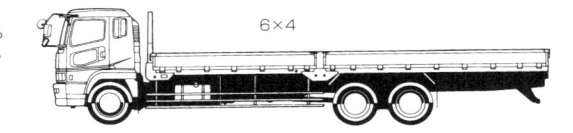

積載時のバランスが良く、低く軽くでき、価格も高くない。重積載や悪路は得意ではない。
　　　　　　　　　　　6×2 前2軸

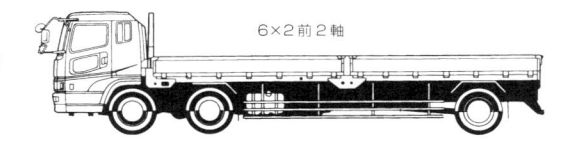

後2軸を小径タイヤにすることで低床化を図る。軽量で価格も安いが、凸凹路や悪路には向かない。
　　　　　　　　　　　6×4 低床

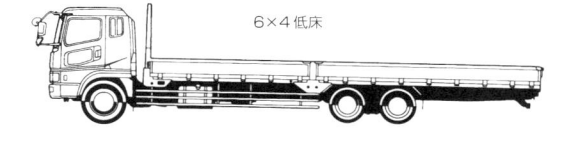

超低床化でき荷台スペースが最大となる。重量が大きく価格も高い。雪道走行は得意だが、低床なので凸凹路や悪路は不得意。
　　　　　　　　　　　8×4 低床

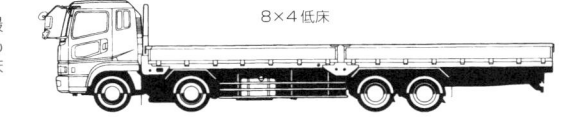

ているから、荷台スペースを大きくするには低床化することが必要になる。運賃は荷台スペースによって決められることも多いから、トラックの荷台スペースは少しでも大きいことが求められる。低床化はタイヤ径を小さくすることで可能になる。この場合、ひとつのタイヤが受け持つ荷重が決められているから、それまでと同じ大型車で3軸にしたものと同じでは不足してしまう。それを補うにはタイヤの本数を増やす必要がある。ということで、小径タイヤの8×4の8輪車が登場するようになったわけだ。

　そのために機構的に複雑になり、コストが余分にかかるが、荷台を低くするメリッ

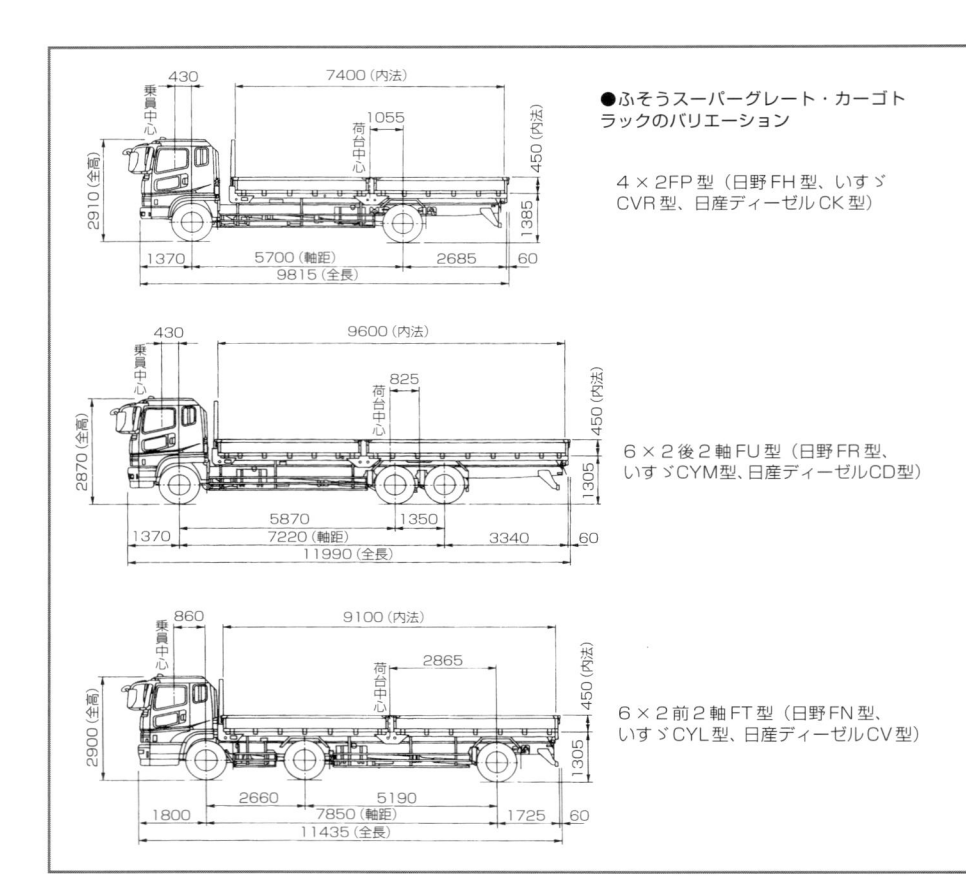

●ふそうスーパーグレート・カーゴトラックのバリエーション

4×2FP型（日野FH型、いすゞCVR型、日産ディーゼルCK型）

6×2後2軸FU型（日野FR型、いすゞCYM型、日産ディーゼルCD型）

6×2前2軸FT型（日野FN型、いすゞCYL型、日産ディーゼルCV型）

トが重要な顧客のために開発されたものである。

　6輪タイプのトラックは車軸の配置によっていくつかの種類に分類できる。6×2というのは6輪タイヤであるが駆動するのは1軸のみであることを意味する。6×4というのは、駆動輪が2軸のものである。6×2タイプのトラックは、後2軸と前2軸とがあり、一般的には後2軸がふつうである。

　前2軸にすると両方ともがステアする必要があるから、機構的に複雑になる。それでも、このタイプがあるのは、荷台に荷物を積んだときにフレームにかかる荷重が分散し、均一化されて車両の軽量化が図れるというメリットがある。これは、1950年代の終わりに日野から10トントラックとして初めて登場したが、他のメーカーも1960年代の後半になってからこのタイプのものをつくるようになっている。

　6×4タイプは後2軸が駆動するタイプである。重量物の輸送や雪路・不整地などで

1. 物流の主役を占めるトラック

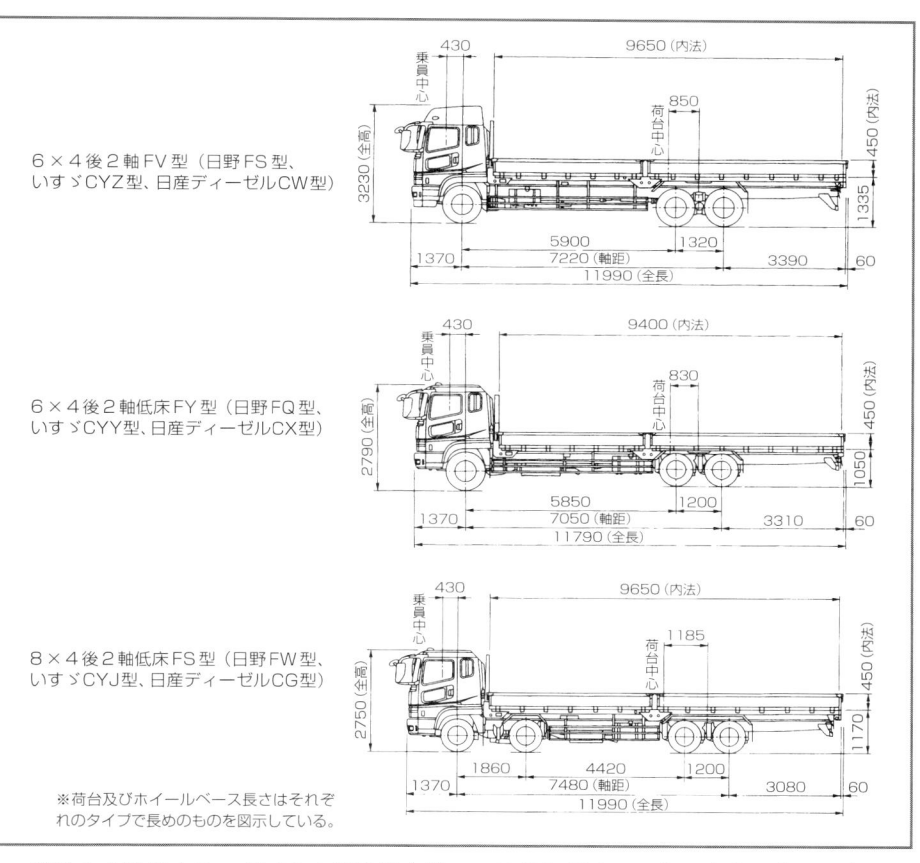

6×4 後2軸 FV型（日野FS型、いすゞCYZ型、日産ディーゼルCW型）

6×4 後2軸低床 FY型（日野FQ型、いすゞCYY型、日産ディーゼルCX型）

8×4 後2軸低床 FS型（日野FW型、いすゞCYJ型、日産ディーゼルCG型）

※荷台及びホイールベース長さはそれぞれのタイプで長めのものを図示している。

機動力を発揮する。ダブルの駆動輪を持つのはそれだけコストのかかるものになるので、その必要性のあるトラックに採用される。

　これとは別にフロントタイヤは普通サイズであるが、リアの2軸のタイヤ径を小さくすることによって低床荷台にしたタイプもある。前輪は本来の大きさのタイヤにできるのは、キャブ部分の下にフロントタイヤを納めることができるからだ。後2軸を駆動輪にした点では同じ6×4であるが、目的が異なるもので、8輪車と同じ要求に応えながらコストを抑えた廉価版の低床トラックということで、メーカーでは形式名などでも区別している。

　中型トラックは4×2タイプが中心である。リアを駆動する乗用車と同様のFRである。これとは別に4×4、つまり4WDタイプもある。使われる条件によっては前後とも駆動した方が良い場合があるからだが、乗用車と同様に4WD車はバリエーションの一

29

つとして存在するものである。

■トラックのキャブ・荷台・シャシー・エンジンなど

　荷台スペースを最大限に確保することがトラックにとって重要なことである。同時に、レジャーに使われることの多い自家用の乗用車などよりも経済的に優れていることが求められる。また、長距離走行では乗員の疲労を少なくする必要があり、社会的な要請として環境に配慮して燃費が良く排気もクリーンにする努力をしなくてはならないし、安全性の確保もないがしろにすることはできない。

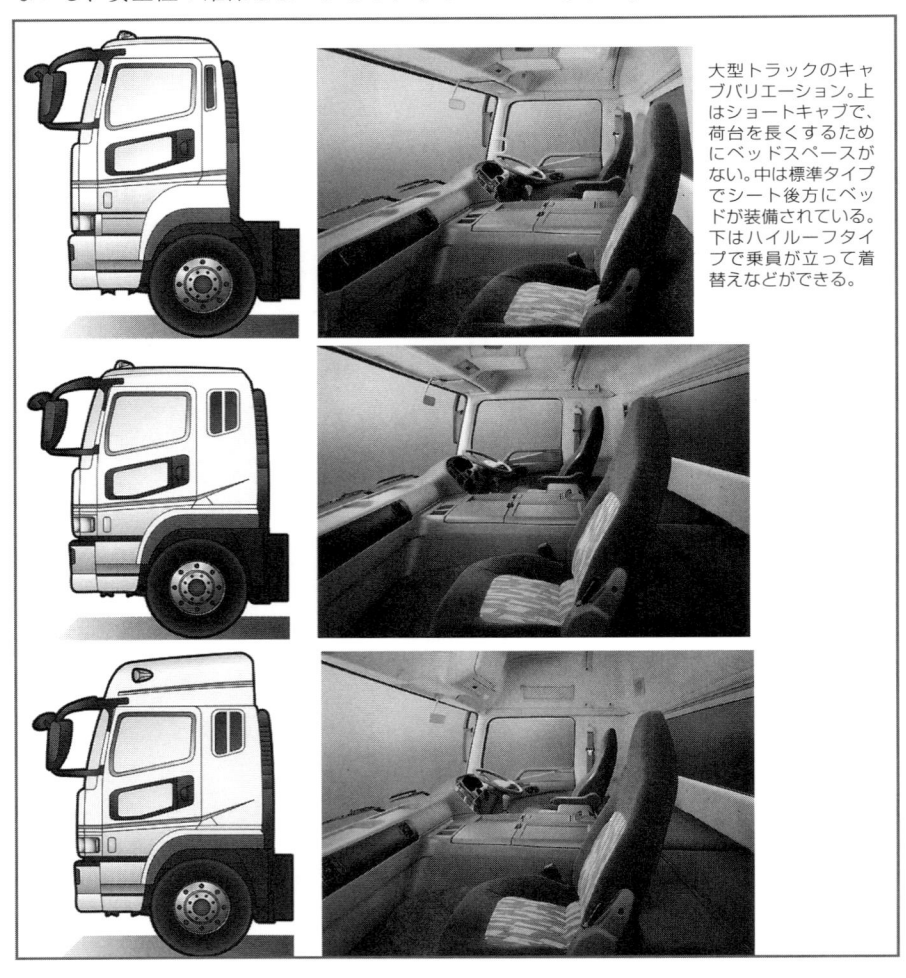

大型トラックのキャブバリエーション。上はショートキャブで、荷台を長くするためにベッドスペースがない。中は標準タイプでシート後方にベッドが装備されている。下はハイルーフタイプで乗員が立って着替えなどができる。

1. 物流の主役を占めるトラック

●ファイター4トン車荷台のバリエーション

ホイールベース	標準幅キャブ	ホイールベース	広幅キャブ
3,310mm(E)	3,660mm	3,810mm(G)	4,610mm
3,810mm(G)	4,600mm	4,270mm(H)	5,300mm
4,270mm(H)	5,300mm	4,570mm(J)	5,750mm
4,570mm(J)	5,750mm	4,870mm(K)	6,200mm
4,870mm(K)	6,200mm	5,210mm(L)	6,700mm
5,210mm(L)	6,700mm	5,540mm(M)	7,200mm
5,540mm(M)	7,200mm	6,560mm(S)	8,510mm
標準幅キャブ……ボディ幅：2,120mm 広 幅 キャブ……ボディ幅：2,350mm		7,220mm(U)	9,750mm

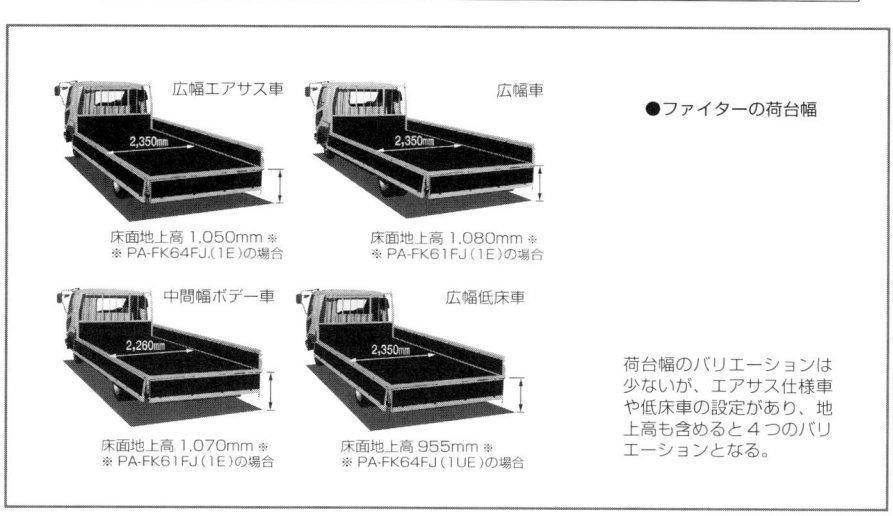

●ファイターの荷台幅

広幅エアサス車 2,350mm
床面地上高 1,050mm ※
※ PA-FK64FJ.(1E)の場合

広幅車 2,350mm
床面地上高 1,080mm ※
※ PA-FK61FJ(1E)の場合

中間幅ボデー車 2,260mm
床面地上高 1,070mm ※
※ PA-FK61FJ(1E)の場合

広幅低床車 2,350mm
床面地上高 955mm ※
※ PA-FK64FJ(1UE)の場合

荷台幅のバリエーションは少ないが、エアサス仕様車や低床車の設定があり、地上高も含めると4つのバリエーションとなる。

トラックは、大きく分けると乗員が運転操作して走行中に過ごすキャブ、貨物を積載する荷台、走行装置や車体を支えるためのフレーム及びシャシー、さらにはエンジンをはじめとするパワーユニットによって構成されている。これは、軽トラックでも小型トラックでも、普通トラックでも基本的に変わりはない。しかし、1回の走行距離が比較的短い小型や軽では、キャブが休憩する空間である必要性はあまりないし、積載する貨物の重さもそれほどではないから、大きなエンジンにする必要がない。

　コストがかかるエンジンに関しては、できるだけ共通のものを使用しなくてはならないが、長距離を高速で運ぶものと、中距離走行をもっぱらとするものでは、性能の異なるエンジンにしたほうが良いことになる。

　燃費性能では、工事現場などで重量物を運ぶダンプ車と、多少のパワー不足でも燃費の良いほうがいいというカーゴ系車では要求の違いがある。これを一つのエンジンでかなえることは不可能なので、ベースとなるエンジン本体を共通にしてトランスミッションやデフのギアレシオなどの変更で、相反する要求に応えるようにする努力をしなくてはならない。このあたりは開発技術者の腕の見せどころである。しかも、

各メーカーの中型トラック。それぞれにメーカーのシンボルマークをあしらって特徴を出している。上左が日野レンジャー、上右がいすゞフォワード、下左がふそうファイター、下右が日産ディーゼル・コンドル。

1. 物流の主役を占めるトラック

各メーカーの大型トラック。中型に比べて押し出しの強さを強調したデザインになっている。上左が日野プロフィア、上右がいすゞギガ、下左がふそうスーパーグレート、下右が日産ディーゼル・クオン。

ディーゼルエンジンの場合は年々厳しくなる排気規制をクリアしなくてはならないという難題をかかえているなかでの開発や改良になっている。

　トラックのエンジンが軽自動車など一部を除くと圧倒的にディーゼルエンジンを採用しているのは経済性に優れているからである。特にエンジン排気量が大きくなれば、ガソリンエンジンとの差はますます大きくなる。いっぽうで、ガソリンエンジンには1970年代から厳しい排気規制が実施されていたが、一足遅れて規制が強化されたディーゼルエンジンの場合は、一酸化炭素や炭化水素、窒素酸化物のほかに、粒子状物質の削減も図らなくてはならないのだ。煤などに代表される粒子状物質はPMとも呼ばれていて、ディーゼルエンジンでそれを少なくするのが容易ではない。そのための

エンジンの開発や除去装置にはかなりな費用がかかるので、排気規制をクリアするためにディーゼルエンジンはコストが上がらざるを得ない状況になっている。しかし、環境のことを考慮すれば、規制を達成するだけでなく、それ以上にクリーンなエンジンにすることが社会的な要請になっているのだ。

そうした状況のなかで、ディーゼル燃料に代わるものとしてCNG（圧縮天然ガス）エンジンにしたトラックや燃費を大幅に改善して排気性能も良くなるハイブリッド車も登場している。こうしたCNG車やハイブリッド車がつくられるようになった背景には、東京都のように200台以上の車両を持つ大規模トラック運送業者に、5％以上の割合で環境に配慮したこれらのトラックの導入を義務づけていることなどがある。

■規制緩和とトラック

いずれにしても、乗用車に比較してトラックは走行距離も多く、使用年月も長くなる。乗用車が10万〜30万kmほどが使用の限界であるのに対して100万km以上使用されることが多い。まして、好景気の時代とは異なり、経済効率が優先されるようになってからは、ますます使用する期間は長くなる傾向になっている。それだけ耐久性がなくてはならないものだ。

過積載をなくす指導は、行政によって何度も試みられたが、トラックの総量規制の緩和により車両総重量が25トンに引き上げられたのも、過積載をなくすための狙いもあったのだ。メーカー側では、それまでの限度である20トン車よりもいろいろなところの強度を上げた25トン車にしたが、このときに、過積載に対する罰則が強化され

●ふそうのテスト風景
改良を加えるために完成してからも各種のテストが実施される。
左は無響室での騒音試験。右は電波試験棟での電磁両立性試験。

1. 物流の主役を占めるトラック

●ふそうの屋外テスト風景
トラブルが発生しないようにテストコースで走行を重ねて細部にわたる改良を実施する。左はウエットコースでABSやASRシステムのチェック、右は凹凸路での操縦安定性のテスト。

て、それ以前よりも過積載は少なくなってきている。しかし、使用期間が伸びるなどしているから耐久性の確保は依然として重要な課題である。

かつてはトラックの過積載は当然であることを前提にしてメーカーも車両を開発していた。

ひたすら頑丈であることが求められたのである。同時に、積載量を増やすためには同じ車両総重量であれば、車両重量を軽くした分だけ増やすことができるから、全体に軽量化することは至上命令に近いものであった。矛盾した要求を抱えながらトラックはつくられ続けたのである。

また、高度成長期などは貨物輸送を増強することが優先されていたが、世の中が裕福になったことに加えて、ドライバー不足が深刻になって来たことにより、1980年代後半からは女性が進出するようになった。

そのために、乗り心地を良くして操作が楽になることが求められた。これに応えて、乗用車なみのイージーな操作にすることがトラック開発の重要な課題になり、キャブの快適性も、それにつれて向上してきた。

バブルの崩壊により、こうした傾向に歯止めがかかり、経済効率のほうが重要になったものの、いったん獲得した快適性や操作性の良さなどを後退させるわけには行かないものだ。そのなかで、運送効率を向上させること、トラックの製造コストを引き下げること、環境など社会的な規制や要求に応えなくてはならない。

中型及び大型トラックの抱えている問題の一つとして、貨物を積載したときと空荷で走行するときとの運動性能の違いをできるだけ小さくすることにある。積載量が多くなればなるほど、その差が大きくなり、駆動輪への影響は無視できないし、乗り心地や走行安定性でも変化がある。それらを吸収するためにサスペンションなどが進化してきているが、今後の課題としても大きいものの一つだ。

■トラックのモデルチェンジのサイクル

　乗用車など大量生産するものは、競争が激しいこともあって4〜5年というサイクルでモデルチェンジされるのが一般的だ。スタイルが陳腐化したり、技術的に古めかしくなって販売台数が落ち込むことを防ぐためである。

　基本的にはトラックも同様に陳腐化を避けて装備を充実させ、技術的にも他のメーカーのものに負けないものにしなくてはならない。しかし、生産台数が多くないから乗用車と同じようなサイクルでモデルチェンジしていたのでは設備投資に費用がかかりすぎてしまう。大まかにいえば、トラックのモデルチェンジは10〜12年くらいが普通である。乗用車用エンジンの全面変更は、ほぼこれと同じくらいである。

　もちろん、次のモデルチェンジまでトラックは同じままで生産し続けるわけではない。キャブの主要部分やフレーム・シャシーなどはそのままであるにしても、エンジンの改良やキャブのフェイスリフト、さらには装備や操作系などは新しくする。こうしたマイナーチェンジは、数年ごとに実施されている。とくに排気規制が実施されるようになってからは、頻繁に規制が強化されてきているので、それをクリアするエンジンに交換しなくてはならないから、そのタイミングでマイナーチェンジを図ることが多い。

　したがって、ひとつのメーカーがユーザーに好評な装備にすると、数年のあいだにほとんどの車両に同様の装備が付けられることになる。

●日産ディーゼルトラックの変遷

1979年CW52型

1990年に日産ディーゼルの大型トラックはビッグサムという名称を与えられた。それまではそれぞれの仕様ごとに型式名が付けられていた。前身は25頁の6TW12型である。

1990年ビッグサム

1. 物流の主役を占めるトラック

　中型トラックと大型トラックが、日野、いすゞ、三菱ふそう、日産ディーゼルによってつくられており、そのクラスごとに競争が行われている。しかし、それは1970年代の半ばに日産ディーゼルが中型トラックを誕生させてからのことで、それ以前は大型トラックを得意にするメーカーと中型トラックを得意とするメーカーなどの違いが見られたのである。

　四大メーカーによるトラックの開発競争は1980年代になってからは中型と大型で、それぞれに真っ向勝負する時代に突入した。紆余曲折があったにしても、生産台数が増えていく見通しが立てられたからのことである。現に、普通トラックの生産は1990年には20万台を超えるまでになった。しかし、バブルの崩壊とその後の景気の低迷で、販売台数は減少し、1998年に急速に減少して10万台ちょっとまで落ち込み、最盛期の半分近くにまでなった。その数年後には多少回復したものの、依然として厳しい状態が続いているのが現状である。

　ヨーロッパの各国では、トラックメーカーは一国では一つか二つに限られているが、日本では四つもあることから、メーカーの数が多すぎるという議論があるのは否定できない。同じクラスのトラックのベースを四種類もつくっているのは不経済であるという意見もある。しかし、メーカーが競争しているから、厳しい排気規制があっても、それを乗り越えるエネルギーが生み出されて、技術進化が達成されているともいえる。そうはいっても、今後は開発費の削減や生産の効率向上のために、メーカー間の提携などは、これまで以上に進む方向になることは、十分に予想される。

1997年ビッグサム

マイナーチェンジによりフロントグリルを中心にフェイスリフトが実施された。キャブの基本骨格やスタイルは同じである。

2004年クオン

ユニットインジェクションと尿素SCRを組み合わせた排気規制対策車を投入するタイミングでビッグサムは、クオンにバトンタッチされた。キャビンスタイルの変化に注意して欲しい。

2

進化するキャブ及び運転操作機構

　トラックのキャブは、乗員のための快適な空間を確保しながら、空気抵抗を小さくし、安全性を確保し、デザイン的にも優れた印象になっていなくてはならない。4大メーカーがそれぞれのクラスで同じような種類のトラックを市販している関係で、日本のトラックは競争が激しいから、この部分のつくり込みが知恵の見せどころになっている。それまでにない新しさを出しても、それがユーザーに好評なものであれば、

●ふそうスーパーマルチルーフ車

キャブの快適性が求められるといっても、トラックでは荷台スペースの確保が最大の課題。それとの関係でキャブが進化する。

2. 進化するキャブ及び運転操作機構

● 1961年三菱ふそうT11GA型

1960年代に入ってキャブオーバータイプが急速に普及してきたが、まだ60年代前半はボンネットタイプの需要もあった。しかし、写真で見ると分かるように荷台スペースが広くとれないボンネットタイプは姿を消していく運命にあった。下のスーパードルフィンは空力を意識してデザインされた大型トラックとして最初に登場したものである。

● 1981年日野スーパードルフィン

他のメーカーもすぐに採用するから、結局は似たようなかたちや装備になっているが、トラックのキャビンはきめ細かく配慮してつくられている。

　コストがかかることを避けなくてはならないから、9〜10トンクラスや12トン超とクラスの異なるトラックやトラクターなどのキャブは、共通になっていることが多い。さらに、中型トラックともできるだけ共通部品を使用するように配慮されている。メーカーとしての特色をスタイルでも印象づけようとして、中型と大型ではキャブのイメージの共通化を図っているメーカーもある。

　キャブは時代とともに進化している。その最初の変化は、ボンネットタイプからキャブオーバータイプになったことである。エンジンが前にあったボンネットタイプとは異なり、キャブオーバータイプになるとキャブが独立した空間になった感じで、快適性が追求される方向に進んだ。

　キャブオーバーになった最大の要因は、もちろん荷台スペースを大きくすることであったが、キャブオーバータイプの出現は、5〜6トンクラスから10トンクラスへ、トラックの主流の移行を促した。これにより、長距離輸送がトラックの守備範囲になり、販売台数が増えていった。高度経済成長期に入り、高速道路の開通や道路の整備が進んだからでもあった。キャブオーバータイプのトラックは、こうした時代に合わせるようなタイミングで登場したのである。

　乗員が走行中を過ごす空間であるキャブは、高速道路を長距離走行するようになる

と、走行中だけでなく途中で休憩するための、生活空間に準じる部屋としての機能まで果たすようになっていった。

　初めのうちは、仮眠するためにキャブのなかに狭いながらも乗員が横になって寝ることができる簡易ベッドがしつらえられるようになったが、一つのメーカーがシートの後方にベッドをつくると、たちまちのうちに他のメーカーのトラックもこれにならった。

　それからは、ひたすら快適なキャブにする競争が始まったのである。

■多様なキャブの種類

　キャブは、居住空間として快適であること、安全のために視界や操作性が良いこと、燃費性能に影響することから空力的に優れた形状であること、そして、何よりもスタイルなどトラックのイメージを決定する部分であることから、デザインが優れていることが求められる。キャブオーバータイプになってからのキャブのエクステリアやインテリアは、大きな変化を見せた。使用する側のさまざまな要求に応えてバリエーションが豊富になり現在に至っている。

　キャブオーバータイプになった1960年代の初めは、ヘッドライトこそ二つ目になっていたが、フロントウインドウはまだ曲面ガラスでなく中央に境目がある2枚の平面（または曲率の小さい）ガラスが用いられていた。キャブも荷台を優先してキャブは広くとることまで考えられていなかった。やがて1枚の曲面ガラスが採用され、視界の

●プロフィア・キャブのバリエーション

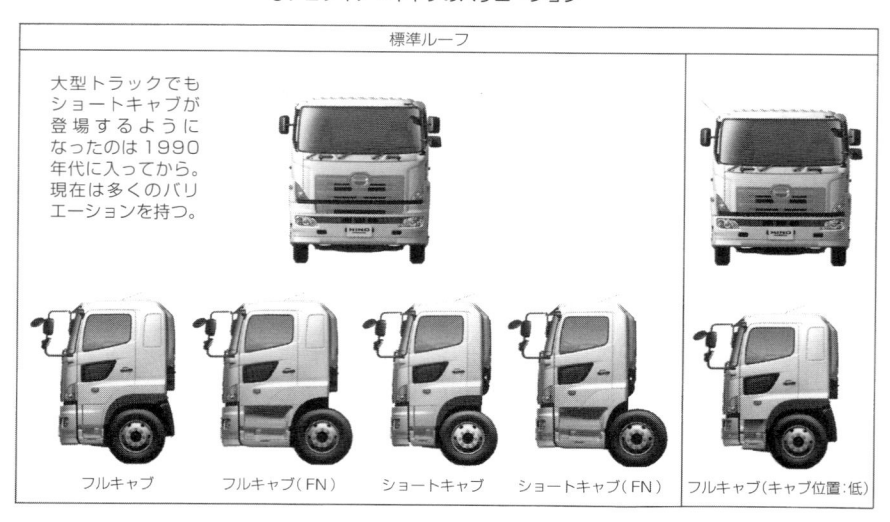

標準ルーフ

大型トラックでもショートキャブが登場するようになったのは1990年代に入ってから。現在は多くのバリエーションを持つ。

フルキャブ　　フルキャブ（FN）　　ショートキャブ　　ショートキャブ（FN）　　フルキャブ（キャブ位置：低）

2. 進化するキャブ及び運転操作機構

確保が重視されるようになりフロントガラスの面積が大きくなっていく。同時にサイドのガラスエリアも大きくなり、ドライバーと反対側の見えにくいサイドドア下部にガラス透視窓が設置された。これは、1980年代に入ってからのことで、そのころからキャブの空力性能が意識されたデザインになっていく。

長距離高速走行するようになって、大型トラックから始まったシート後方のベッドスペースの設置は、中型トラックにも拡大した。

いっぽうで、貨物の集配などで比較的乗車している時間の長くない場合は、キャブの充実より荷台スペースを大きくした方がいい。そこで、中型トラックではベッドをなくすことでキャブの全長を短くして、そのぶん荷台を長くするトラックが登場する

もともとベッドレスのショートキャブは中型トラックで誕生した。全幅の異なる標準幅と幅広キャブのあるのは中型クラスのみとなっている。

●レンジャー・キャブのバリエーション側面

●レンジャー・キャブのバリエーション正面

ハイルーフ

フルキャブ

●フォワード・キャブバリエーション

ショートキャブ

車両をダウンサイジング

フルキャブ

積載性を向上

ショートキャブ

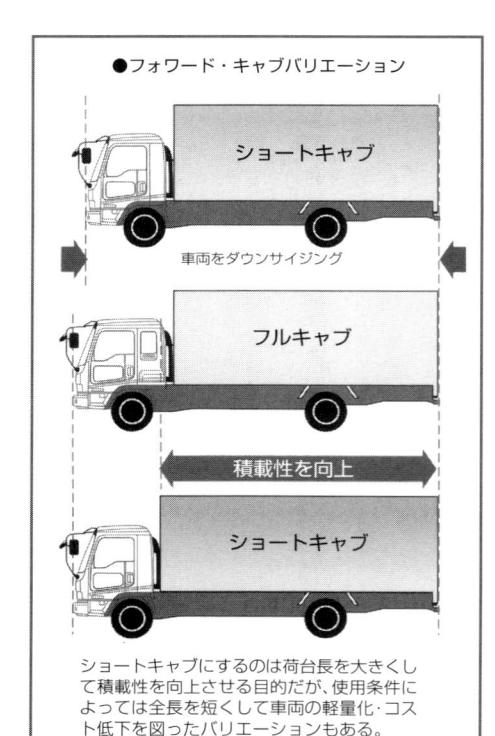

ショートキャブにするのは荷台長を大きくして積載性を向上させる目的だが、使用条件によっては全長を短くして車両の軽量化・コスト低下を図ったバリエーションもある。

ようになり、キャブがショートタイプとフルサイズとに分かれた。その流れは1990年代後半になると、大型トラックにも及び、中型にしか見られなかったショートキャブ車が大型トラックでも登場する。

　大型車では、キャブの全幅は車両規格に近い大きさになっているが、中型の標準車はそれより全幅が狭いタイプだった。そのために大型と同じように規格いっぱいまで広げたワイドタイプも登場して、キャブサイズのバリエーションが増えた。

　キャブ装備の充実と快適性の向上は、各メーカーで競争となった。そのために、ベッド付きのキャブでも、キャブの外形寸法を変えずに室内空間を大きくする設計が実施された。

　モノコック構造になっているキャブもできるだけ軽量化を図ることが好ましい。そこで、強度はボディの外板で確保するようにして、ムダな出っ張りをなくしてステアリング機構やダッシュボードなどをコンパクトにまとめることによって、広い空間を確保するようにする。これによって、シートのスライド量を大きくしたり、リクライニングできるようにし、シートそのものも高級になった。

　そのうえで、キャブの長さなどのサイズを変えずに飛躍的に室内空間を大きくする方法として考えられたのがハイルーフ仕様である。パネルバンタイプの荷台が増えて来るにともなって背の高い荷室が多くなり、キャブよりも高くなっていった。そのために、キャブ高さを大きくするのに抵抗がなくなってきていた。

　ハイルーフにすることによって、キャブのなかでフロアに立ったまま着替えたり移動することができるようになり、室内における圧迫感も少なくなる。生活空間としての利用の幅が広げられたのである。

　ベッドのあるフルサイズとベッドレスのショートキャブ、さらには標準ルーフとハイルーフなどのバリエーションが誕生したのである。

　ハイルーフにすることによって、ショートキャブタイプでも上部の空間をロフト部

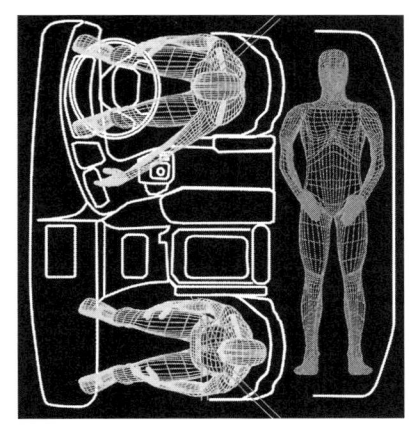

2. 進化するキャブ及び運転操作機構

●ビッグサムの室内　　　　●ふそうショートキャブ室内

かつての大型トラックではシートの後方にベッドスペースがあるのが普通だったが、中型車同様にベッドスペースをなくして荷台長さを優先させたショートキャブが登場するようになった。

分として、ここをベッドスペースと収納スペースに使用することが可能になった。シート後方にしつらえたベッドスペースより幅を広くとることができるほどになる。ショートキャブにするデメリットをなくす工夫の一つである。

特殊なキャブとしては、運転席のみのキャブサイズを半分の幅に狭めたタイプのトラックがある。これは金属製のパイプやレールなどといって長尺ものの運搬のためにキャブ部分のある前方まで荷台スペースにするために特製されたものだった。このタイプのキャブはクレーン車などにも見られる。

ダブルキャブのトラックもあ

●長尺もの用トラック
クレーン車などはモノポストのキャブもあるが、カーゴトラックではごく稀なものである。写真は1970年代に登場した三菱ふそうT951N改型。現在はトレーラーにかわり、姿を消している。

●カーゴ・ダブルキャブ（コンドル）
作業などのために人員も一緒に移動する場合などに用いられる。

43

る。どちらかといえば小型や中型に多く見られるが、荷物だけでなく人員も一緒に運ぶために2列シートにしたキャブである。キャブの長さが大きくなるぶん荷台スペースが小さくなるが、現場へ作業に一緒に行く場合などに使用される。現在は需要が減っているものの、中型トラックではいまでもダブルキャブはバリエーションとして用意されている。

■キャブの基本構造

　独立したモノコック構造になっているキャブは、車体の振動を伝わりにくくして乗員の疲労を軽減することが重要である。また、ボンネットタイプではエンジンフードを開ければすぐにエンジンにさわることができたが、キャブオーバータイプになるとキャブが上に乗るので、エンジンの整備性のためにキャブを傾ける必要がある。そのためにチルト式が採用されている。

　最初は手動で傾ける方式のチルトキャブだったが、やがて油圧を利用するようになった。傾けるための時間を短くするとともに、傾き角度も大きくなった。1本のレ

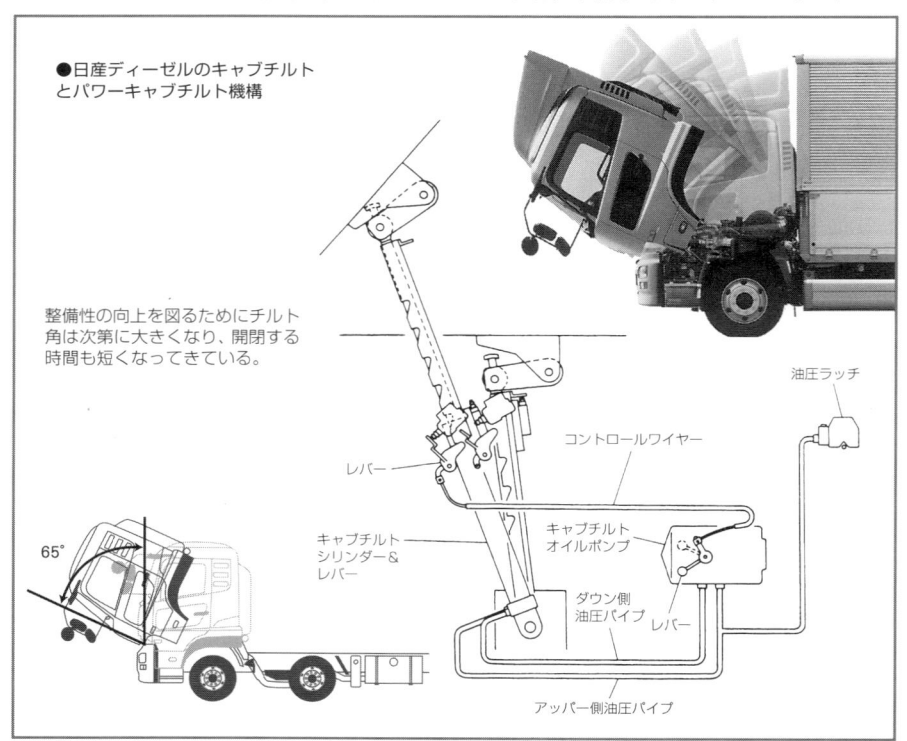

●日産ディーゼルのキャブチルトとパワーキャブチルト機構

整備性の向上を図るためにチルト角は次第に大きくなり、開閉する時間も短くなってきている。

65°

レバー
キャブチルトシリンダー＆レバー
コントロールワイヤー
キャブチルトオイルポンプ
ダウン側油圧パイプ
レバー
油圧ラッチ
アッパー側油圧パイプ

2. 進化するキャブ及び運転操作機構

バーで操作できるもので1980年代になってから採用されている。

1990年代になると電動により短時間でチルトすることができるようになっている。ボタン一つで油圧操作によりキャブが上がったり下りたりすることを可能にしたもので、現在ではすべての大型トラックに採用されている。また、簡単な整備はキャブのフロント部分にエンジンのフードを設けて、そこを開閉することでできるようになった。

●キャブのモノコック構造（日産ディーゼルクオン）

キャブオーバータイプのトラックが登場した当初は、キャブそのもののクッション性はないに等しかったが、長距離走行するようになると乗員の疲労軽減を図ることが求められるようになった。そのためにキャブにエンジンやフレームからの振動が伝わりにくくするキャブのマウントも進化してきている。

1970年代になると、キャブを懸架するためにシャシーとは別にキャブ専用サスペンションを装着して乗り心地の向上が図られた。これをきっかけに、キャブサスペンションに高度な技術が導入されるようになる。

●乗降性への配慮（日野プロフィア）

●開閉式フロントパネルとスウィングアウトランプ・メンテナンスへの配慮（ふそうスーパーグレート）

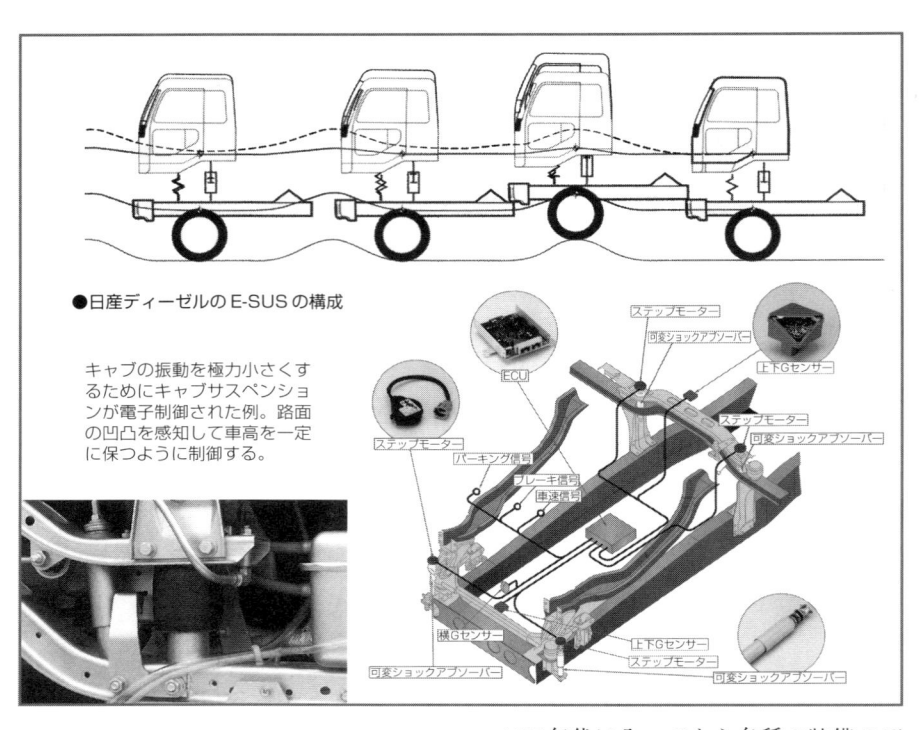

●日産ディーゼルのE-SUSの構成

キャブの振動を極力小さくするためにキャブサスペンションが電子制御された例。路面の凹凸を感知して車高を一定に保つように制御する。

ステップモーター
可変ショックアブソーバー
上下Gセンサー
ECU
ステップモーター
可変ショックアブソーバー
パーキング信号
ブレーキ信号
車速信号
横Gセンサー
上下Gセンサー
可変ショックアブソーバー
ステップモーター
可変ショックアブソーバー

●ふそうのキャブエアサス

乗り心地を向上させるためにキャブのサスペンションにもエアスプリングが使用されるようになっている。

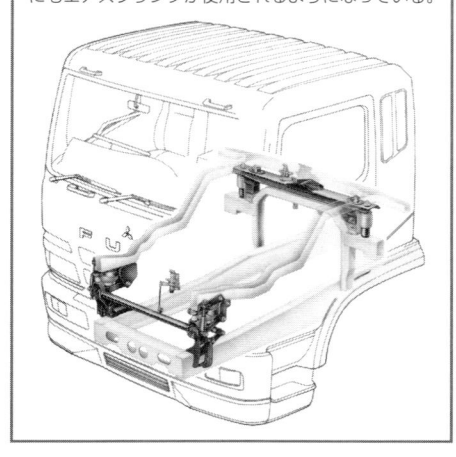

　1980年代に入ってから各種の装備のデラックス化が進むのに対応して、フルフロートサスペンションが採用される。キャブは四つのショックアブソーバー付きのコイルスプリングによりフロートされた状態で取り付けられた。これにより、車体の振動がキャブに伝わりにくくなった。室内寸法の拡大と連動して、各社のトラックに採用されて普及した。乗用車用エンジンが液体封入式ラバーでマウントすることで乗り心地の向上に寄与したように、トラックのキャブも同様に液体封入ラバーによりマウントされるようになった。フルフローティングキャブといわれるものである。

1990年代に入ると、キャブのサスペンションは、コイルスプリングからエアスプリングによる4点支持式になった。乗用車でもエアスプリングは高級車の一部にしか採用されていないものである。日産ディーゼルがビッグサムに採用した電子制御キャブサスペンションは、路面変化による影響を限りなく受けなくするように考え出されたスカイフック理論に基づくもので、これは日産自動車の高級乗用車のために開発された機構の採用である。そこまで、トラックの乗り心地の向上が図られているのだ。

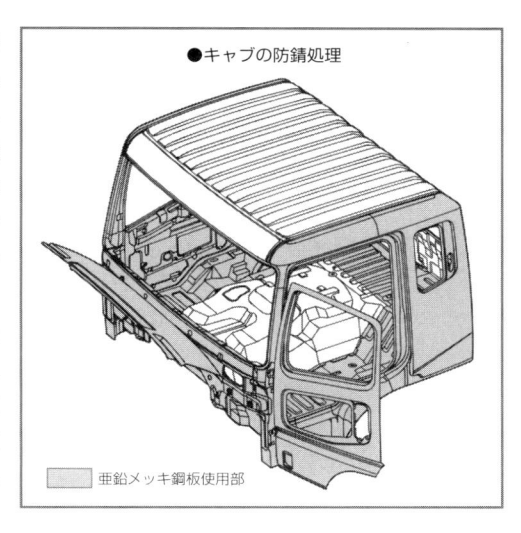

●キャブの防錆処理

亜鉛メッキ鋼板使用部

鋼板でつくられているキャブの外板は、防錆処理された"ジュラスチール"などが使われているが、タイヤハウス、フェンダー、キャブサイドカバー、マッドガードなどは軽量化のために樹脂材を採用している。

■キャブのデザインと空力的な進化

　トラックの顔や頭の部分に当たるキャブのスタイルが、そのトラックの印象を決める。そのために、各メーカーは特色あるものにしようとデザインに力を入れている。骨格が異なるものの中型と大型に共通のイメージを与えることでメーカーのイメージを植え付けるデザインにしていても、大型はより力強くするなど独自性も出さなくてはならない。それでも大型と中型で、一部で部品の共用化が図られている。

　トラックとしてのインパクトを強めるスタイルにするとともに、大切なのが空力的に優れた形状にすることである。経済性に優れていることが優先されるトラックでは、空気抵抗を少なくすることで燃費の節減に寄与しなくてはならないからだ。

　特に長距離を高速で走行する大型トラックの場合は、空力的に優れたスタイルにすることは重要である。デザインに空力的な配慮が強く意識され始めたのは1980年代になってからである。

　トラックのデザインは、乗用車の造形部門が確立したデザイン手法と同じやり方で実施されている。前述したようにフルモデルチェンジは10年以上のインターバルで行われているから、新しく市場に投入する際にスタイルの評価が低くなる失敗は避けなくてはならない。また、その間数回行われるフェイス・リフトに対応できるように工

●ふそうのデザイン作業の流れ
コンセプトに沿ったイメージスケッチをもとにスタイルの方向が決まり、クレイモデルやモックアップモデルを作成して、細部にわたる検討でスタイルが決定していく。

●ファイター室内スケッチ

夫しなくてはならず、入念に検討されて決められる。

　大まかにスタイルが決められるプロセスを見てみよう。

　まずは、新しく開発されるトラックのコンセプトが決められる。ライバルとなるトラックに負けないものにするために、単にスタイルだけでなく技術的思想的にどのような方向で開発するか。そのときのモデルの評価やユーザーの意向、時代的な要請、使用される10年以上先までの時代の推移に対する予想など、さまざまな角度から検討されてコンセプトが決められる。

　それを具現化するためにキャブは、どのようなスタイルにするか、まずデザイナーたちがアイディアスケッチを描く。たくさんのスケッチのなかから良さそうなものを選んで議論を重ねた上で、スタイルの方向性を出していく。図面にして検討してから、実際に粘土モデルを作成する。工業用粘土は暖めると柔らかくなり、変更するのが比較的易しいので、粘土モデルで細部にわたって手直しをして仕上げていく。このときに一つの案だけに絞るとリスクが大きいので、二つか場合によっては三つほどの違うスタイルのものが最終審査に残される。

2. 進化するキャブ及び運転操作機構

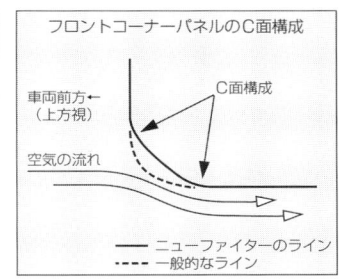

フロントコーナーパネルのC面構成

車両前方←
（上方視）

C面構成

空気の流れ

── ニューファイターのライン
---- 一般的なライン

ふそうファイターの空力性能のためにキャブを改良した例。

●ふそうにおける風洞実験

●空力デザイン作業（日野プロフィア）

風洞で空気の流れ方をテストして空気抵抗係数の低減のために地道な努力が続けられる。

　メーカーの上層部を含めたデザインの検討会では、粘土モデルをベースにして塗装したり、ヘッドライトなどの部品を付けて、できるだけ本物らしく仕上げられる。空力性能を優先して、スタイル的には力強さに欠けるところがあるものと、押し出しの強さを優先して空力的に妥協したもの、あるいはスタイルの良さを強調するために、コスト的には高くなるものなどの中から、最終的にひとつに絞られる。マイナス要素をできるだけ少なくしてデザインすることが好ましいが、どこかで妥協せざるを得ないものだ。インテリアデザインも同様にアイディアスケッチから図面化され、モックアップモデルがつくられて検討される。

　こうした過程を経てスタイルが決定するが、最終的なスタイルが決定する前に現在は風洞によるテストが実施される。車体に当たる空気の流れ方によって、空気抵抗がどのくらいの大きさか検討するためだ。

　空気抵抗は、外形スタイルの形状によっても違ってくるが、細かい突起や上下への空気の流れ方で微妙に変わってくる。キャブオーバータイプのトラックは、前面投影面積

が大きいうえに抵抗になりやすい形状になっているから、乗用車のように空気抵抗を小さくするのが難しいところがある。それでも、細かく検討していけば、かなり抵抗を減らすことが可能である。

　スタイルに直接関係ないところでいえば、表面のでこぼこをなくすと効果が大きい。ガラスとキャブの外板の合わせ目やつなぎ部分などが面一になっていると空気はスムーズに流れていくから、1980年代以降のトラックは設計の段階からフラッシュサーフェース化が図られるようになり、それが徹底して現在に至っている。これは、風切り音を小さくする効果もある。そのほかではサイドミラーの形状やバンパーの両サイドに導風口を設けるなど、細部にわたって検討されている。

　スタイルの大きな変化は、空力的な性能の追求によってもたらされたところが大きい。1970年代からの各種性能の著しい向上とともに、スタイルは次第に洗練されていった。

　フロントウインドウが大きくなったのが、その一つである。メーターコンソールをコンパクトにまとめてデザインすることでガラス面積を増やすことを可能にした。安全性のためにもキャブは次第にパノラミックになった。それにつれてサイドウイン

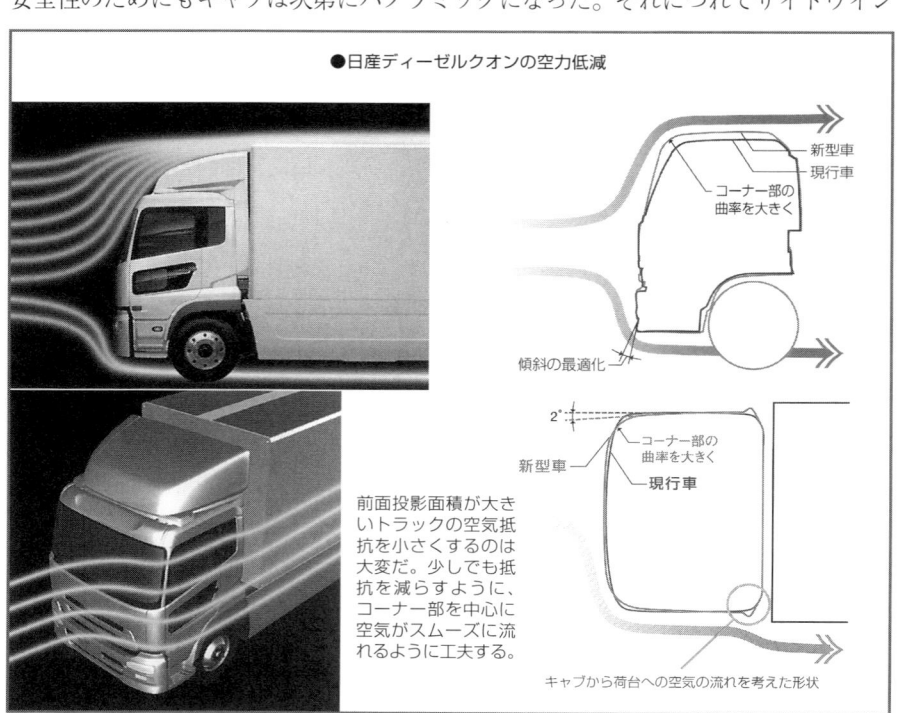

●日産ディーゼルクオンの空力低減

前面投影面積が大きいトラックの空気抵抗を小さくするのは大変だ。少しでも抵抗を減らすように、コーナー部を中心に空気がスムーズに流れるように工夫する。

新型車
現行車
コーナー部の曲率を大きく
傾斜の最適化
キャブから荷台への空気の流れを考えた形状

2. 進化するキャブ及び運転操作機構

ドウも大きくなっている。

　エアダムスカート一体の大型バンパーを採用し、トラックとしての力強さを出すためにラジエターグリルが強調されるようになった。角形になった大型バンパーの採用により4灯ヘッドライトをその中に埋め込むレイアウトになったのは、地上から950mm以下のところにヘッドライトなどを装着しなくてはならないという規定に合わせるためである。ライトが低い位置にあるのはドライバーには不評であるが、法規が変わったためのやむを得ない措置である。

　各メーカーによるスタイルの独自性が意識されるようになったのは、それぞれのクラスでの競合が進んだからでもある。得意分野を中心とする棲み分けの時代から、あらゆるクラスで販売合戦が激しくなったのである。

ドラッグフォイラー

ストレーク付きバンパースカート

●ふそうのフルエアロ仕様とエアロパーツ

上方への空気を滑らかに後方へ流すように装着されるドラッグフォイラーをはじめ、さまざまな空力パーツがオプションで設定されている。

サイドディフレクター　　　サイドスカート　　　L型バイザー

51

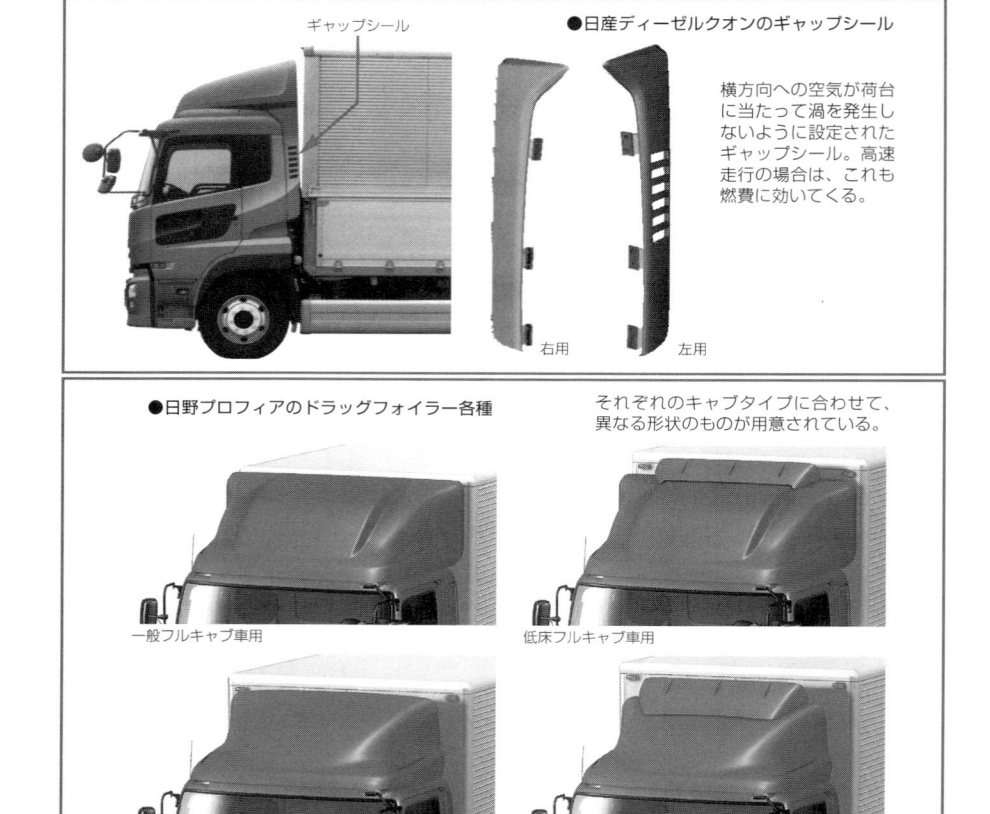

●日産ディーゼルクオンのギャップシール

ギャップシール

横方向への空気が荷台に当たって渦を発生しないように設定されたギャップシール。高速走行の場合は、これも燃費に効いてくる。

右用　左用

●日野プロフィアのドラッグフォイラー各種

それぞれのキャブタイプに合わせて、異なる形状のものが用意されている。

一般フルキャブ車用　　低床フルキャブ車用

一般ショートキャブ車用　　低床ショートキャブ車用

一般フルキャブ車用　　低床フルキャブ車用

　四角形をしたキャブのコーナー部分に丸みをつけたり、前に絞り込む形状にしたり、フロントウインドウを室内空間を犠牲にしない範囲で前傾させたスタイルが1990年代のトレンドになった。
　空力性能を向上させながらスタイル的に洗練された印象を与えるものになってき

2. 進化するキャブ及び運転操作機構

た。その後、ガラス面積がいたずらに大きくなることは重量増につながることもあって、キャブを前傾させずに立ったスタイルに変更するメーカーも出てきている。

1980年代から大型トラックで見られるようになった空力パーツは、キャブのルーフに装着されるドラッグフォイラーである。キャブのルーフと荷台の前面とが大きな段差になっていたのでは、キャブ自体の空力特性を良くしても何もならない。

●空力に配慮したドア及びフェンダーカバー（日野プロフィア）

そこで、キャブのルーフ上を流れる空気が荷台に激突して渦をつくり出し抵抗になるのを避け、後方にスムーズに空気を流すために、オプションパーツとして用意されるようになった。風洞などで抵抗が少なくなるような形状に仕上げられており、これを装着するといかにも長距離高速走行するトラックに見える。一般のフルキャブ用をはじめとして低床タイプやショートキャブなどキャブの形状による違いにあわせて用意されている。

トラック車体の下を流れる空気を整流するために、エアダムスカートもパーツとして用意されている。フェンダー部の形状も、空力的に影響のある部分でいろいろと工夫されているが、タイヤに当たる空気は、後方で渦を形成して抵抗になるので、ドアフルカバーとしたスタイルが採用されており、荷台の下にもオプションでカウルが用意されている。

また、近未来のトラックではさらに抵抗を少なくするためにタイヤがカウルで覆われた形状になっているものが見られる。

■キャブなどの安全性の追求

トラックの安全性に対する意識も高まったのは、スタイルの洗練されていく経過とも不可分の関係にある。フロントウインドウの拡大や、サイドウインドウの拡大は、視認性の向上につながるし、またキャブの振動軽減は、ドライバーの疲労軽減につながるから、安全性にも寄与することになる。

ウインドウ面積の拡大はキャブの骨格ともいうべき外板面積が相対的に小さくなることで、キャブの剛性という観点からは好ましいことではない。しかし、設計技術の進化により、強度や剛性を確保しながらウインドウを広くするように設計されている。

キャブのパッシブセーフティに関しても、1990年代に入ってから衝突時に乗員の生存を確保するようなキャブ構造にするように配慮されている。高剛性キャブは、今や

必須の設計要件になっている。衝突時にキャブの衝撃を吸収する構造にするだけでなく変形をできるだけなくすために、アンダーフレームを採用したトラックもある。

また、追突などにより前方の乗用車などがトラックの下に潜り込まないようにフロントアンダープロテクターを取り付けている。これは、乗用車の衝撃吸収機能を有効に働かせて相手方のダメージを軽減する狙いである。

●ふそうの衝突実験
事故の際に生存空間を確保するようなキャブ構造にするために、実験が行われる。

そのほかの安全性では、乗用車で採用されているものの多くが、多少のタイムラグはあったものの、トラックに採り入れられているといっていい。

サイドからの衝突に備えたドアインパクトビームの装着、衝突時の乗員保護のためのSRSエアバッグとプリテンショナー付きシートベルトの採用、衝撃吸収ステアリングや可倒式ステアリングコラムの採用などである。これらは、一つのメーカーが採用に踏み切ると他のメーカーも追随せざるを得なくなり、急速に普及したものである。

●いすゞのキャブ解析
キャブマウント部
キャブフロア構造
フレーム構造
キャブマウント部

視認性を高めて安全性を高めることは、トラックにとって当初からの大きな課題であった。特に、運転席と反対サイドは、大きな死角になっていた。

そのために、ドアの下部をガラスにした透視窓が1980年代に入って設置されるようになった。同時にサイドのガラス面積がこのころから飛躍的に大きくなり、現在のスタイルに近いものになった。

2. 進化するキャブ及び運転操作機構

　後方の確認のために装備されたサイドミラーは大きなサイズになり、曲面ミラーを採用、死角をできるだけ少なくするように配慮されている。

　また、特に見づらい下方視界を良くするために複合曲面ミラーにしたり、雨滴などで見づらくなるのを防ぐワイパー付きミラーや曇り止めのためのヒーター付きミラーが登場している。

　さらに、死角をなくすための手段として、特に見えにくい左後側方や後方のために補助カメラを設置してキャブ内のメーターパネル上のモニターで映像を映すようにするシステムも登場している。こうした補助カメラによる視認性の向上は、これからも図られていくことになるであろう。

　夜間の視界確保に関しては、ハロゲンヘッドライトからディスチャージヘッドライトへの切り替えが進んでいる。2倍以上の照度を確保するとともに自然光に近い発色と、照射角度や距離が伸びるなどディスチャージヘッドライトは優れたものである。さらに、貨物の重量による車両の姿勢変化にあわせてヘッドライ

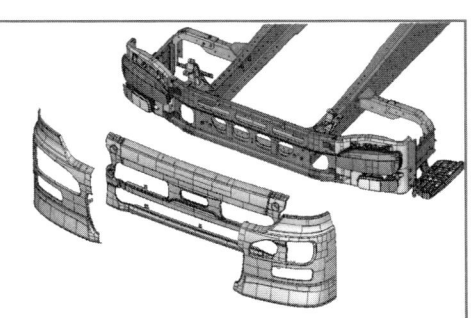

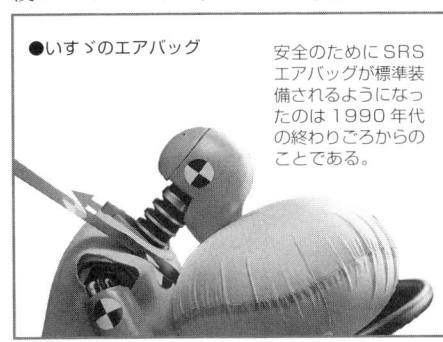

●日産ディーゼルの強化バンパーとフロントデバイス
トラックの事故は追突によるものが多い。そうした事故でキャブを守るとともに相手方への衝撃も大きくならないように配慮されてきている。

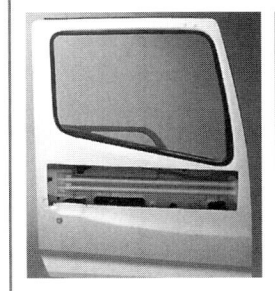

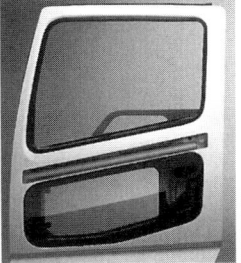

●ふそうのサイドドアビーム
横方向からの衝突に際してキャブの変形を小さくするためにサイドドアビームの装着が義務づけられている。

●いすゞのエアバッグ

安全のためにSRSエアバッグが標準装備されるようになったのは1990年代の終わりごろからのことである。

●ふそうのエアバッグ

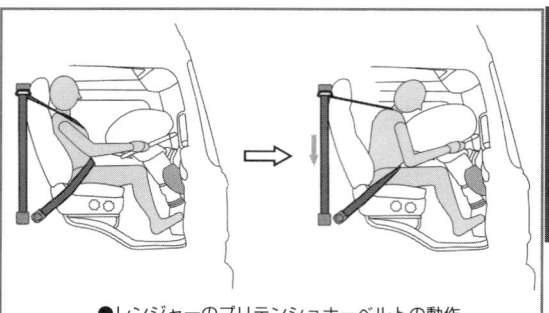

●レンジャーのプリテンショナーベルトの動作

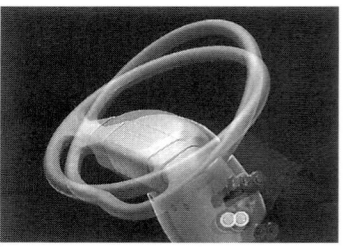

●ふそうの衝撃吸収ステアリング
事故の際、ステアリングホイールでドライバーが胸部圧迫で負傷しないよう、ショックをやわらげるようにしている。

●ふそうの複合曲面ミラーとワイパーミラー
死角をなくすことが安全運転には重要。そのためにサイドミラーの役割は大きく、さまざまな工夫が凝らされている。

複合曲面ミラーによる視野拡大部分
単一曲面ミラー
約1m
身長100cm相当

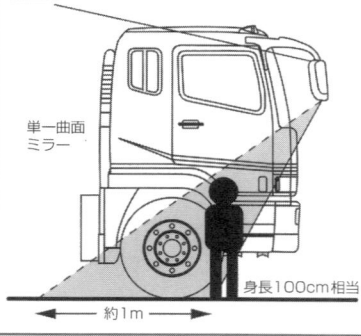

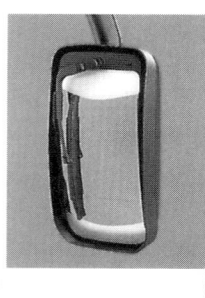

●日産ディーゼルのヒーター付きサイドミラー

トの光軸高さをスイッチ一つで簡単に調節できるヘッドライトエーミングも装備されるようになった。また、コーナリングの際に見やすいスイングアウト式コーナリングライトの設定も安全性に一役買っている。

夜間に存在を他車に認知されるようにルーフマーカーランプの装着も進んでいる。

現在、大型車には速度抑制装置（スピードリミッター）の装着が義務づけられている。速度が90km/hに達したときに、運転者がアクセル操作を行っても加速できないようになっている。

大型トラックの高速道路における事故防止が目的であるが、一方で走行

2. 進化するキャブ及び運転操作機構

●ディスチャージ
　ヘッドライト(左)と
　ハロゲンライト(右)
　の違い

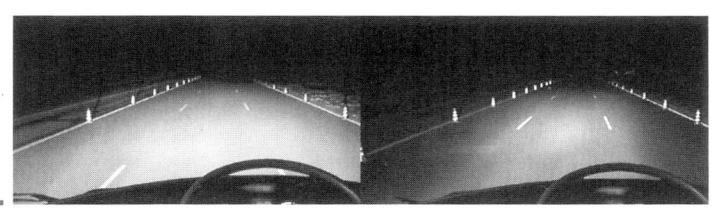

ディスチャージ・ヘッドランプ　　コーナリングランプ

●日野の各種ヘッドランプ
　(日野プロフィア)

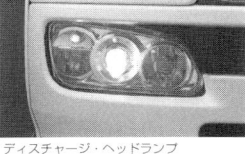

●日産ディーゼル光軸角度調整ランプ

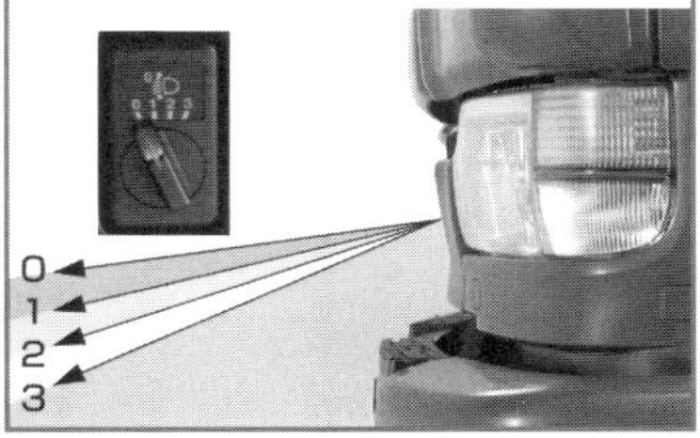

イエローフォグランプ　　ハイビーム(ハロゲン)

時間が増え、仮眠・休憩時間を削って運転しなくては納入時間に間に合わなくなったという運転者のぼやきも聞こえてくる。

■快適空間の追求

　1970年代後半からのトラック開発の各メーカー共通の狙いは、ゆとりのあるキャブ空間をつくることであった。ドライバーが快適に過ごせる空間にするとともに、各種の操作が楽にできるように配慮され、乗用車に近い乗り心地や操作性がめざされた。
　その最初の動きは1971年の三菱ふそうによるカスタムキャブのオプション設定であった。
　快適空間にすることを意識して内装をデラックスにして機能の向上が図られたキャ

●ふそうのステップランプ

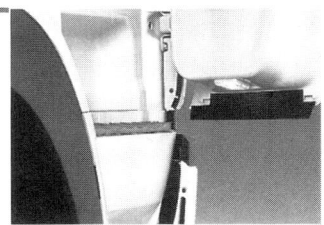

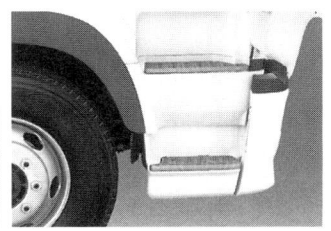

57

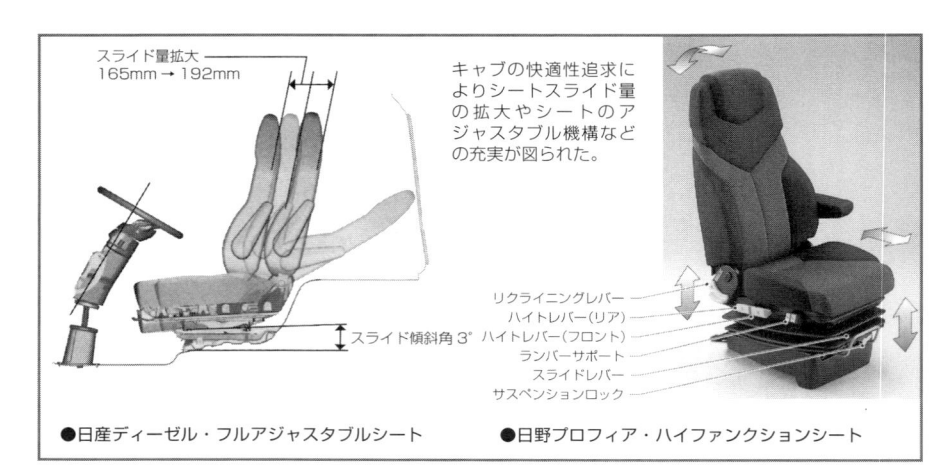

スライド量拡大
165mm → 192mm

キャブの快適性追求によりシートスライド量の拡大やシートのアジャスタブル機構などの充実が図られた。

スライド傾斜角 3°

リクライニングレバー
ハイトレバー(リア)
ハイトレバー(フロント)
ランバーサポート
スライドレバー
サスペンションロック

●日産ディーゼル・フルアジャスタブルシート　　●日野プロフィア・ハイファンクションシート

ブである。

　オーバーラップワイパーの採用、サイドデフロスターによる視界の向上、ハイバッククリクライニングシート及び3点式シートベルトの採用、室内内張のパッド化による安全性の向上、さらにはシートクッションの上質化、読書灯の設置、クーラーやステレオ装置、パワーウインドウ、オーバーヘッドコンソールなど、高級な乗用車に用意されるような装備をオプションとして設定した。

　これが好評であったことから、1973年にフルモデルチェンジを図った際に三菱ふそうの大型トラックは標準車でも内装がデラックス化し、防音材を入れた内張が取り付けられ、シートのクッション性も良くなった。

　この後トラックのグレードとしては、スタンダードとデラックスにグレードアップされたカスタム仕様あるいはハイグレード仕様が追加されて選択の幅が広がった。他のメーカーも同様である。

　現在は、ハイルーフ仕様の設定に見られるように、室内の空間をできるだけ大きくとりながら、荷台スペースを犠牲にしない設計になっている。

　シートはフルフラットになり、ベッドにつながる広いくつろぎ空間にもなるように配慮され、内張は金属部分が見えないソフトなものになり、2名乗車仕様車では大型のコンソールボックスとなり、3名乗車の場合はテーブルの役目を果たす部分にシートが置かれる。収納スペースが多くなり、ルームライトも蛍光灯などで明るい空間にしている。

　かつては、ステアリングホイールは大径で扱いにくいものだったが、小径にすることで室内スペースを有効に使用することを可能にしている。コンソールボックスにあるシフトレバーやステアリングホイールは、乗用車と同じ操作性の良いものになって

2. 進化するキャブ及び運転操作機構

キャブはそれぞれグレードによって装備に違いがある。シートも同様で機能に差がある。グレードは3または4段階に分かれている。

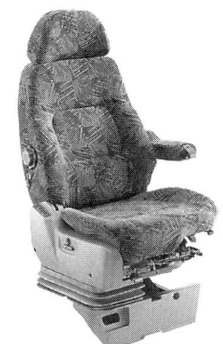

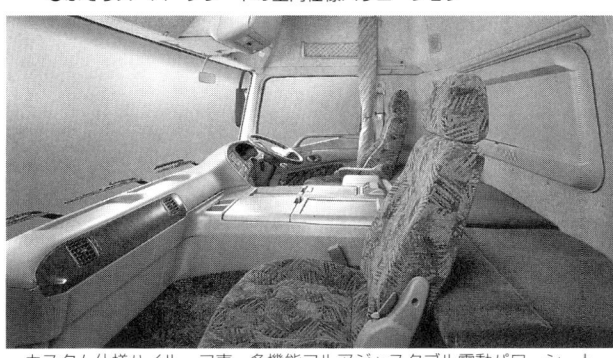

●ふそうスーパーグレートの室内仕様バリエーション

カスタム仕様ハイルーフ車・多機能フルアジャスタブル電動パワーシート

デラックス仕様フルキャブ車・多機能フルアジャスタブルシート

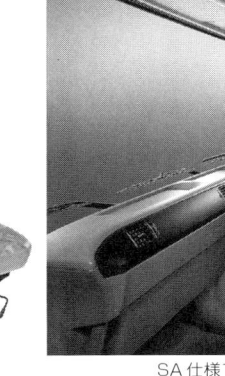

SA仕様フルキャブ車・ヘッドレスト一体シート

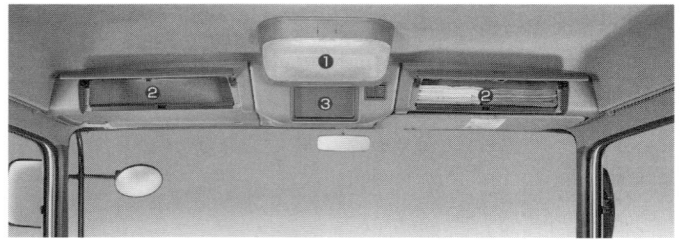

①蛍光灯
②フタ付きヘッダートレイ
③ヘッダーOAボックス

プライベート空間となるようキャブは全周カーテンで囲まれるようにすることができる。オプション設定。

●キャブ天井

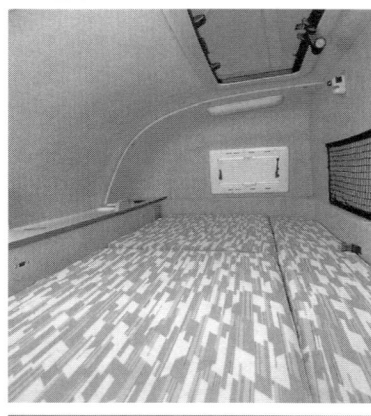

ベッドスペースへの乗降

荷台長を優先したショートキャブでもハイルーフ化することによって、キャブ上方にベッドスペースが備えられた。

●ふそうショートキャブ車・スーパーマルチルーフベッドスペース

●フルフラットシートとベッド
（日野レンジャー）

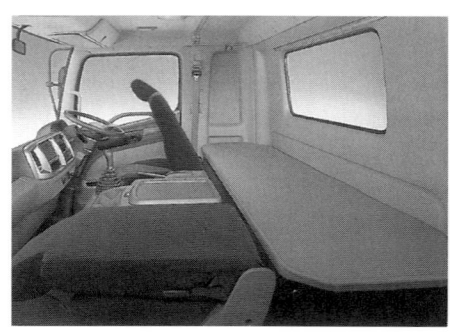

●ショートキャブ用コンバーチブルベッド（日野レンジャー）

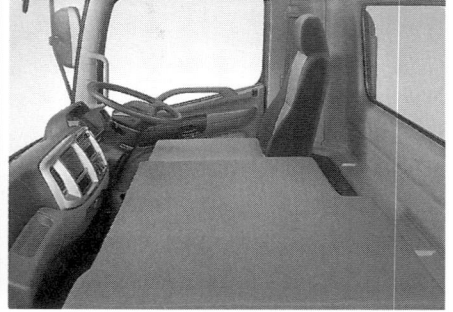

いる。キャブ内を移動する際に邪魔にならないように停車時はシフトレバーが可倒式やチルト式になっているものもある。

　ドアの開閉やミラーの調整なども電動によるものになり、エアコンもいまやフルオートも出現している。

　ベンチレーションに対する配慮も乗用車並みである。キーレスエントリーシステ

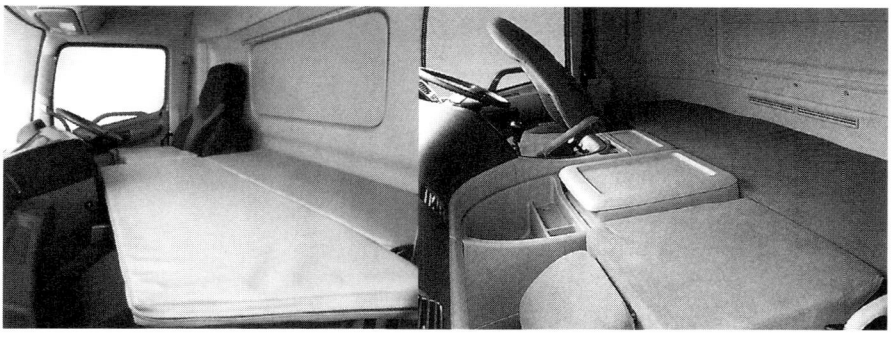

2. 進化するキャブ及び運転操作機構

●ショートキャブ用コンバーチブルベッド（日野プロフィア）　●フルキャブ用ベッド（日野プロフィア）

ム、盗難防止機能、集中ドアロックなども採用され、エンジンを切ってからも室内の暖房や冷房が効くように蓄冷式や即熱式ヒーターがオプションなどで用意されている。冷房は走行中に凍結させた蓄冷材により、暖房は走行中の予熱を利用しており、これによりアイドルストップによりエンジンが停止してもエアコン機能が止まらないようになっている。

●電動ラウンドカーテン（いすゞギガ）

休む際にプライバシーをまもり安眠できるように、電動ラウンドカーテンまで設定されており、至れり尽くせりとなっている。こうした快適性の追求が今日に近いかたちになったのは1990年代の半ばのことである。

●フルカーテン（日野プロフィア）

■操作性のしやすさの追求

　ダッシュボードもドライバーがスイッチ類の操作が手近でできるように配慮され、コンパクトで見やすいメーターデザインとなり、乗用車と同じようなムードのものが多くなっている。かつてのような無骨で実用性一点張りの雰囲気は微塵もなくなっている。

●いすゞギガ・
ダッシュボード

●ふそうグレート・メーターパネル

　大径ステアリングホイールを小径にすることができたのも、パワーステアリングの性能が向上したからだ。ステアリング機構はボール＆ナット型が主流でラック＆ピニオン型もあるが、どちらにもパワーステアリングが採用されている。かつてはハンドルにしがみついていなければならないほど振動が激しく、大径ハンドルでないとならなかったのだ。
　荷物を積載するトラックは、荷重の増加によりステアリングは乗用車よりはるかに重くなるから、パワーステアリングにすることが法的にも義務づけられている。油圧によりステアリング操作をアシストするものだが、電子制御が進み、スピードにより重さが変化する速度感応式パワーステアリングが増えている。空車時と積載時ではステアリングの操作力に違いが出るので、それをドライバー席でスイッチで調節する機構も付けられている。
　クラッチペダルをはじめとしたペダル類の操作も重くてストロークが長いのがかつてのトラックの特徴だったが、これも次第に乗用車並みの操作が可能になっている。同時にペダルの配置もドライバーが操作しやすいように自然な感覚で踏み込めるように、操作性の面でも乗用車に近いフィーリングになった。ペダルの取り付けは衝突時に足を挟まれないように吊り下げ式になっている。

■イージードライブ技術の進化

　乗用車のオートマチックトランスミッション（AT）の普及に遅れたものの、ここにきてAT装着車が増えてきている。トラックでのAT化が遅れた理由は、燃費が悪化する

2. 進化するキャブ及び運転操作機構

●コンソール（日野プロフィア）　　●囲まれコンソール（日産ディーゼルクオン）

身体を動かすことなくドライバーの手がスイッチ類などに届くように配置され、トラックのコクピットは乗用車と同じムードになっている。

●日野レンジャー・ダッシュボード

 こととコストが高いことだった。そうしたなかで、多段化することで燃費性能を良くしながら変速操作をイージー化する技術開発が進められてきた。したがって、燃費性能が悪化しがちなトルクコンバーター方式は敬遠されて、中大型トラックでは普及していない。

　現在のトラックに使用されているATは機械式で、発進時にはクラッチ操作が必要でも走行中はシフト操作のみで変速が可能になる3ペダル方式のセミATと、クラッチペダルを省略して2ペダル式にしたフルATとがある。いずれも搭載するエンジンとの組み合わせで、燃費性能が良くなるように配慮した設定にしている。

　機械式なので、トルクコンバーターを使用したATに比較すると伝達ロスがない。いずれもドライバーが自分でシフトするマニュアルパターンの設定を選ぶことが可能で、その際はシーケンシャル方式で前に操作するとシフトアップ、後方にするとシフトダウンになる。

　2ペダルのフルATを採用しているのは日産ディーゼルのESCOTといすゞのSmoother-Gである。

　日産ディーゼルのESCOTは進化して現在はESCOT-ATivになっており、12段変速で

63

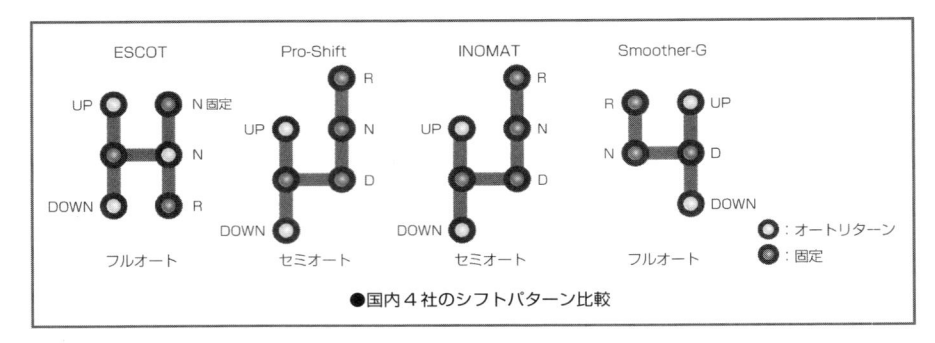

ESCOT	Pro-Shift	INOMAT	Smoother-G
フルオート	セミオート	セミオート	フルオート

○：オートリターン
●：固定

●国内4社のシフトパターン比較

ある。エアタンク内の空気圧を利用したクラッチ及びミッションのアクチュエーターを作動させて自動的に変速する。自動変速中のマニュアルシフトが1アクションで可能であり、オートシフトダウン機能を持っている。

シフト操作の重さを軽減するためにマニュアルトランスミッション(MT)では圧縮空気を使ってアシストする方法がとられており、燃費節減のために多段化が進められ、現在は7段ミッションが主流になっている。

NAVI6システムを1980年代から採用してトラックのAT仕様に先鞭を付けたいすゞの機械式フルATであるSmoother-Gも、発進時もクラッチ操作を必要としない。ESCOTと

●日産ディーゼルESCOT

発進から停止までクラッチ操作は不要。電子制御によるシフト操作でオーバーラン防止機能がある。12段ミッション。マニュアルトランスミッションは7段変速である。

●ESCOTのシフトレバー

トランスミッションは6段に副変速機がついて12段ミッションになり、省燃費に貢献している。

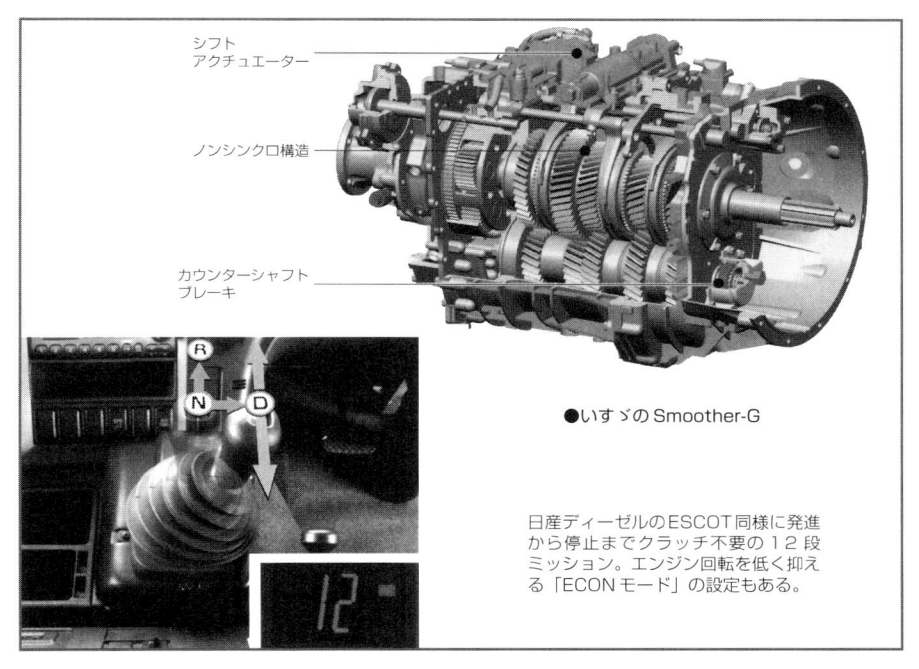

2. 進化するキャブ及び運転操作機構

シフトアクチュエーター
ノンシンクロ構造
カウンターシャフトブレーキ

●いすゞのSmoother-G

日産ディーゼルのESCOT同様に発進から停止までクラッチ不要の12段ミッション。エンジン回転を低く抑える「ECONモード」の設定もある。

同じく副変速機を備えて12段変速を自動化したもので、空気圧を利用したシフトアクチュエーターにより自動的に変速する。発進時からクラッチ操作が不必要なので、ESCOT同様にクラッチの摩耗を少なくすることができる。

この2社のフルATにもクラッチペダルが設けられているのは、バックのときと物流センターなどのプラットフォーム着けでの微速走行時の際にはクラッチを使用してマニュアルトランスミッション車と同じように操作したほうが楽だからである。

三菱ふそうが採用しているのはINOMATと呼ばれる機械式セミATで、前進7段・後退1段である。クラッチ操作とシフト操作を電子制御にして自動化したもので、クラッチ操作は発進時のみで、あとはドライブレンジに入れておけば自動的に変速してくれる。ファジィ制御しているのが特徴で、INOMATはIntelligent & Innovative Mechanical Automatic Transmissionからとったもので、メーカーではファジィ制御機械式オートマチックトランスミッションと呼んでいる。車速や高回転や負荷の掛かり方などによりコンピューターが変速マップに基づいてシフトするので運転技量の差が出にくいこと、変速ショックが少ないことなどの利点がある。

日野のPro-Shiftは、12段のセミATである。大型トラックとしては国内で最初にフルシンクロ機構を採用、三菱ふそう同様に自動変速中のマニュアルシフトは2アクショ

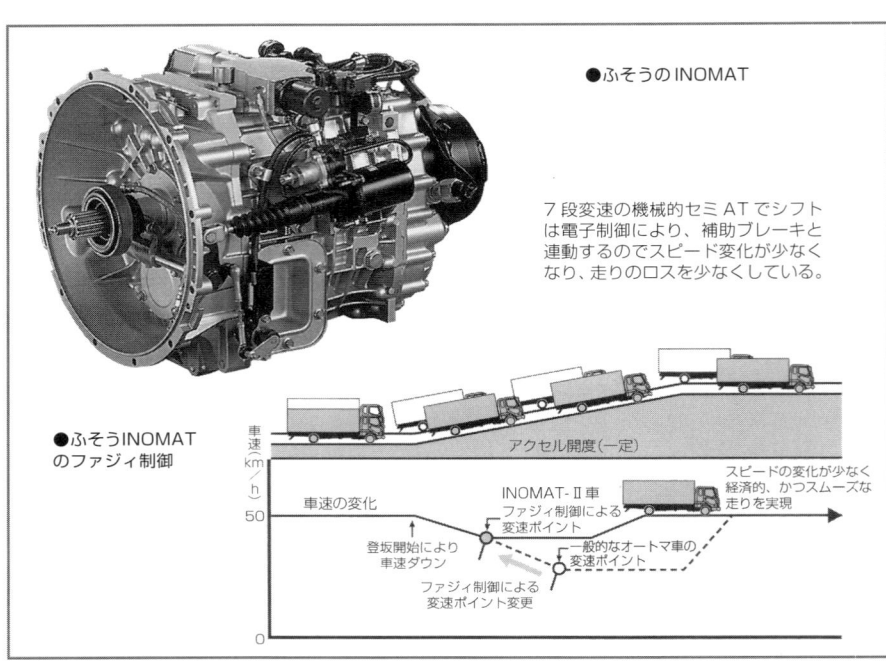

●ふそうのINOMAT

7段変速の機械的セミATでシフトは電子制御により、補助ブレーキと連動するのでスピード変化が少なくなり、走りのロスを少なくしている。

●ふそうINOMATのファジィ制御

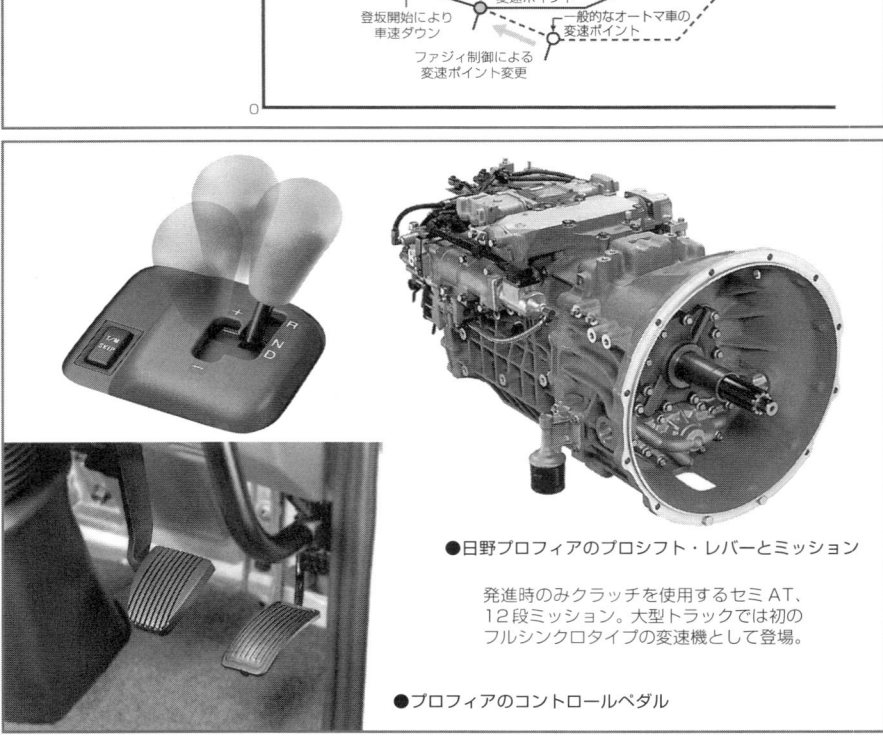

車速(km/h)

アクセル開度(一定)

車速の変化

INOMAT-Ⅱ車
ファジィ制御による
変速ポイント

登坂開始により
車速ダウン

一般的なオートマ車の
変速ポイント

スピードの変化が少なく
経済的、かつスムーズな
走りを実現

ファジィ制御による
変速ポイント変更

●日野プロフィアのプロシフト・レバーとミッション

発進時のみクラッチを使用するセミAT、12段ミッション。大型トラックでは初のフルシンクロタイプの変速機として登場。

●プロフィアのコントロールペダル

2. 進化するキャブ及び運転操作機構

ンになる。

　もちろん、マニュアルトランスミッションも使用されている。中型車の場合は5速、大型車の場合は7速が主流になっている。いずれにしても、ミッションをハイギアードにしてエンジン回転の低いところを使用するセッティングにしているのは、燃費を良くするためである。

■運転操作をアシストする装置

　ATを採用することによって、クルーズコントロールや坂道発進など、シフト操作以外にもイージードライブを可能にする。マニュアル車のオートクルーズのように坂の上りなどのように負荷がかかる場合でも、スピードの調整のためにシフトダウンするなどの煩わしい操作を必要としない。

　ドライバーをサポートするシステムとしては、オートクルーズを発展させたスキャニングクルーズがある。ミリ波レーダーにより先行車との距離を計測して、スピードをコントロールしながら車間距離をとって走行するシステムで、先行車がいない場合は最初の設定スピードで走行する。また、先行車の急減速などの場合は、車間距離警報によりドライバーに注意を促す。

　同様な走行中の安全装置としては、内蔵された画像センサーにより道路前方の車線を認識して、白線をはみ出すような走行の場合は、居眠りや脇見運転と判

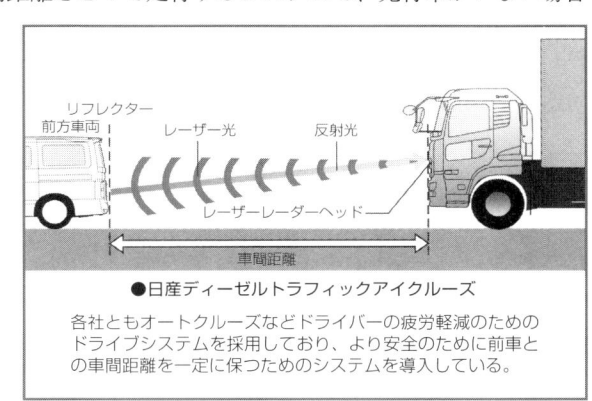

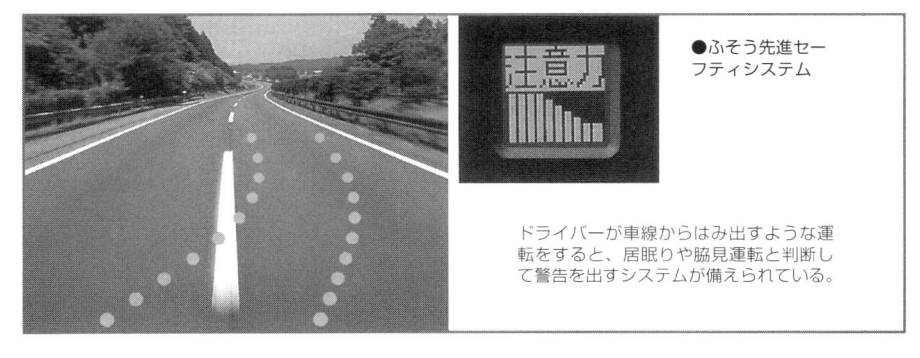

●日産ディーゼルトラフィックアイクルーズ
各社ともオートクルーズなどドライバーの疲労軽減のためのドライブシステムを採用しており、より安全のために前車との車間距離を一定に保つためのシステムを導入している。

●ふそう先進セーフティシステム

ドライバーが車線からはみ出すような運転をすると、居眠りや脇見運転と判断して警告を出すシステムが備えられている。

断して警報で知らせるのが車線逸脱警報装置である。
　荷物を積んでいると意外に気づきにくいのがタイヤのパンクなどによる空気圧の減少である。これは危険を伴うことなので、各タイヤに設置したセンサーによりタイヤの内圧を計測して、規定以下になった場合は急激な現象でなくとも警報で知らせるのがタイヤ空気圧モニター装置である。
　また、トレーラートラックの場合は、ロールスタビリティアシストシステムが開発されている。コーナーの進入時や緊急回避のためにハンドルを切った際などに車両の横Gセンサーが感知してドライバーに警告すると同時に、エンジン出力とブレーキをコントロールして車両の安定性を確保するシステムである。
　すでに乗用車では広く採用されている装置もあるが、トラックの場合は、ごく一部に採用が始まったばかりのものが多い。
　坂道発進は、AT車の場合は比較的楽になるが、MT車ではやりにくいものである。そこで各メーカーでは名称が独自に付けられた発進補助装置を取り付けている。この装置がない場合は、ドライバーがブレーキを踏んでいなくてはならないが、コンピューターでブレーキの必要を感知すると空気圧や油圧によってブレーキ回路が別系統で働くようにして、上り坂でもブレーキがかかった状態を保つ。運転席にあるスイッチにより作動させると、次にアクセルペダルを踏み込むまでブレーキペダルから足を離していても制動されたままになる。空気圧を利用した三菱ふそうのEZGOでは、パーキングブレーキの引きが弱くて車両が完全にストップせず、ずるように走った場合もブレーキが作動するようになっている。
　6×2などの後2軸のトラックでは発進時などで大きい駆動力が必要な場合には、非駆動輪を持ち上げて駆動輪をスリップさせないようにする駆動力補助装置も実用化されている。

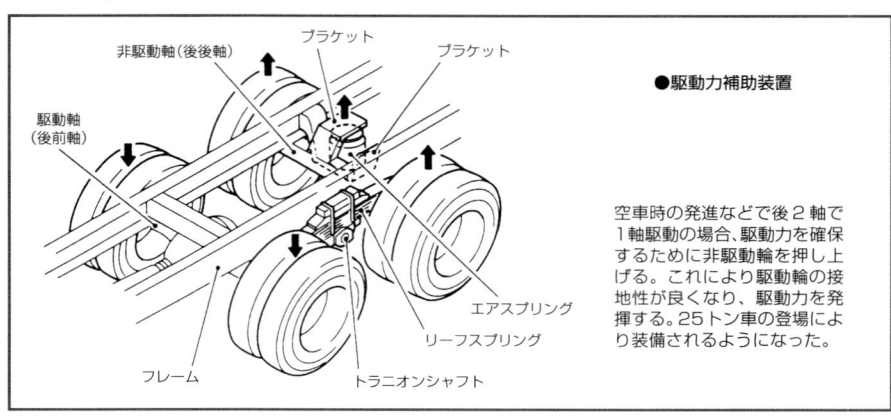

●駆動力補助装置

空車時の発進などで後2軸で1軸駆動の場合、駆動力を確保するために非駆動輪を押し上げる。これにより駆動輪の接地性が良くなり、駆動力を発揮する。25トン車の登場により装備されるようになった。

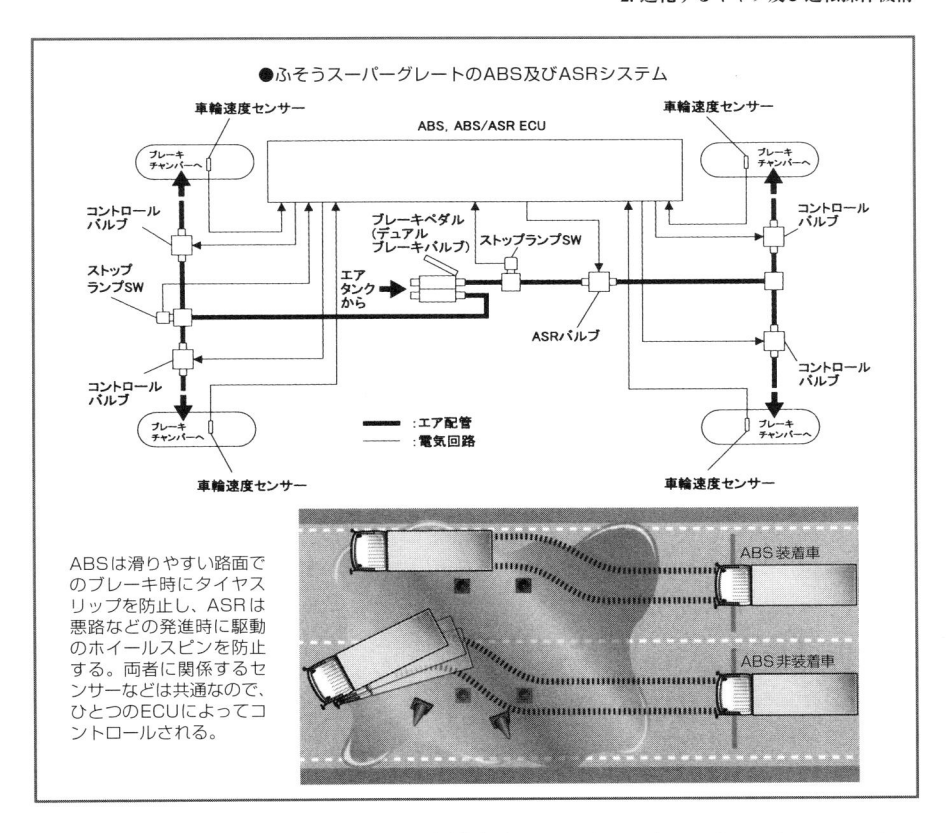

2. 進化するキャブ及び運転操作機構

●ふそうスーパーグレートのABS及びASRシステム

ABSは滑りやすい路面でのブレーキ時にタイヤスリップを防止し、ASRは悪路などの発進時に駆動のホイールスピンを防止する。両者に関係するセンサーなどは共通なので、ひとつのECUによってコントロールされる。

　現在のクルマにはブレーキのロックを防止するABS（アンチロック・ブレーキ・システム）が普及しているが、トラックの場合は、空車時と積載時の車両重量の差でブレーキの制動力が異なるので、急制動や滑りやすい路面ではロックに至りやすい。これを防ぐために、各種のセンサーによりタイヤがロックしそうになるとブレーキ力をわずかに弱めてロックしないようにして、常にブレーキが最大にかかるようにする。
　ABSが装着されるようになったのは、1980年代半ばにタンクローリーがブレーキロックで横転事故を起こしたのがきっかけだった。特にトレーラートラックではトレーラーの後輪がロックしやすい傾向があり、事故再発を防ぐ意味からABSの装着が義務づけられた。トレーラータンクから始まり、大型トラックもその後ABS装着が義務づけられて現在に至っている。
　ABSとセットで装着されるのがASR（アンチ・スリップ・レギュレーション）である。これは、タイヤが滑るのを抑える働きをするシステムで、使用するセンサーなど

はABSと多くを共用することができるからだ。こちらはタイヤが駆動力を失いそうになると働いてスリップするのを防ぐ。滑りやすい路面での直進時に急加速するとスリップし姿勢を乱す危険があり、コーナーの走行でも同様で、この危険に陥らないよう駆動力を抑える装置がASRである。

■各種の情報システムと運行データサービス

　各種の車両情報を素早く知ることは、安全性のためだけでなく、車両のトラブルなどを未然に防ぐことにつながり、走行効率の向上につながるものである。

　多くのトラックメーカーがマルチインフォメーションシステムを採用している。メーターそのものは見やすくシンプルにデザインして、情報はディスプレイに必要に応じて表示されるようになっている。情報は、車両に関するものから、日常的な点検項目、さらには排気性能に関するものまで設定されている。これらは、マルチインフォメーションスイッチの操作で呼び出すことができる。

　三菱ふそうでは、多重装置に音声による警告システムを組み入れたVOIS（Visual & Oral Information System）を採用している。ウォーニング及びインジケーター機能に加えて文字による車両情報を表示、さらに注意を喚起するために音声により警告する。この場合、カメラやセンサーにより車両の状態を把握して、ドライバーの注意力が散漫になっていると判断した場合に働くMDAS（運転注意力モニター）からの情報がVOISを通じて音声により警告が発せられる。

　トラック独特の装備として、運行記録をデータとして残すタコグラフは、速度や走行距離などを自動的に記録するもので、古くから装備されている。運送会社では、車両やドライバーの管理に欠かせないものである。

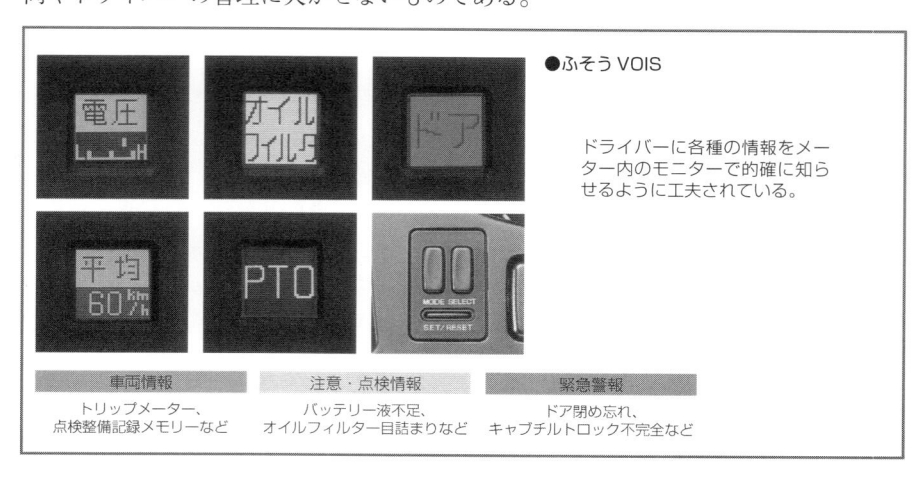

●ふそうVOIS

ドライバーに各種の情報をメーター内のモニターで的確に知らせるように工夫されている。

車両情報	注意・点検情報	緊急警報
トリップメーター、点検整備記録メモリーなど	バッテリー液不足、オイルフィルター目詰まりなど	ドア閉め忘れ、キャブチルトロック不完全など

2. 進化するキャブ及び運転操作機構

　機械式タコグラフが長い間使用されていたが、近年はデジタル式タコグラフが用意されている。オプションとして設定されており、コンピューターで管理するのに都合がよい。

●日産ディーゼル・デジタル式タコグラフ

　こうした運行データやトラブル発生による停止などの情報を荷主に提供して輸送効率に役立てるデータとして生かすシステムが各メーカーによって開発されている。各種のデータを提供するシステムを組み込んだ仕様にすることで、データをとりやすくしている。

　2004（平成16）年2月にいすゞが商用車用のテレマティクスとして、車両の運行データやトラブル発生など、輸送コストやサービスにつながるデータをトータルで記録して荷主などにレポートするサービス「みまもりくん」を始めた。運転操作の仕方、エンジンの稼働状態、燃料消費傾向などのデータを集積すれば、燃費の良い運転状態になるようなアドバイスをすることができるし、目的地までの走行ルートの違いによる燃費も把握することが可能になる。また、車両のさまざまな情報を把握することでトラブルや事故の可能性も判断できるし、その対策も迅速にできるようになる。

　こうした情報を輸送業者と荷主の双方が把握することで、ビジネスがスムーズになり信頼性も増すことになる。ドライバーも、経済的な走行を心がけることでコスト削減に協力することになり、それが勤務成績につながる。

　こうした運行情報のリアルタイムでの把握システムは、他のメーカーでも相次いで採用することになったが、それらを集約して分析するなどで将来的には物流の総合的

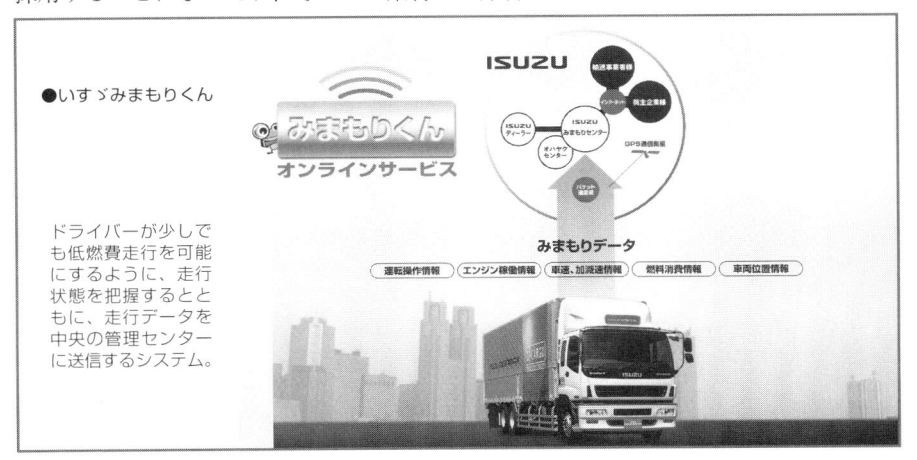

●いすゞみまもりくん

ドライバーが少しでも低燃費走行を可能にするように、走行状態を把握するとともに、走行データを中央の管理センターに送信するシステム。

●日産ディーゼル・燃費王
燃費の良いゾーンで運転するようにドライバーに情報を提供するシステム。

なシステムの構築などに生かすことも可能になる。

　日産ディーゼルが大型トラックのクオンに採用した「燃費王」は、音声ガイドにより燃費の良い走り方を指示するシステムである。走行中にアクセル開度、エンジン回転数、ブレーキ操作などのデータをもとに目標燃費に対しての達成度などを車載モニター画面に表示する。燃費が悪化すれば、アラーム音とともに運転方法を音声で指示する。燃費データはメモリーカードを介してオフィスのパソコンで運転診断レポートとして出力することで、ドライバーの省燃費運転技術の向上をサポートする。

　このシステムは、コマツとの共同開発により、テレマティクスとして中央管理されることになる。つまり「燃費王」が発展して、運行管理ソフトとして整備情報も含めて車両の総合情報をリアルタイムでトラックから運送業者中央管理システムに無線で送られる。

　こうした管理システムが総合的に実施されるようになる背景には「グリーン経営」制度の発足がある。これは、ISO14001と同様に、運送会社として環境に配慮し、燃費の節減に努力し、職場環境を改善するなど、いくつかの基準を満たすことでグリーン経営会社として認定されるものである。認定されていることが、依頼主により求められる取引きの条件になることがある。したがって、安定した経営のためにも、グリーン経営をすることが求められ、結果として燃費低減に積極的に取り組むことになる。これは、地球環境の改善のために決議された京都議定書の実施策のひとつでもある。

3

トラックの荷台と特装トラック

　トラックの分類のひとつに荷台の種類によるものがある。カーゴトラックとかダンプトラックとかタンクローリーなどといった呼び方がそれである。しかし、特装車を別にすれば、かつてはトラックの荷台といえば囲いとなるアオリを備えた平ボディトラックのイメージしかなかった。荷物の保護といっても、シートなどで貨物をカバーする程度で、走行中に荷物が乱れたり落ちたりしないようにロープで固定する必要があった。それより密閉度の良いものにしたのが幌つきの荷台である。幌を張るために針金状の骨を取り付けたもので、多少の雨風は防ぐことができた。

　一般に荷物を運ぶトラックをカーゴという呼び方をするが、これには以下で説明する平ボディ、バンボディ、ウイングバンが含まれている。特装車以外のふつうの荷物を運ぶのがカーゴトラックである。

　荷物を保護して運ぶために、バンボディのトラックが登場するの

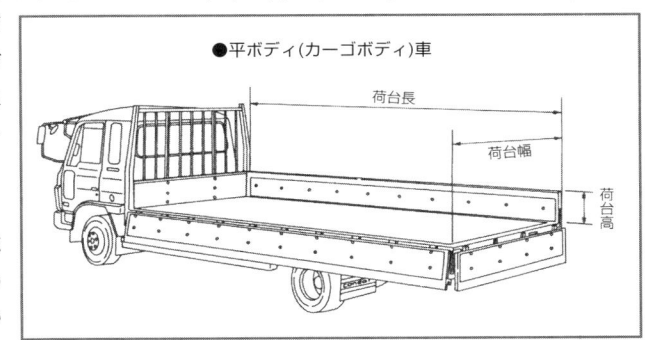

●平ボディ(カーゴボディ)車

73

かつてのトラックの荷台部分は木製がほとんどだった。右上は日野・いすゞの前身である東京瓦斯電製トラックTGK型の複製。2段目は1950年のいすゞTX30カーゴトラックで戦後の復興期に活躍。幌をかけているのは大切な荷物を運ぶトラック。その下はアオリ部分を高くしたいすゞTP80E型トラックで高度成長期に活躍。最下段は日本フルハーフ社製のバンを装着した初期のトラック、いすゞTY型。

●戦前に使用された木製荷台の
　TGK型トラック

●幌シート荷台のTX30カーゴトラック
　（1950年頃）

●アオリ部分を高くした
　いすゞTP80E型トラック（1964年）

●日本フルハーフ社製バンの
　いすゞTY型トラック
　（1963年）

3. トラックの荷台と特装トラック

●ファイター平ボディ

トラックの基本形ともいうべきなのが平ボディ。リサイクルを考慮して荷重のアオリ部分も現在は金属製になっている。

●ファイターバンボディ

大型トラックのみならず、中型でもバンボディが増えてきている。荷台スペースを最大限に確保するためにバン高さも大きくなり、ウインドウディフレクターも装着されるトラックが見られるようになった。

は1960年代になってからである。ボンネットタイプのトラックの時代は金属製パネルによるバントラックは存在しなかった。トラック輸送が物流の中心になることで、荷台も進化するようになったのである。

その最初は、1963年にいすゞと日本軽金属の共同出資による「日本フルハーフ」社が設立されたことだった。日本軽金属がアルミ合金製のバン型荷台をつくるためにアメリカのフルハーフ社と技術提携し、いすゞ製のトラックにバン架装することになったのである。高速道路の開通が迫っているときで、高速長距離時代が始まることに対処したものである。日本には、まだ荷物を保護するために荷台架装するという発想がなかったから、アメリカからノウハウを導入するしかなかったのである。

これがきっかけとなって、日本でもバンボディが本格的に普及していった。荷物の積み降ろしも楽になり、バンボディの人気が高まった。

高度成長期に入ると、効率よく荷役を行うことが求められ、バントラックにさまざまな工夫が凝らされた。パレット輸送が本格的に行われるようになり、これに都合の

良い架装が施されるようになった。さらに、バンの発展型として登場したのがウイングボディである。

日本自動車車体工業会の統計では、カーゴトラックを除く特装車の生産台数は、ウイングボディもバンボディに含まれているので、特装車を含めたトラック車体では半分を超えていて、これに次ぐのがダンプトラックである。これらがトラック生産の圧倒的な比率を占めている。特装車は、それぞれの用途別につくられているので数は多くない。したがって、特製トラックの場合はキャブ付きシャシーとしてメーカーが出荷し、専門の架装メーカーによって完成するようになっている。

現在における自動車生産で重要になってきている問題は、地球環境への配慮である。その一つがリサイクルへの取り組みで、自動車リサイクル法が2005年1月に施行されたことによって、廃車時の処理費用が事前に徴収されるようになった。しかし、リサイクルに関しては乗用車と違う問題をかかえている。それは、トラックでは使用済みの架装物がシャシーと廃車する時期が異なることがあり、架装物が他のトラックに流用されることがあるなど廃車時期を特定しにくい側面があることだ。

そのため、日本自動車工業会や日本自動車車体工業会によって「商用車架装物リサイクルに関する自主取組」をしている。荷台も含めたリサイクル設計の推進、解体マニュアルの作成、さらに一定の基準を満たしたものになっているトラックには環境基準適合ラベルを貼付するなど、業界を挙げて取り組んでいる。

たとえば、バンボディでは環境負荷物質の削減のためにノンフロン断熱材の使用、ノンクロムプリペイント・アルミ板などの使用を進めてきたが、リサイクル処理が困難といわれている木材やFRPなどの使用を少なくするボディへの取り組みが進められている。

また、自動車車体工業会を中心にして、解体を容易にしてリサイクル性の向上を図ったコンテナを試作して走行テスト並びに解体テストをくり返している。材料区分

● ギガ平ボディ　大型トラックの場合はサイドのアオリは2分割あるいは3分割になっている。

を明確にして、接着剤による結合からビスによる締結に切り替え、木材やFRPを使用しないでつくるコンテナである。

もともと使用する側の要求によって改良が加えられてきたが、リサイクル法の成立をきっかけにして、これまで以上の変化がトラックの荷台や特装車の世界に訪れつつある。

まず、トラックの標準的ないくつかの荷台及び主要な特装車について見ていくことにしよう。

■平ボディ

平ボディはフラットな荷台のことであるが、純粋なフラットな床だけの平ボディトラックは、コンテナなどを運ぶものとして存在している。

一般にはアオリと呼ばれる荷台の両側面と後方の囲いで荷物の安定を図るとともに、これを開くことで積み降ろしを容易にしている。

両側面と後方の3方開きが多いが、長距離輸送トラックでは後方のみが開閉するものもある。側面のアオリも長くなるものでは、両サイドのアオリを2分割あるいは3分割して開くようになっているものもある。

床部分も含めて荷台は、かつてはほとんど木材でつくられており、建物のつくり同様に大工仕事であった。荷物の重量を支えなくてはならないから縦と横に根太を組み合わせて強度を保つようにしている。現在では鋼材の角パイプや折り材でつくられる

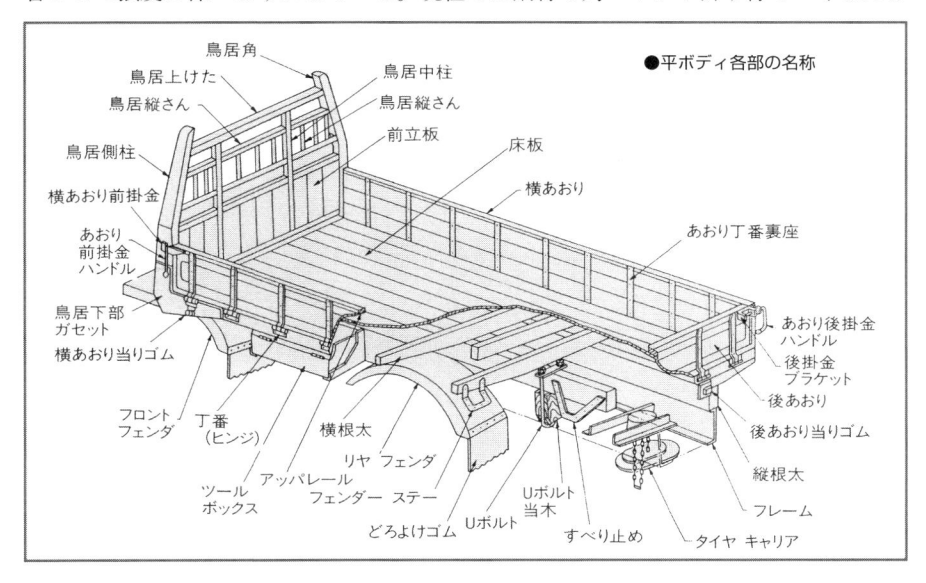

●平ボディ各部の名称

●いすゞフォワードの
　平ボディバリエーション

中型トラックであるが、上の車両総重量10トンから、次の16トン、そして20トンまでカバーする。それぞれアオリの形状も異なっている。特に車両総重量20トン車の場合は6×4の後軸低床となり、荷台有効高は620mm、荷台長は最高で9500mm、荷台幅は2350mmとなっている。

ことが多い。軽量化のためにパネルはアルミ合金の使用も増えてきている。
　アオリの高さは、標準タイプと背の高い深アオリとがある。標準アオリは大型車では450mm、中型以下では400mm程度で、深アオリの場合は高さ1mほどになる。この場合は中間部分にも蝶番を設けて2段折りにしているものもある。

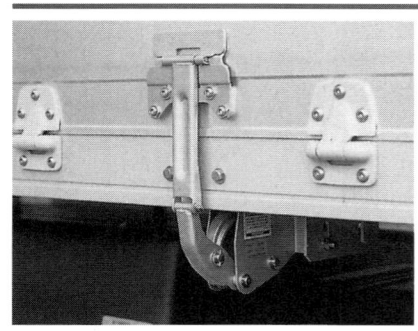

●アオリ開閉補助装置

荷役の際にアオリを開けるためにヒンジが取り付けられており、閉じたときにアオリを金具で固定する。

アオリはスチール製の枠に木材を組み込んだものから鋼板やアルミ板、ステンレスを組み込んだものになってきているが、大型車では軽量化のためにアルミ製が使用されるようになっている。
　大型車の場合には、アオリの開閉をたやすくするようにコイルスプリングによる開閉補助装置が付けられている。また、荷台に人間が上るための足掛けやサイドガードなどが装着されている。

■バンボディ

　トラックの一般的な形状のひとつがバンボディであるが、かつてはパネルバン、またドライバンとも呼ばれた。積荷が完全にクローズドされるのが普通だが、天井部分がないオープンバンも数は少ないが存在する。
　オープンバンの場合は上方からの荷役ができるので木材チップや飼料などの粉粒体の運搬に使用され、ダンプ車のように荷台を傾斜させて排出ができる機構を備えているものもある。
　バンボディは天井や側壁などの厚さがあるので、平ボディトラックに比較して積載スペースが小さくなり、パネルで覆われるために重量も増加する関係で、平ボディトラックより積載重量も減少する。そのぶん車両の重心も高くなるというデメリットがある。それでもバントラックが増えているのは、雨風を防ぐことができるので包装や梱包を簡単にすることができ、荷崩れを防止できるなどの利点があるうえに、キャブ空間が快適になってきたように荷室も積荷の保護が重要視されるようになってきたからである。バンボディの重量が増えて積載量が減少しないようにパネル部分の重量の軽減が重要である。
　バンの荷台は箱型でモノコック構造となっており、フロアパネル、フロントパネル、両サイドパネル、ルーフパネル、それにリアウォールの6面で構成されている。
　軽量化のためにアルミ板が多用される各パネルのうち、重量がかからないルーフパ

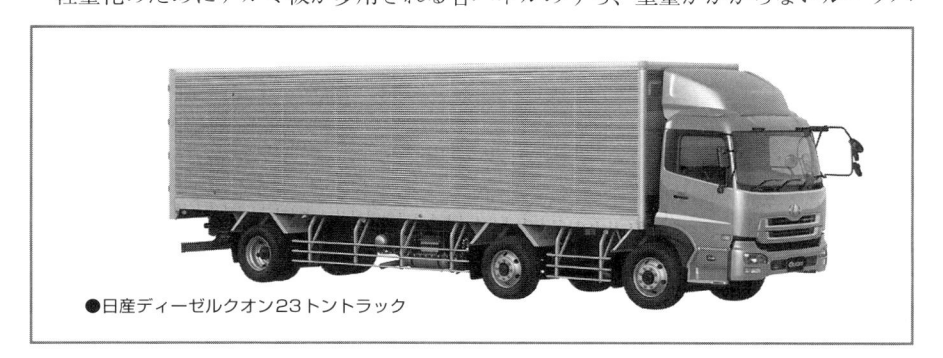

●日産ディーゼルクオン23トントラック

ネルは単純なアルミ板が使用されるが、貨物を支える必要があるサイドパネルは、強度を保つため波状のコルゲートパネルが使われることが多い。パネルだけで充分な強度が得られない場合には、スティフナーと呼ばれる補強柱が使用される。サイドパネルであれば上下方向に、ルーフパネルであれば左右方向にアルミ材の柱が入れられる。

軽量化のためにFRP製パネルが使われたこともあるが、一般のバントラックでは環境の問題もあって、使用例が少なくなっているようだ。

バンボディの構成としては、フロントパネルとサイドパネルの結合に関してはコーナーポストを介してリベットやボルトで接合され、ルーフパネルはアッパーレールを介してフロントパネルやサイドパネルとリベットやボルトで固定される。これらのコーナーポストやルーフレールもアルミ材を使用することが多い。

アルミを接合するために接着剤で接合する方法やテープで接合する方法が開発されて軽量化が進められたが、リサイクルのしにくさにより現在はもとにもどっている。

バンボディは、かつては日本フルハーフ社の例で見るように専門のメーカーでつく

●バンボディの各種装備

バンボディの標準的な内装。耐水ベニアでできていて、吸水性に優れている。

パレテナーガイド・キャスター付きのコンテナなどをキズを付けないように側面のガードのために設けられている。

木製スノコ・床面の通気性を確保する。冷凍、野菜などに用いられる。

床板T型ボード・下に冷気が流れるようにしたもので、このほかにキーストン構造のものもある。

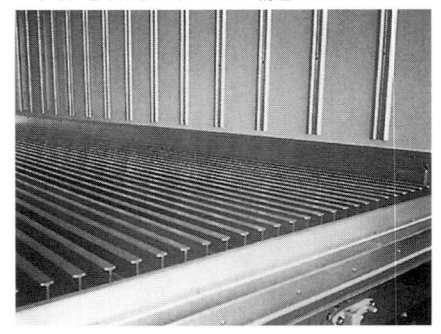

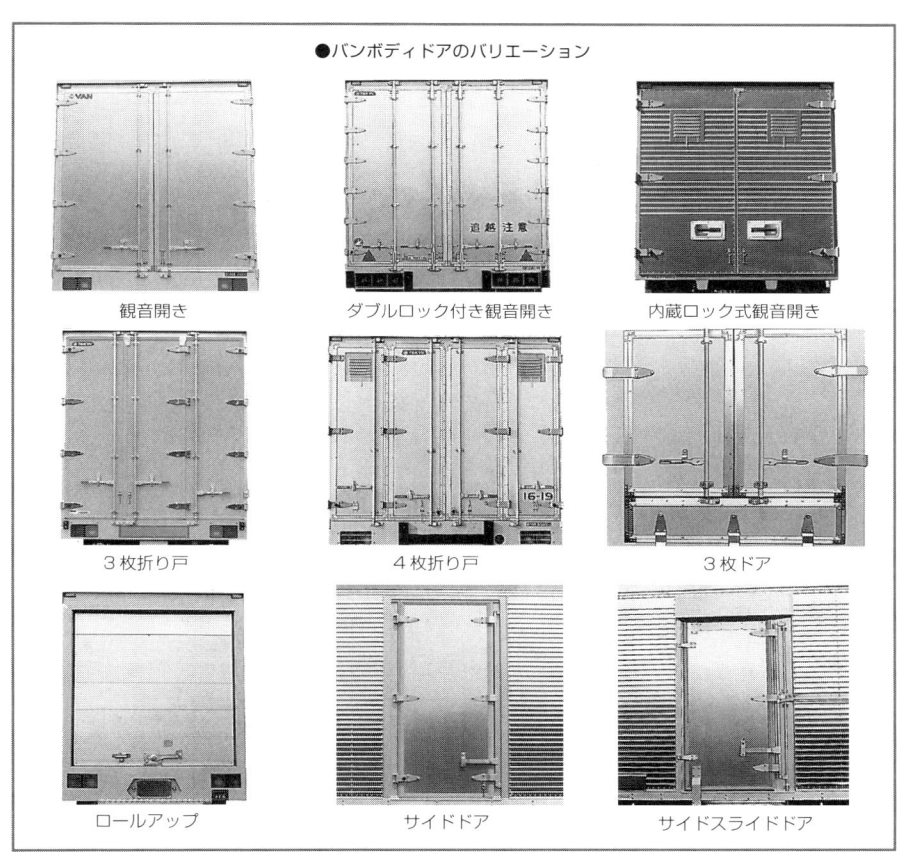

3. トラックの荷台と特装トラック

●バンボディドアのバリエーション

観音開き	ダブルロック付き観音開き	内蔵ロック式観音開き
3枚折り戸	4枚折り戸	3枚ドア
ロールアップ	サイドドア	サイドスライドドア

られることが多かったが、特殊な機構を持ったものを別にすれば、数が多く販売されるようになるにつれて、トラックメーカーで完成車としてつくられることもある。

バンボディのキットの場合には、フロアパネルを除いた5面で構成されるキットボディとして販売されることもある。

トラックを列車に載せて運ぶピギーバック輸送用では、ボディ天井がカマボコ型になったものがある。トンネルをスムーズに通過するためで、ピギーバックはJR貨物輸送合理化のなかで考案された鉄道とトラックを組み合わせたドアツードア輸送システム用トラックである。貨車にトラックを載せて長距離を運ぶため、長距離ドライバーや集配のための荷物の積み替えが不要になり、輸送コストを削減することができる。

バンボディの荷物の積み降ろしのための後方のドアは、観音開きになっているものが多いが、3枚か4枚のパネルで構成されて折り畳めるようにしたものもあるのは、車

両後方が広くとれない場合でもドアを大きく開けられるためである。また、ドアを開くためのスペースを必要としないシャッター式ロールアップドアやパネルが折り畳まれながら開いていくフォールディングドアもある。下部はアオリ構造で、上部が上開きのスイングアップドアもある。

　側面にドアが配される場合、一般的な片開きのドアのほか、作業スペースがない場所でも開閉できるスライドドアもある。側面のドアは集配などに使用される中小型トラックでは必要不可欠なものである。

　積み込み時にはクレーンで上方から、配送時には後部ドアや側面ドアから行うような特殊な用途では、ルーフがスライドして開くものもある。

■ウイングボディ

　バンボディが進化した形式のひとつがウイングボディである。1990年代に登場して急速に普及してきたタイプで、サイドパネル全体が大きく開くので、荷物の積み降ろしがバンボディに比較して飛躍的に良くメリットが大きい。

　バンボディの開口部は後部ドアだけなので、パレット輸送が主流になっている大型トラックの場合、後部ドアから積み込んだパレットを荷室内で奥へ移動する必要が生

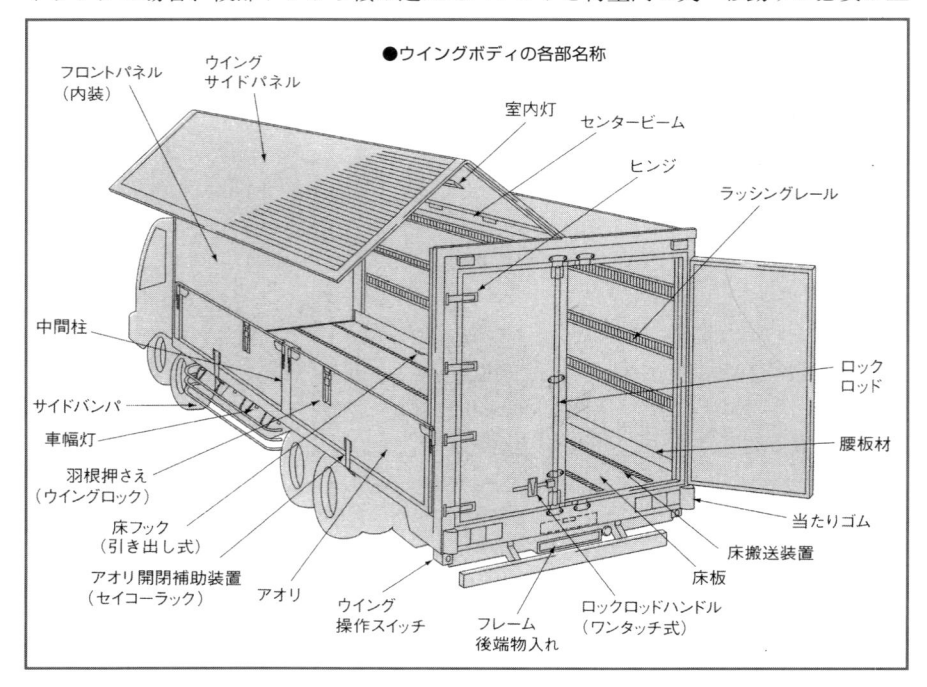

●ウイングボディの各部名称

フロントパネル（内装）
ウイングサイドパネル
室内灯
センタービーム
ヒンジ
ラッシングレール
中間柱
ロックロッド
サイドバンパ
車幅灯
羽根押さえ（ウイングロック）
腰板材
床フック（引き出し式）
当たりゴム
アオリ開閉補助装置（セイコーラック）
アオリ
ウイング操作スイッチ
フレーム後端物入れ
ロックロッドハンドル（ワンタッチ式）
床板
床搬送装置

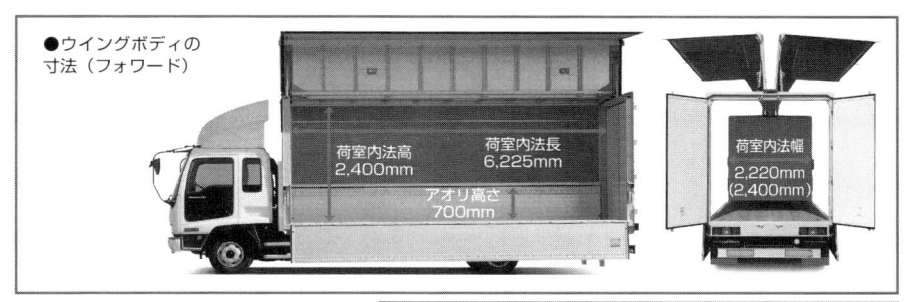

3. トラックの荷台と特装トラック

●ウイングボディの寸法（フォワード）

荷室内法高 2,400mm
荷室内法長 6,225mm
アオリ高さ 700mm
荷室内法幅 2,220mm (2,400mm)

●ウイングボディの寸法（クオン・ショートキャブ）
荷物スペースが最大級となっている例。

9,675mm
2,470mm

●ウイングボディ（ふそうグレート）

　じる。フォークリフトを利用したパレット荷役では荷室の側面が大きく開放することが理想的で、その結果生まれたのがウイングボディである。大型トラックでは、いまやバンボディをしのぐ勢いである。
　ウイングボディは、バンボディを基本とした側面開放車で、荷台がフルオープンすることが特徴である。バンボディのサイドパネル部分からルーフパネルのセンターまでが一体化されて開くようになっている。そのため、ルーフ中央のセンタービームにヒンジが取り付けられ、ここを支点にしてL字形にサイドパネルとルーフパネルの半分が開く。開いたときのパネルの形状が鳥の羽のように見えることからウイングボディと呼ばれている。
　ウイングを開閉する際に先端が円弧を描いて動くため、荷役を行う際にボディの側面と上部にウイングの広い作動スペースが必要になる。そうしたスペースの確保がむずかしい場合のために、側面の3分の1から4分の1程度が下に開くものが多い。

83

●各種のウイングボディトラック

日産ディーゼルクオンウイング

フォワードウイング

コンドル新軽量アルミウイング

コンドルホロウイング

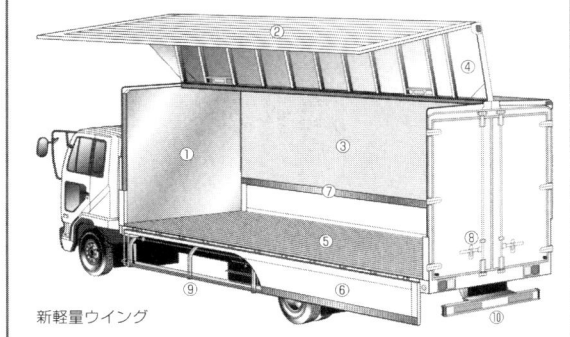

3. トラックの荷台と特装トラック

また、側面全体が開くフルウイングタイプの場合は、ルーフ側は左右中央まで開かず中心から左右に寄った位置にウイングの支点を設けることで、作動スペースを大きくとらないようにしているタイプもある。

このほか、ウイングの途中にヒンジを設けて中折れ式のウイングとしているものもある。ウイングが折り畳まれながら開き、ルーフ上に格納されるタイプも登場している。また、ウイングのサイドパネルが水平程度までしか開かないためクレーンによる吊り荷役はむずかしいタイプでは、それを解消するためにルーフ部分とともに直立できるようにしたタイプもある。

上方からの荷役を行いやすいように、ウイングが頂点を超えてからも開くターンオーバータイプのウイングもある。

ターンオーバーに加えて中折れウイングを採用し、車両上部のウイング作動スペースを削減している例もある。ルーフ側の開口部を大きくするために、センタービームの位置を考えて、一方を大きく開放できるタイプもある。また、センタービームそのものが上昇するシステムも開発されている。それぞれの用途に合わせて荷役しやすいようにいろいろなバリエーションがある。

バンボディに比較すると、構造的に充分な強度を保つことがむずかしいので、開閉のために設けられた天井中央のセンタービームとフロントパネルおよび後部枠フレー

新軽量ウイング
①前壁内板スチール平板　②サイド外板アルミコルゲート　③サイド内板耐水ベニヤ4.0mm　④ルーフアルミ平板　⑤床板ラミネート20mm　⑥アルミブロックアオリ　⑦ラッシングレールスチール製1段　⑧ロックハンドルワンタッチキャッチ(キー付き)　⑨サイドバンパースチール丸パイプ1段　⑩リアバンパーステップ兼用(上面アルミ縞板張り)

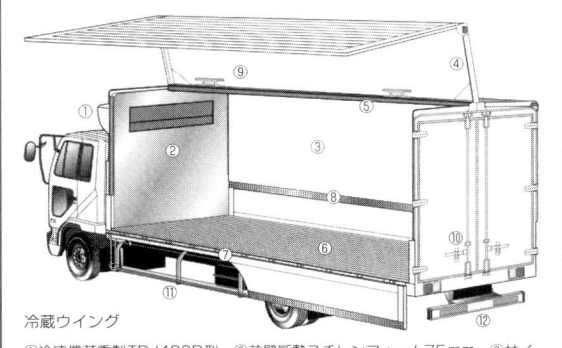

冷蔵ウイング
①冷凍機菱重製TDJ430D型　②前壁断熱スチレンフォーム75mm　③サイド断熱スチレンフォーム30mm＋内張りFRP合板6mm　④ルーフ断熱スチレンフォーム40mm＋内張りFRP合板6mm　⑤センタービーム断熱シート＋断熱構造　⑥床ラミネート20mm　⑦床フックラッシングフック5対　⑧ラッシングレールスチール製1段　⑨庫内灯蛍光灯3個　⑩ロックハンドルワンタッチキャッチ(キー付き)　⑪サイドバンパースチール丸パイプ1段　⑫リアバンパーステップ兼用(上面アルミ縞板張り)

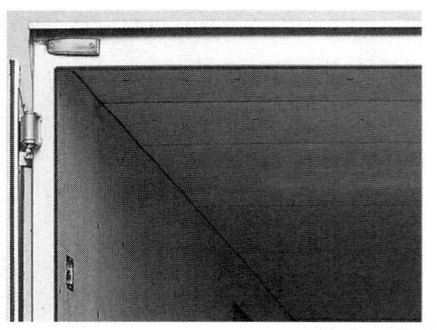

耐水ベニア張り天井
防雪プレート 
回転式中間柱 
サイドバンパー 

●ウイングボディの各種装備

●各種センタービーム

ウイングボディはセンタービームを支点として開閉する。写真で見るように油圧シリンダーにより開閉される。大きく開閉するのでセンタービームは強度が要求されるが、荷台内に出っ張ると荷物を積むスペースを削ることになるので工夫されるようになっている。

ムにつないで補強している。フロントパネルも強化する必要があるため、両サイドには角パイプのコーナーポストが備えられている。

　さらに、ウイングボディの場合は三方が閉じられるバンボディより雨などの浸入の恐れが大きいので、それを防ぐ措置がとられている。

　ウイングは、油圧シリンダーを利用してルーフを持ち上げて開く。油圧は車載の

バッテリーを動力源として、電動モーターが油圧ポンプを駆動して発生させる。

現在は、ウイングボディの容積拡大のための技術競争が盛んになっている。その障害になっている荷室内の天井から飛び出しているセンタービームをなくした構造のウイングボディが登場してきている。この場合はウイングのルーフセンターレールが強化され、左右のルーフセンターレール同士がヒンジでつながれる。片側のウイングが開く際には、もういっぽうのウイングのルーフセンターレールが支えることになる。

■冷凍車および冷蔵車の特徴

バンボディのバリエーションのひとつに冷凍車や冷蔵車がある。冷凍車は冷凍機によって低温での定温輸送を可能にしている。現在ではウイングボディの冷凍車や保冷車もある。これらのトラックでは、低温を保つために気密性が重視されて、ドアなどの開口部はシールするために二重になっている。また、パネルの内側に断熱材としてポリウレタンやポリエチレンなどの発泡体が張られ、冷凍車では断熱性を高めるために、2枚のパネルの間に断熱材をサンドイッチ構造にしている。

冷凍車の荷室冷却方式には、機械式、液体窒素式、蓄冷式がある。

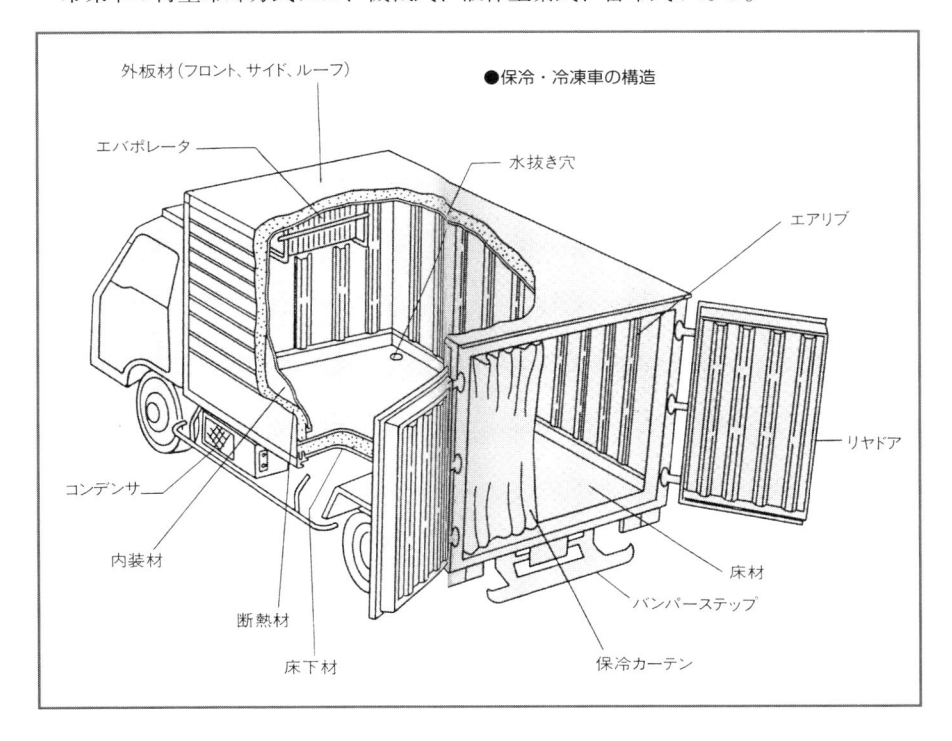

機械式はエアコンのクーラーと同じく冷媒をコンプレッサーで圧縮して液化し、冷媒が気化して気化熱を奪うことで冷却する。

　液体窒素式は液体窒素ボンベから低温になっている液体窒素を荷室内に噴射させて冷やすのでマイナス50度程度にまで温度を下げることができる。荷室内は窒素が増えて酸素が減るので、食品の場合には鮮度を保つ効果もあるが、液体窒素ボンベなどの費用がかかるので、冷凍マグロなどのように高額の食料品の運搬に使われる。

　蓄冷式は、停車中に外部の電源で荷室内の冷凍板を冷却して凍結させることで、その冷気を使用する方式である。冷凍装置が重くなり、蓄冷のために8～10時間ほどの電力供給が必要であり、冷凍板のみに頼るので冷却能力を維持できる時間がある程度限られてしまう。

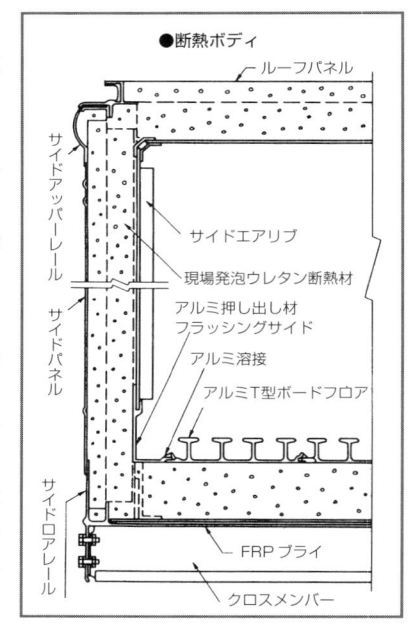

　蓄冷式は荷降ろし作業中にエンジンを停止しても保冷できるという利点があり、トラブルの発生も少なく信頼性も高いので、蓄冷式にして冷凍板を使用しながら機械式にするタイプも開発されている。この場合、走行中はメインエンジンでコンプレッサーを駆動して蓄冷することで、冷凍板を小さくして蓄冷装置を軽量化している。

　冷凍機は荷室内にエバポレーターユニットを備えていて、そのぶん荷室スペースが犠牲になるので、システムをコンパクトにする方法としてエバポレーターと一体化したコンデンサーも登場している。

　冷凍車の場合はドア開閉などにより冷気が流出して、積み込み時に荷物の温度が上

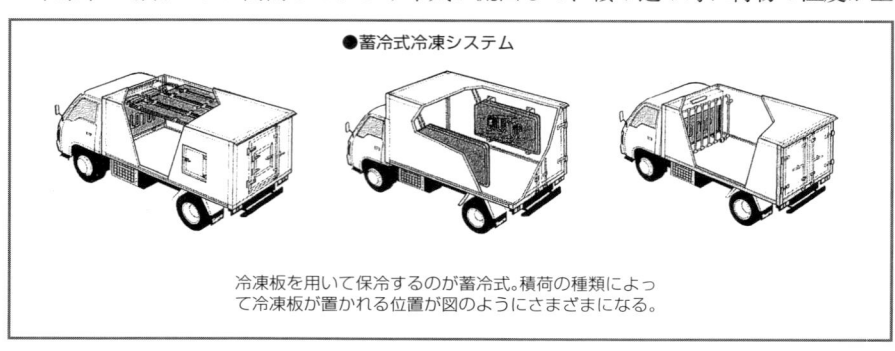

●断熱ボディ
ルーフパネル
サイドアッパーレール
サイドエアリブ
現場発泡ウレタン断熱材
アルミ押し出し材フラッシングサイド
アルミ溶接
アルミT型ボードフロア
サイドパネル
サイドロアレール
FRPプライ
クロスメンバー

●蓄冷式冷凍システム

冷凍板を用いて保冷するのが蓄冷式。積荷の種類によって冷凍板が置かれる位置が図のようにさまざまになる。

3. トラックの荷台と特装トラック

●保冷カーテン

サイド保冷カーテン　　　　　　　　　リア保冷カーテン

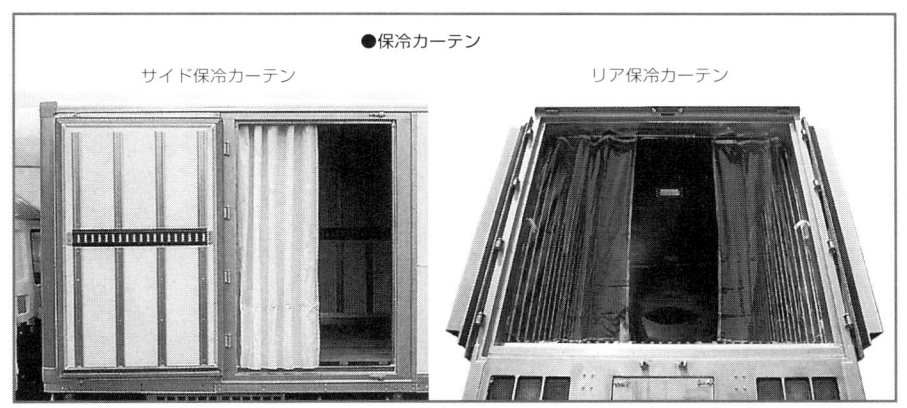

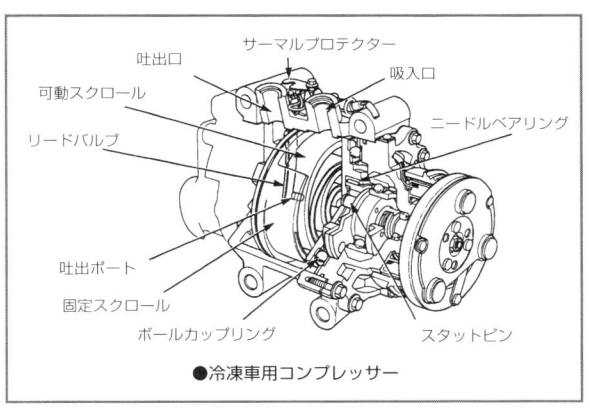

●冷凍車用コンプレッサー

（図中ラベル：吐出口、サーマルプロテクター、可動スクロール、吸入口、リードバルブ、ニードルベアリング、吐出ポート、固定スクロール、ボールカップリング、スタッドピン）

昇してしまう。これを防ぐために、垂れ幕式カーテンやエアカーテンが使われている。さらに、トラック後端を密閉状態にするドッグシェルター型冷凍倉庫も増えてきている。

電動コンプレッサーを使用する冷凍機も開発されている。メインエンジンを使って発電した電気によりコンプレッサーを駆動する。サブエンジン式より軽量化できるうえ、低騒音化にも効果があり、バッテリーに電気を蓄えているので、エンジンを切っても冷凍機を作動させ続けることができる。

■テールゲートリフターなどの荷役省力化装置

バンボディやウイングボディでは、荷役を省力化するための各種装置がある。

重量物の荷役に欠かすことができないのがテールゲートリフターである。その名の通りテールゲートがリフト装置となり、カーゴトラックだけでなく、バンボディに備えられることも多くなっている。

テールゲートリフターは垂直式とアーム式があり、構造としては違いがあるが、いずれも油圧によって駆動される。車載のバッテリーを動力源として、油圧ポンプが駆動されている。操作部は、車両後端に固定されているものもあるが、現在はリモコン

で離れた位置から操作できるようになっている。

　テールゲートリフターはスチール製が多かったが、リフトテーブルは軽量化のためにアルミが使用されることが多い。テールゲートリフターの重量が増えれば最大積載量は減ることになるので軽量化の対象になっている。

　リフト能力は、装備されるトラックの大きさによっても異なるが、4トン車クラスになると1トン、10トン車クラスでは1.5トンのものがある。昇降時間もさまざまだが、荷重がかかっていなければ5〜10秒、最大荷重がかかっていても10〜25秒程度でリフトできる。

　テールゲートリフターはダンプ車に採用されることもある。ゴミ収集などに使用されるアオリの深いダンプ車に装着すれば、重量のある粗大ゴミを積み込む作業が容易になる。汎用の貨物を運搬する場合、荷崩れ防止のための装備や積荷を守るための装

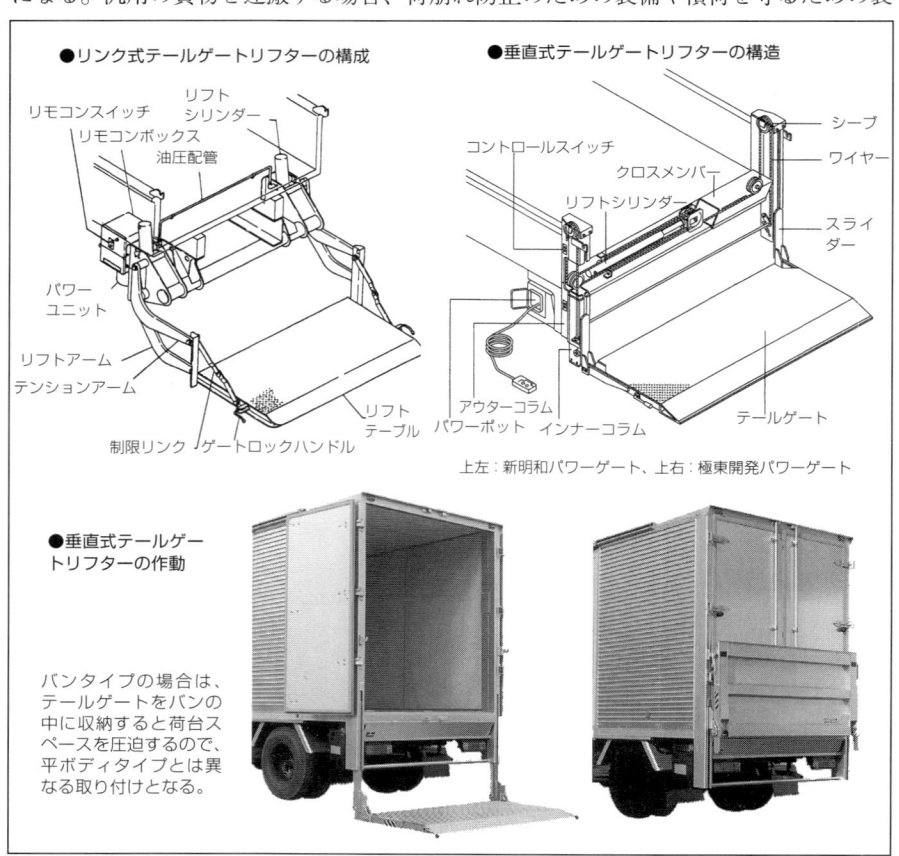

●リンク式テールゲートリフターの構成
リモコンスイッチ
リモコンボックス
リフトシリンダー
油圧配管
パワーユニット
リフトアーム
テンションアーム
制限リンク
ゲートロックハンドル
リフトテーブル

●垂直式テールゲートリフターの構造
コントロールスイッチ
クロスメンバ
リフトシリンダー
シーブ
ワイヤー
スライダー
アウターコラム
パワーポット
インナーコラム
テールゲート

上左：新明和パワーゲート、上右：極東開発パワーゲート

●垂直式テールゲートリフターの作動

バンタイプの場合は、テールゲートをバンの中に収納すると荷台スペースを圧迫するので、平ボディタイプとは異なる取り付けとなる。

備としては、ラッシングレールやボディ内クッションがある。スポンジやウレタンなどがサイドパネルやフロントパネルの内側に張られたもののほか、空気圧式のクッションもある。

貨物を荷室後方などの開口部にスムーズに運ぶ荷室内搬送システムには、パレットに対応したパレットローダーをはじめ、ローラーコンベアや移動フロアがある。

■クレーン付きトラック

後述するパワーテイクオフPTO装置を使って、エンジンからの動力を利用することができるのがトラックの特徴でもある。そのひとつが、建設などの作業現場で使用するクレーン車ほど本格的なものではないが、荷物の積み降ろしのためにクレーンを装備したトラックである。クレーン容量はさまざまになるが、荷物の積み降ろしを目的

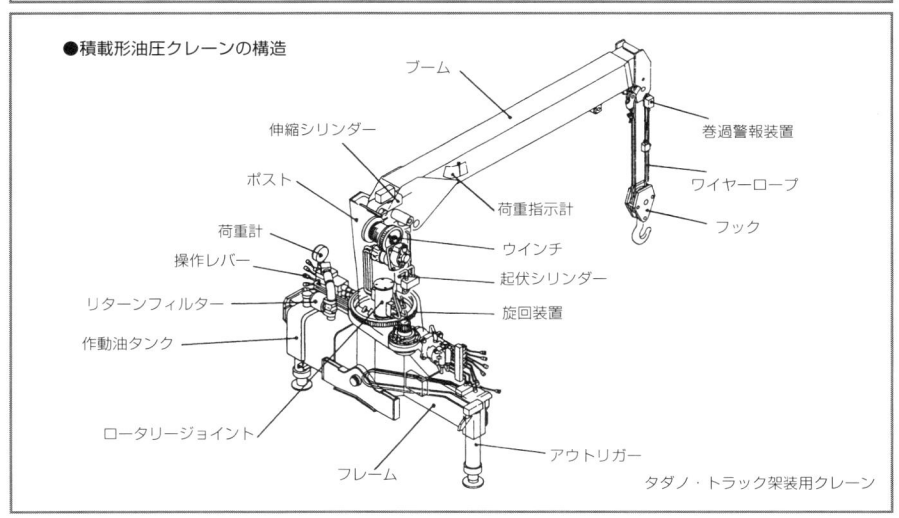

●レンジャー・クレーン付きカーゴ

●積載形油圧クレーンの構造

タダノ・トラック架装用クレーン

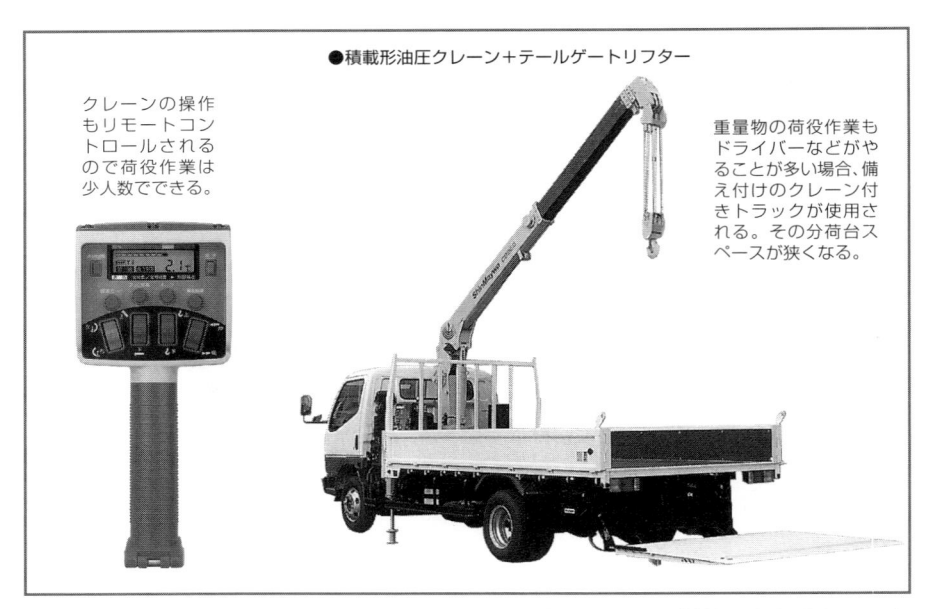

●積載形油圧クレーン＋テールゲートリフター

クレーンの操作もリモートコントロールされるので荷役作業は少人数でできる。

重量物の荷役作業もドライバーなどがやることが多い場合、備え付けのクレーン付きトラックが使用される。その分荷台スペースが狭くなる。

とするものだから、なるべくコンパクトにして荷台スペースの犠牲が少なくなることが重要である。

　クレーンはキャブと荷台のあいだに装備されるものがほとんどで、大型トラックの場合もつり上げ荷重3トン以下に抑えられている。

　現在はリモコンによる操作を可能にしているので、効率的にクレーン操作ができるようになっている。離れた位置で操作できるので、一人で貨物の積み降ろしをするのを容易にしている。

　中型のほうがクレーン付きトラックが多いのは、大型の場合は物流センターなど荷役作業に対する整備が進んでいるので、その必要性が高くないせいである。

■特装車及びパワーテイクオフ機構

　トラックのなかで、それぞれの用途によって運ぶものにあわせた特別の荷台を装備したものが特装車である。その意味では、バンボディの派生車種として先に述べた冷凍車・冷蔵車も特装車に分類されるものだ。これらは、運搬にともなう各種の作業に便利な機能を装備したもので、その多くはトラックメーカーのつくったキャブ付きシャシーをベースに専門メーカーでつくられる。

　特装車は、大きく輸送系特装車、作業系特装車に分類される。輸送系特装車としては、ダンプカーやミキサー車などの建設系運搬車、タンクローリー車や粉粒体車と

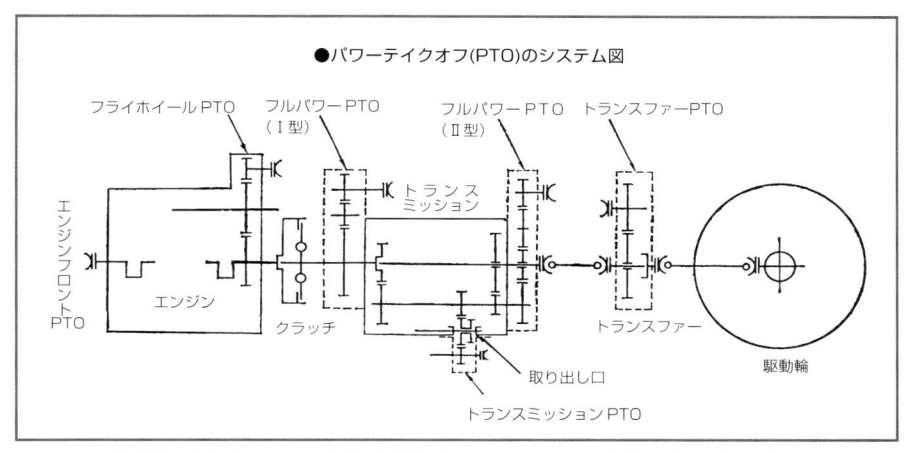

●パワーテイクオフ(PTO)のシステム図

（図：フライホイールPTO、フルパワーPTO（Ⅰ型）、フルパワーPTO（Ⅱ型）、トランスファーPTO、エンジンフロントPTO、エンジン、クラッチ、トランスミッション、取り出し口、トランスミッションPTO、トランスファー、駆動輪）

いった定容積特装車がある。作業系特装車としては、塵芥車、衛生車、洗浄車などの環境衛生車、クレーン車や建築系作業車などがある。そのほか、消防自動車も立派な特装車である。

これらの特装車は、バンボディやウイングボディよりも古く登場しているものが多い。1950年代に隆盛を誇ったオート三輪車をベースにしてつくられたものもあって、そのころからの架装メーカーが技術開発を続けている分野である。

特装車には、荷台を移動させたり、搬送中に作業をするために動力源が必要である。クレーン付きやテールゲートリフターなどでも同様であるが、これらはパワーテイクオフ、バッテリー駆動、セパレートエンジン駆動などがある。

このうち、クレーンなどのように大きな動力を取り出すにはパワーテイクオフ、つまりPTOが多く使用されている。これはトラックのエンジンからの動力を取り出して使用する。

PTOはその取り出し方によって分類することができる。それらは、トランスミッションPTO、フルパワーPTO、トランスファーPTO、フライホイールPTO、エンジンフロントPTOである。取り出された動力で油圧ポンプを作動させて油圧シリンダーや油圧モーターを駆動することにより、目的の働きをさせるシステムになっている。

トランスミッションPTOは、トランスミッションのカウンターシャフトあるいはリバースシャフトから回転を取り出す。トラックではトランスミッションケースにトランスミッションPTO用の穴が用意されており、このタイプのPTOが最も多く使用されている。

トランスミッションPTOは、ミッションのカウンターシャフトを使用しているためトランスミッションの変速による影響を受けるだけでなく、クラッチの断接の影響が出

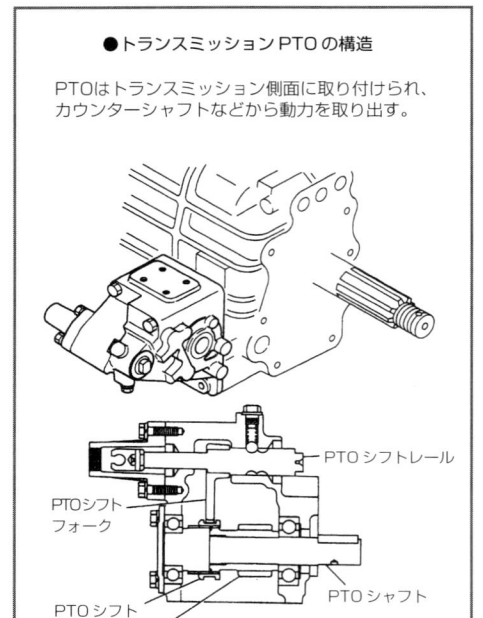

るので、走行中はスムーズに使用することができない。停車中に動力を使用する装置として利用される。

フルパワーPTOは、トランスミッションケースとクラッチハウジングの間あるいはトランスミッションケースの後端からパワーを取り出す。

このタイプのPTOは、エンジン出力をフルに取り出せることで、フルパワーPTOと呼ばれる。基本的には停車時に使用するが、停車時にエンジンを高出力で使用し続けると、エンジンの冷却能力を超えた過酷な使い方になってしまうので、フルパワーPTO装備車では別にサブラジエターを設置して、冷却能力を高めている。消防車や高圧洗浄車のように大きな力を必要とする特装車で使用される。

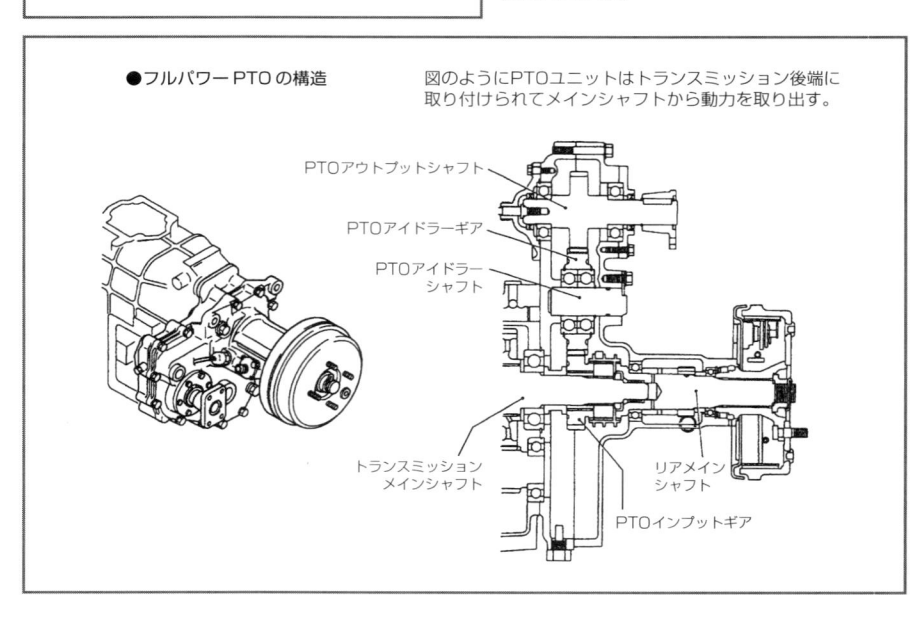

●トランスミッションPTOの構造

PTOはトランスミッション側面に取り付けられ、カウンターシャフトなどから動力を取り出す。

- PTOシフトレール
- PTOシフトフォーク
- PTOシフトスリーブ
- PTOギア
- PTOシャフト

●フルパワーPTOの構造

図のようにPTOユニットはトランスミッション後端に取り付けられてメインシャフトから動力を取り出す。

- PTOアウトプットシャフト
- PTOアイドラーギア
- PTOアイドラーシャフト
- トランスミッションメインシャフト
- リアメインシャフト
- PTOインプットギア

3. トラックの荷台と特装トラック

トランスファーPTOはトランスファーケースから動力を取り出すタイプで、フルパワーPTOの一種ともいえ、停車中に使用される。大きな動力の取り出しが可能でコンクリートポンプ車などで使用される。

フライホイールPTOはエンジンから直接動力を取り出すもので、フライホイールにPTOのアウトプットギアが噛み合わされる。走行中に比較的大きな動力を取り出せるので走行しながらコンクリートなどを撹拌する必要があるミキサー車などに使用される。

PTOから取り出された回転力を利用して油圧ポンプやエアコンプレッサーを作動させて、目的とする駆動力として利用する。

■ダンプトラック

●フライホイールPTOの構造

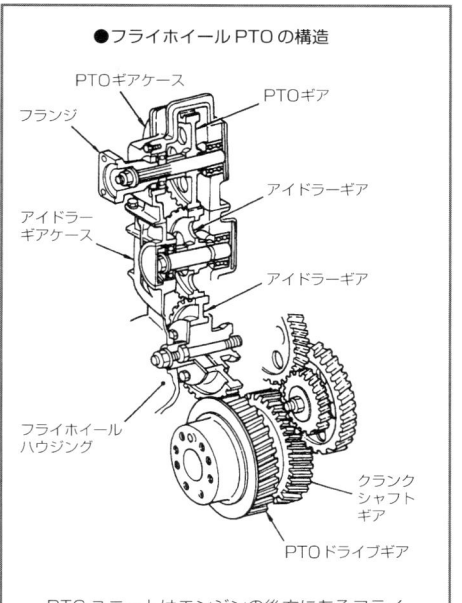

PTOギアケース
PTOギア
フランジ
アイドラーギア
アイドラーギアケース
アイドラーギア
フライホイールハウジング
クランクシャフトギア
PTOドライブギア

PTOユニットはエンジンの後方にあるフライホイールの側面に取り付けられ、フライホイールと噛み合ったギアを介して動力を取り出す。

ダンプカーは、トラックの代表選手のひとつであり、カーゴトラックなどと比較するとホイールベースが短くなっている。砂利などの重いものを運搬することが主なので、過積載を防止するために荷台の大きさが制限されているからでもある。産業廃棄物など軽量なものを運搬するダンプトラックはこのかぎりではないが、そのほうが数は非常に少ない。

数十年前には過積載も日常的といってよかった面もあった。なかにはフレームがゆがむほどのものもあり、それが激しくなるとダブルタイヤのサイド面が接触してタイヤがバーストするトラブルも起こったことがあるという。

それはさておき、ダンプトラックは、荷台であるベッセルとダンプ機構が特徴である。

ベッセルの形状は、角底型が圧倒的だが、船底型もある。荷台を船底型にすると、ダンプを持ち上げたときに砂利などの排出がスムーズになるので、残土や粘土質の土などの運搬に用いられる。

ベッセルの前方は、キャブを保護するために堅牢なプロテクターが備えられている。キャブのハイルーフ化が進んできているので、プロテクターも高いものになっている。

●ダンプカーの各部名称

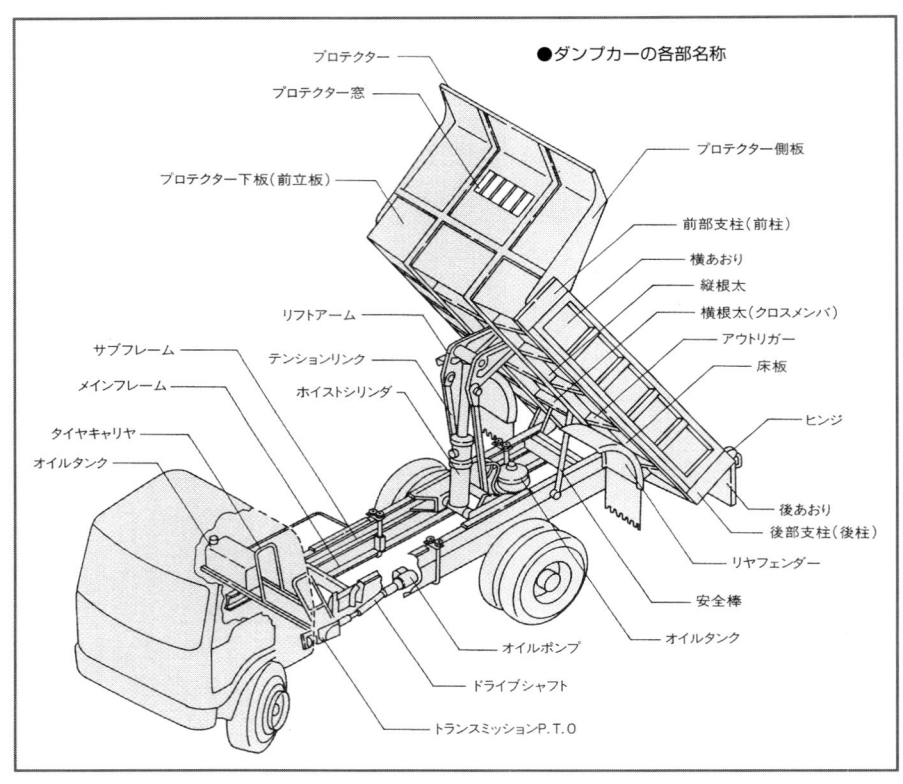

　ダンプのベッセルの素材は鋼板が一般的で、高張力鋼板や耐摩耗鋼板が使用されることもある。
　過酷な使用条件ではベッセルが摩耗しないように強化されるが、そうなると車両重量が増加して積載量が小さくなるので、ベッセル部分の軽量化が重要になる。
　軽量化のためにアルミ製ベッセルにしたり、構造を工夫するなどの技術革新が進められている。これらの軽量化努力によって、10トン車クラスの積載量は9800〜9900kgだったものが10000〜10100kgと増加しただけでなく、耐久性も図られるようになっている。さらに、走行安定性を確保するために、ボディ重心位置も低められている。
　ベッセルは、大型車では後方から積載物を降ろすリアダンプが主流だが、側面に傾くサイドダンプもある。これは、左右どちらも傾くようにした2ウェイダンプと、片側だけのダンプがある。左右両側及び後方に傾く三転ダンプは、狭いスペースでの荷降ろしに便利なので、中型車での採用が多い。
　ダンプ機構を作動させる油圧は、トランスミッションPTOを利用している。ダンプ

3. トラックの荷台と特装トラック

●日産ディーゼルハイルーフダンプと22トンダンプ

レバーを操作するが、降下の際にベッセルやフレームに衝撃を与えないように、ホイストシリンダーに降下緩衝バルブが設けられて油路を細くすることで、ゆっくりとベッセルを降下させるシステムになっている。

ダンプトラックには、自重計、左折ブザー、ダンプ警報装置、安全ブロック、ダン

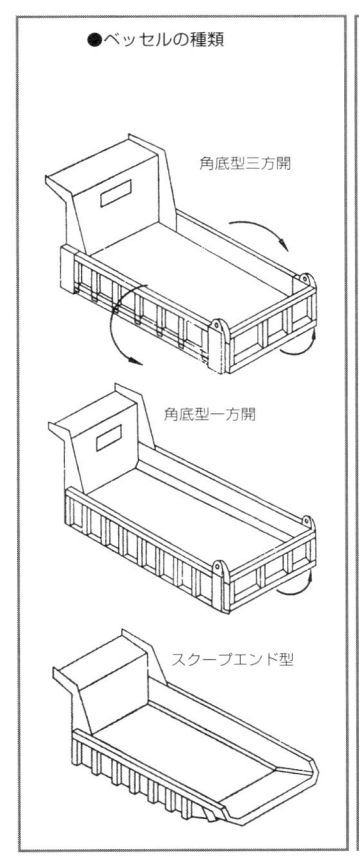

●ベッセルの種類

角底型三方開

角底型一方開

スクープエンド型

●特殊なベッセル

■丸底ベッセル

丸底ベッセルを採用したダンプトレーラー。このほうがスムーズに落下する。

■軽比重積載物用途ダンプ（土砂禁ダンプ）

土砂以外の軽比重のものを運搬するダンプはアオリが高く、深アオリや深ボディと呼ばれる。

●三転ダンプ

必要に応じてベッセルをダンプさせる方向を3種類から選べる三転ダンプ。中型トラックに多い。

プレバーロック装置などの安全装備が備えられている。自重計は過積載による事故を防止するためで、5トン積載以上で土砂などを運搬するダンプトラックに装備が義務付けられている。また、左折時の巻き込み事故を防止するために左折ブザーも義務付けられている。

　ダンプ警報装置は、ベッセルがシャシーフレームから浮き上がった際にドライバーに警告を与えるもので、ベッセルを上げたまま走行することを防ぐものだ。

　ダンプは、専用のシャシーとしてつくられている。積載されるものが重量が嵩むうえに、作業する現場は未舗装地であることが多く、悪路走行もあるのでフレームに充分な強度が必要である。ダンプ用シャシーは、トラックメーカーから出荷されたものを架装メーカーがフレームを中心に補強することが多い。

●日産ディーゼル
クオン22トンダンプ

3. トラックの荷台と特装トラック

トラックメーカーでは、主流の重量物運搬用のダンプカー用シャシーのほかに、軽量なものを運搬するダンプ用シャシーでは積載量を確保するために軽量シャシーもつくっている。

■ミキサー車

建設に関係するトラックではダンプカーと双璧をなすのがミキサー車で、生コンクリートを運搬するために、生コン車とも呼ばれている。全国各地にある生コンクリート工場で一括してつくられた生コンクリートは、撹拌しながら運ばないと固まってしまうので、回転させながら運搬するようになっている。

ミキサー装置は、とっくりのようなかたちをした傾胴形ドラムになっていて、高張力鋼板などで製造されている。傾斜して取り付けられているドラムが回転することで重力の助けを借りて撹拌される。

ドラムを回転させる動力はフライホイールPTOである。これはトラックメーカーがトラックミキサー用の専用シャシーとして走行中にもスムーズにパワーを取り出せるフライホイールPTOとしているからだ。フライホイールPTOの動力はシャフトで油圧ポンプに伝えられ、回転が油圧に変換された油圧モーターの回転軸でドラムを回転させ

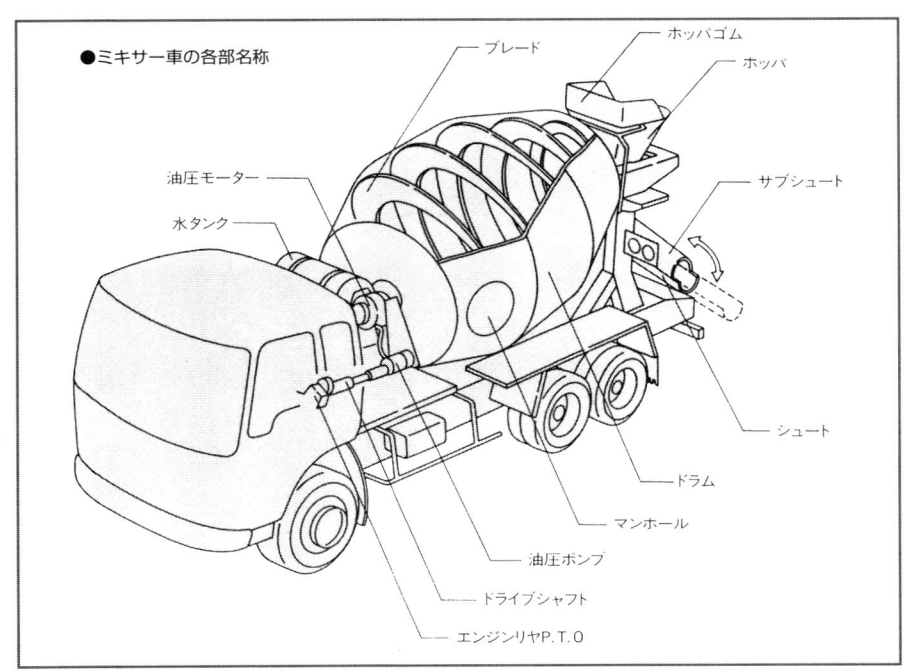

●ミキサー車の各部名称

- ブレード
- ホッパゴム
- ホッパ
- 油圧モーター
- サブシュート
- 水タンク
- シュート
- ドラム
- マンホール
- 油圧ポンプ
- ドライブシャフト
- エンジンリヤP.T.O

●日産ディーゼルクオン20トンミキサー車

ている。
　ドラムの回転速度は、投入および排出時は回転を低め、撹拌走行時とは異なる必要があり、ドラム回転制御機構が装備されている。
　硬化しやすい物質を扱っているので、バッテリーで駆動する電動水ポンプが装備されており、生コンクリート排出後は速やかにノズルからの水流でコンクリートを洗い流す。
　トラックミキサーは、大型トラックのシャシーを使用したものが多いが、これは輸送効率の向上を目指しているからだ。それだけに、最近は平均使用年数が増える傾向を示しており、技術革新が見られなかったが、最近になってドラムの回転のための油

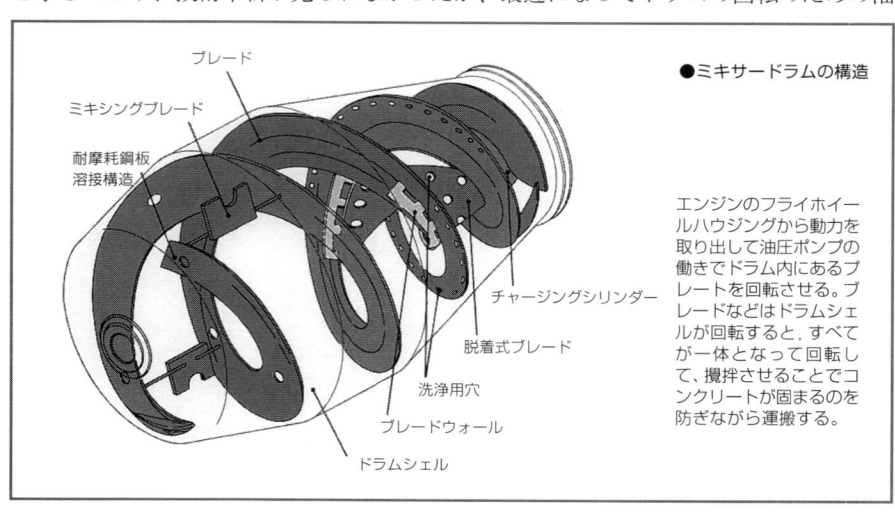

●ミキサードラムの構造

ブレード
ミキシングブレード
耐摩耗鋼板溶接構造
チャージングシリンダー
脱着式ブレード
洗浄用穴
ブレードウォール
ドラムシェル

エンジンのフライホイールハウジングから動力を取り出して油圧ポンプの働きでドラム内にあるブレードを回転させる。ブレードなどはドラムシェルが回転すると、すべてが一体となって回転して、撹拌させることでコンクリートが固まるのを防ぎながら運搬する。

圧ポンプやモーターを電子制御して、低いエンジン回転でも排出作業を可能にして、低燃費で低騒音にするミキサー車が開発されている。

■タンクローリー車

液体を運搬するためのタンクローリーには、幅広いバリエーションがある。ガソリン、軽油、灯油、アスファルトなどの石油製品をはじめ、LPガスや天然ガスなどの液化ガス、食料品、化学薬品など運搬するものがバラエティに富んでいるからである。それぞれに粘度や比重が異なり、揮発性や圧力などに対する配慮を必要とするものと

●日産ディーゼルクオン25トンアルミローリー車

●非危険物運搬用タンク車(醤油用)

危険物でも毒物劇物でもない液体を運ぶ大型タンクローリー。危険物ではないため側面枠がない。

●危険物仕様大型タンクローリー
　(エタノールアミン運搬用)

危険物仕様の大型タンク車。楕円タンクで、タンク上側面にはツノのように飛び出した側面枠が備えられている。

●給水車

●散水車

不要なものなどがある。運搬する液体の性状に応じたタンク構造にする関係で、危険物タンク車、非危険物タンク車、液化ガスタンク車などに分けられる。

危険物タンク車は、石油類や化学薬品の運搬に使用されるので、消防法などの適用を受ける。重心が下がり車両の安定性を確保するために楕円タンクが使われることが多い。

非危険物タンク車は、危険物に指定されていないものと、液化ガス以外のものを積載するタンク車である。

液化ガスタンク車は、高圧になる液体燃料などを運搬するのに圧力タンクを使用する。この場合はタンクの内圧に耐えられるように真円タンクが使用され、その他の用途では、楕円タンクが使用されることが多い。

タンクの素材は、鉄、アルミニウム、ステンレス、チタンなどがある。アルミ合金製は軽量化では有利であるが、加工がむずかしく高価になる。高圧タンクには高張力鋼板が使われ、耐久性を確保するために内壁にはアルミ合金やオーステナイト系ステンレス合金が使用されるなど厳重なつくりになっている。

液化ガスタンク車で、温度上昇や温度低下などの条件で内部の圧力が高くなる恐れのあるものを運搬する場合は断熱タンクが使用される。タンクは二重構造になってグラスウールやウレタンなどの断熱材が入れられる。食品などのタンク車で保冷能力を高めたい場合には、二重構造にした上で真空にして断熱能力を高めている。

タンクの容量は、運搬中の液体の体積変化を考慮して、内容積の5〜10%の空気容積を差し引いて最大積載容量としている。

このほかのタンクローリー車としては、給水車や散水車、放水車などがある。扱う液体は水であるが、用途によってさまざまな排出方法となっている。

散水車は、水ポンプで加圧して散水するものが多いが、道路への散水だけでなく建設工事現場での使用も増えている。土埃の舞い上がりを防いだり、作業後の土砂の洗浄に利用されている。吸排水に使用される水ポンプは、タービン式ポンプが使用される。給水車の場合にはギアポンプやベーンポンプが使われ、ポンプの動力源は、トラ

ンスミッションPTOが一般的だが、専用のディーゼルエンジンなどを搭載し、その動力でポンプを駆動するものもある。

これら液体を積載するタンク容量の拡大要求が強く、大型車で広く採用されている角形断面を採用した中型車も製品化されるようになった。楕円型タンクに比較して容量を10%近く増やすことができるので、容量を増加したり、増量した分を荷台の短縮に利用したりできる。最近は、タンクローリー車のなかで大半を占める石油類運搬用が減少し、逆に吸水・散水車が増える傾向を示している。

■粉粒体運搬車

タンクローリーが液体を運搬するのに対して、粉粒体を運搬するのが粉粒体運搬車である。以前は粉粒体の貨物は袋詰めにして数多くの袋をカーゴトラックで運搬していたが、粉粒体のまま運搬できる粉粒体運搬車がつくられて袋詰めなどの手間がかからなくなり、輸送効率が飛躍的に向上した。運搬するのはセメント、フライアッシュ、消石灰、家畜飼料、小麦粉、合成樹脂の原料などがある。

粉粒体運搬車は、排出の方式によってダンプ式、スクリュー式、エアスライド式、エア圧送式などがある。

●ブームオーガ式の仕組み

ボトムスクリューでタンク内から排出、バーチカルスクリューで上方へ搬送し、さらにディスチャージスクリューで好みの方向へ搬送を行うことができる。

ディスチャージスクリュー

バーチカルスクリュー

ボトムスクリュー

●ブームオーガ式粉粒体運搬車

ボトムスクリューに効率的に積荷を集めるために断面が5角形の構造をしたタンクを備え、タンク後方にはバーチカルスクリュー、タンク上部にはディスチャージスクリューを備える。

●エア圧送式（フラクソ式排出口）粉粒体運搬車

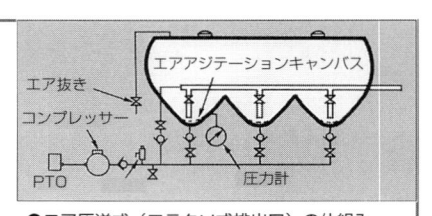

●エア圧送式（フラクソ式排出口）の仕組み
重力落下に加えて、空気圧によって粉粒体を流動化させたうえでフラクソ式排出口から高圧エアで粉粒体を排出搬送する。

　ダンプ式粉粒体運搬車は、排出時にダンプカーと同じように重力で落下させるもので、構造が簡単なのがメリットである。タンク形状は真円筒型、楕円筒型、角型などタンクローリーと同様である。ダンプアップによる重力落下だけでは充分に排出できない粉粒体を扱う場合には、エア圧送式やエアスライド式が組み合わされる。

　スクリュー式は、らせん搬送装置によって排出するもので、タンク形状は、タンクの左右中央の底部に粉粒体が集まりやすくするために断面が扇形やホームベース形になっている。スクリューシャフトを油圧モーターでタンク内をらせん回転させて車両後方の排出口に送る。

　エアスライド式では、独特の円筒に近い形状のタンクが使用されることが多い。タンクの内側底面にはキャンバスシートが張られ、キャンバスの網目から吹き出した空気によって粉粒体を排出する。セメントやフライアッシュなど流動性のある粉粒体の排出に適している。

　エア圧送式は、複数の傾斜胴タンクをもっていて、分割されたタンクの底に排出口があり、傾斜を大きくして重力で排出口に集まるようにしている。排出口に接続されたパイプに圧力のかかった空気を送り込んで高い位置でも搬送することができる。セメント、石灰、飼料、穀物、化学薬品などの運搬に用いられる。

　動力源は、いずれもトランスミッションPTOである。粉粒体運搬車のなかで需要が多いのは、バラセメント運搬車や飼料運搬車である。飼料運搬車は中型もあるが、そのほかの粉粒体運搬車は大型が主流になっている。

■その他の特装車

　特装車のなかには、クレーン車や各種の作業を目的としたトラックがある。穴掘り建柱車や高所作業車、橋梁点検車、照明車など、それぞれに適した装備になっている。また、われわれがよく見かけるゴミ収集車や衛生車、バキュームカーなども同様

3. トラックの荷台と特装トラック

● 5台積み車両運搬車

車両を効率よく運搬するために荷台部分が特別につくられている。

に特装車である。これらは、トラックメーカーでつくられたキャブ付きシャシーを専門の架装メーカーが完成させるものだ。

このほか、車両や重機などの重量物を運搬するために特別な装置を持つ運搬車や荷台をそっくり大型コンテナとして脱却システムを備えたトラックもある。

車両・重機運搬車の場合は、積み降ろしをスムーズにするために荷台が特殊になっ

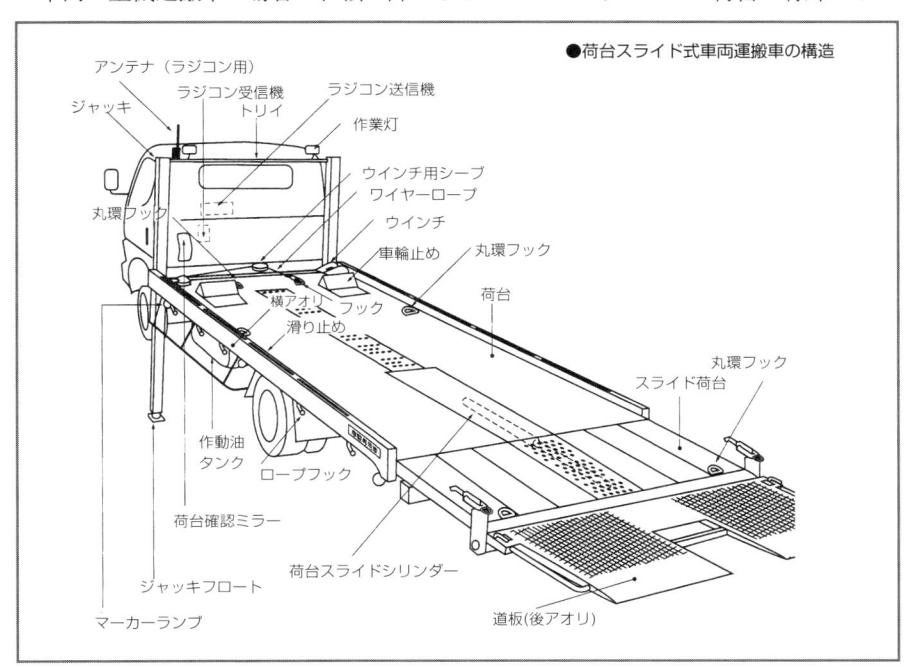

● 荷台スライド式車両運搬車の構造

アンテナ（ラジコン用）
ラジコン受信機トリイ
ラジコン送信機
ジャッキ
作業灯
ウインチ用シーブ
ワイヤーロープ
丸環フック
ウインチ
車輪止め
丸環フック
横アオリフック
荷台
滑り止め
丸環フック
スライド荷台
作動油タンク
ロープフック
荷台確認ミラー
荷台スライドシリンダー
ジャッキフロート
道板（後アオリ）
マーカーランプ

105

●荷台スライド式車両運搬車

荷台に自力で走って乗ることができる建設車両などの運搬に用いられる。

ている。主として、荷台傾斜式、荷台スライド式がある。

　荷台傾斜式では、油圧ジャッキによって車両の前部分をジャッキアップして浮き上がらせ、荷台をスライドさせて延ばして車両や重機を積み込めるようにするが、自走できない場合はウインチなどを使用して積み込む。

　荷台スライド式は、油圧によってスライドシリンダーを延ばして、荷台をスライドさせて荷台の後端を接地させて積み降ろしをする。傾斜式より後方のスペースを余分にとるが、トラックをジャッキアップするより安定した操作になる。

　これらの方式をベースにして、スライドした荷台をすっかり着地させて積み降ろしするようにしたタイプなど、さまざまなバリエーションがある。

4

トラック用ディーゼルエンジン

　経済性を重視するトラックではディーゼルエンジンが使用されている。特に中・大型クラスでは、ほとんど100％ディーゼルエンジンといってもいいくらいである。走行距離が長く、重量の大きい車両では、ディーゼルエンジンに代わる動力はあり得ないといえるほどだ。

　ガソリンエンジンの場合は一つのシリンダーの容積の最大値はある程度限られてくるので、排気量を大きくするには多気筒化を図らなくてはならないが、ディーゼルエンジンの場合は、むしろ気筒容積が大きい方が熱効率が高いから、排気量の大きいエンジンでも気筒数がそう多くなることはない。

　ディーゼルエンジンの

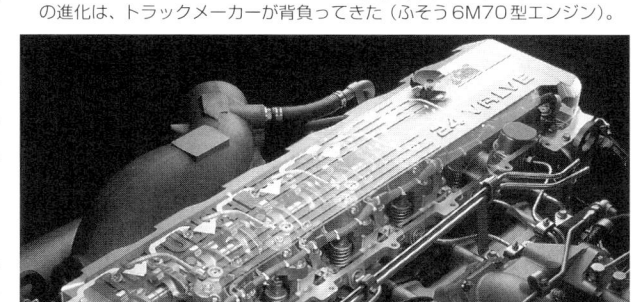

中・大型トラックはディーゼルエンジンの世界。日本のディーゼルエンジンの進化は、トラックメーカーが背負ってきた（ふそう6M70型エンジン）。

●各種エンジンの特性概念図

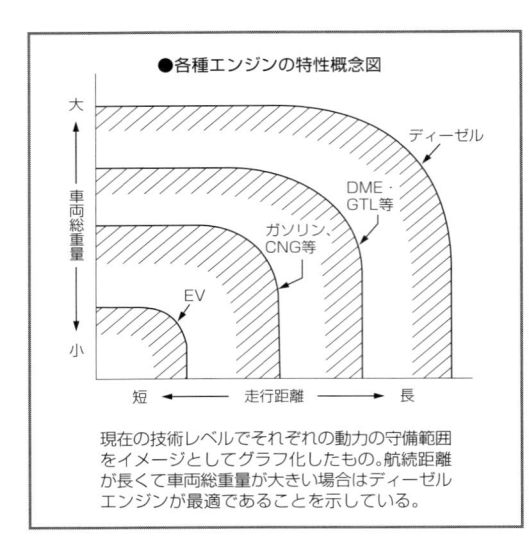

現在の技術レベルでそれぞれの動力の守備範囲をイメージとしてグラフ化したもの。航続距離が長くて車両総重量が大きい場合はディーゼルエンジンが最適であることを示している。

場合は、同じ排気量ならガソリンエンジンよりもパワーは低くなるから性能的に不利であるが、低回転でのトルクは確保できるし、パワー不足は排気量を大きくすることでカバーすることができる。それに、トラックの走行では、トルクが大きい方が使い勝手が良い。その点でもディーゼルエンジンは有利である。

　ディーゼルエンジンの最大のメリットは熱効率でガソリンエンジンよりも優れていることで、燃料をムダにすることなく動力として取り出すことができるし、ガソリンよりもディーゼルオイル（軽油）のほうが安く入手できるから、燃料にかかる費用は少なくて済む。

　同じ排気量でみた場合、重量的にガソリンエンジンより重くなるので不利であるが、ターボチャージャーを装着して性能向上を図ることでカバーできる。走行距離が長いから、燃費が良いことのメリットは大きい。

　燃費性能のさらなる向上が求められている上に排気規制が進んで、現在のディーゼルエンジンは実に複雑な機構になり、いろいろなシステムが導入されてコストのかかるものになっている。

■ディーゼルエンジンの機構

　ガソリンを使用するからガソリンエンジンといわれるように、ディーゼルエンジンのほうはディーゼルオイル（軽油）を使用する。使用する燃料の違いが両者の大きな違いである。

　ご存じのようにディーゼルというのは、この機構のエンジンを最初に実用化したドイツ人のルドルフ・ディーゼルの名前からとったエンジンであるが、ガソリンエンジンが自動車用として使用され始めたのは1880年代の終わりからであるのに対して、50年近くのちの1930年代に入ってから実用化が進んだ。定置用エンジンとしては使用されていたものの、自動車の動力として用いられるようになるのはかなり遅れている。その理由のひとつは、小型で高性能な燃料噴射ポンプができなかったからで、汎用性が高く比較的安価な自動車用燃料ポンプを最初に実用化したのはドイツのボッシュ社

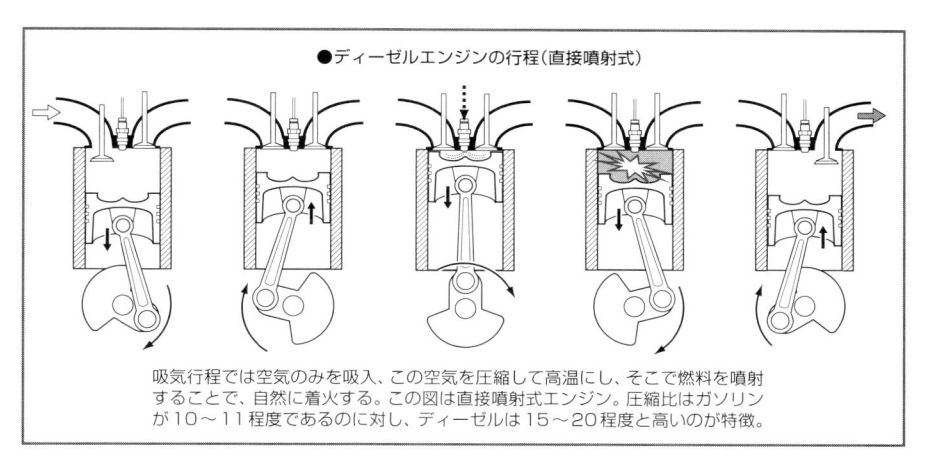

●ディーゼルエンジンの行程(直接噴射式)

吸気行程では空気のみを吸入、この空気を圧縮して高温にし、そこで燃料を噴射することで、自然に着火する。この図は直接噴射式エンジン。圧縮比はガソリンが10～11程度であるのに対し、ディーゼルは15～20程度と高いのが特徴。

である。それ以降に自動車用ディーゼルエンジンは急速に発展した。

　なぜ高圧な燃料噴射ポンプが必要かといえば、ガソリンエンジンと違って点火プラグがなく、空気を圧縮することで高温にしたところに燃料を噴射して着火させるのがディーゼルエンジンの特徴だからである。空気などガス体の物質は圧縮されると高温になりやすい。そのために燃料を供給すれば着火できるものの、安定した燃焼にしてガスが膨張しなくてはエネルギーとして取り出すことができないので、軽油を高圧ポンプにより噴射して燃料の微粒化を図らなくてはならない。

　ガソリンエンジンとの大きな違いは、高い圧縮比であることだ。圧縮比が高ければ、それだけ熱効率に優れたものになる。ガソリンエンジンの場合は、ノッキングが起こるのを避けなくてはならないのでむやみに圧縮比を上げることができない。

　ガソリンエンジンは予め空気と燃料を混合してエンジンの燃焼室に送り込むが、そのために点火プラグで着火する前にピストンなどに熱源が残っていると、勝手に着火して燃え広がってノッキングが起き、エンジンを壊しかねないという制約がある。

　高い圧縮比となっているディーゼルエンジンは、エンジンに対するストレスも大きいということであり、それに耐えられるようにシリンダーブロックやピストンなども頑丈につくらなくてはならない。ガソリンエンジンよりもディーゼルエンジンのシリンダーブロックのほうが重いのはそのためである。高圧噴射ポンプや精巧な噴射ノズルに加えて重いエンジンになるので、製造コストはガソリンエンジンより高くなる。

　もうひとつの大きなデメリットは、ディーゼルエンジンの持つ特性のために、煤などの粒子状物質(PM)が発生しやすい機構であることだ。かつては、エンジンとして成立させることを優先したから、多少の煤の発生はディーゼルエンジンでは仕方ないものとされていたが、公害問題が疎かにできなくなるにつれて問題視されるようになった。

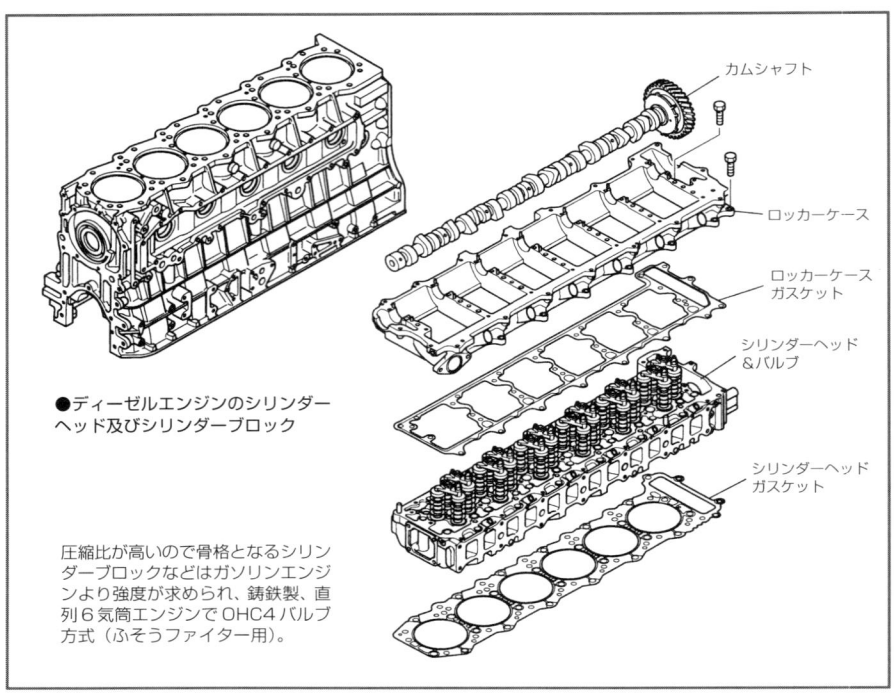

●ディーゼルエンジンのシリンダーヘッド及びシリンダーブロック

圧縮比が高いので骨格となるシリンダーブロックなどはガソリンエンジンより強度が求められ、鋳鉄製、直列6気筒エンジンでOHC4バルブ方式（ふそうファイター用）。

カムシャフト
ロッカーケース
ロッカーケースガスケット
シリンダーヘッド&バルブ
シリンダーヘッドガスケット

現在の主流となっているOHC4バルブエンジン。コモンレール式燃料噴射装置を採用している（いすゞ6HH1型）。

　1930年代に実用化され始めたディーゼルエンジンが戦前の日本で注目された原因のひとつは、菜種油などの植物油や魚油などの燃料が使用可能なことでもあった。ガソリンエンジンよりも不完全燃焼をある程度覚悟すれば燃料の質を問わないエンジンで、豚の胃袋といわれるほどであったからだ。そのために、戦前の日本でも、ディーゼルエンジンのトラック開発に陸軍が熱心になった。飛行機はガソリンエンジンしか使用できなかったから、資源のない日本ではトラックは石油に代わる燃料で走らせる必要性があったのだ。

　陸軍の要請に応えてディーゼルエンジ

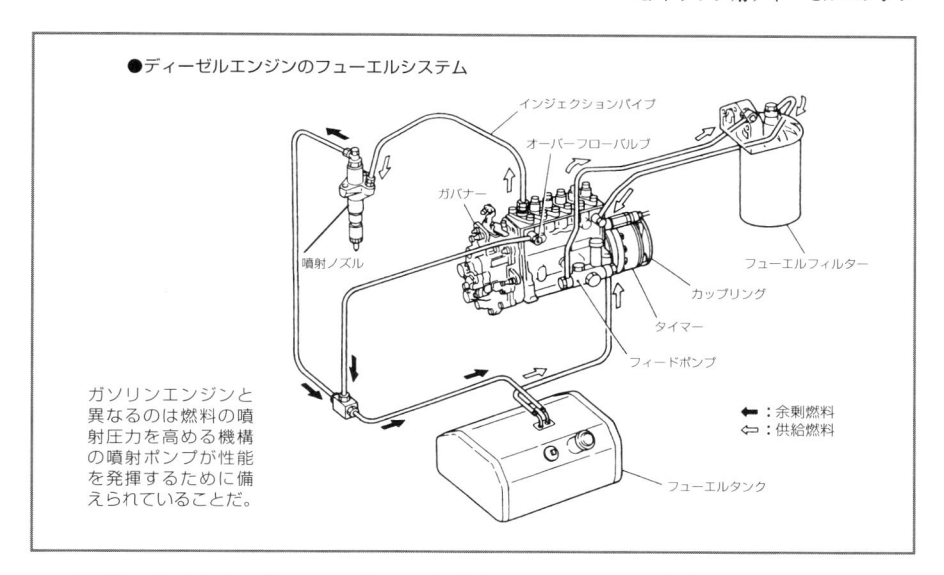

●ディーゼルエンジンのフューエルシステム

インジェクションパイプ
オーバーフローバルブ
ガバナー
噴射ノズル
フューエルフィルター
カップリング
タイマー
フィードポンプ
←：余剰燃料
⇐：供給燃料
フューエルタンク

ガソリンエンジンと異なるのは燃料の噴射圧力を高める機構の噴射ポンプが性能を発揮するために備えられていることだ。

ンの開発に成功したことで、いすゞは自動車メーカーとして大きくなることができた経緯がある。

　ヨーロッパでは、乗用車にもディーゼルエンジンを搭載する率が高いので、小型のディーゼルエンジンも豊富にあるが、日本では乗用車はほとんどガソリンエンジンを搭載している。

　その理由は、ディーゼルエンジンに対する排気規制が厳しい上に年間の走行距離がそう多くないなど、ディーゼルエンジンのメリットを生かせない環境であることだ。そのため、日本の乗用車メーカーはディーゼルエンジンの開発にそれほど力を入れない傾向があった。

　最近になって、トヨタやホンダがディーゼルエンジンの開発に熱心になったのは、後処理がやりやすい低硫黄軽油が普及するようになり、ヨーロッパへの輸出を増やそうとしているからである。これに対して日本のトラックメーカーは長い間にわたって、ディーゼルエンジンの進化を担ったのである。

■日本におけるディーゼルエンジンの進化

　ディーゼルエンジンに要求される性能は、エンジンとしての動力性能の向上もさることながら、燃費を良くすること、排気をクリーンにすること、軽量コンパクトにすること、さらにメーカーにとってはできるだけコストを掛けないで上記の性能を確保することである。さらには、ガソリンエンジンよりも大きい振動や騒音を低くするこ

と、耐久性があることなどが求められる。

　ガソリンエンジンと同じで、基本的な性能の向上をめざすには、安定した燃焼状態をつくり出すことが重要である。エンジンの燃焼室で燃えて膨張することでピストンを押し下げる圧力がパワーのもとになるから、素早く燃え広がらなければ、いくら排気量が大きくてもパワーは出てこない。

　性能のもとになる燃焼室の形状によって、ディーゼルエンジンは直接噴射式と副室式に分類される。かつては、副室式エンジンが主流であったが、現在はほとんど直接噴射式になっている。そのほうがエネルギー効率に優れているからだ。

　その名前が示すように燃焼室に直接燃料を噴射する直噴方式では、うまく燃やすことがむずかしかったので、以前は副室式が採用されていたのである。

　副室式には、渦流室式と予燃焼室式とがある。いずれも、主燃焼室でなくシリン

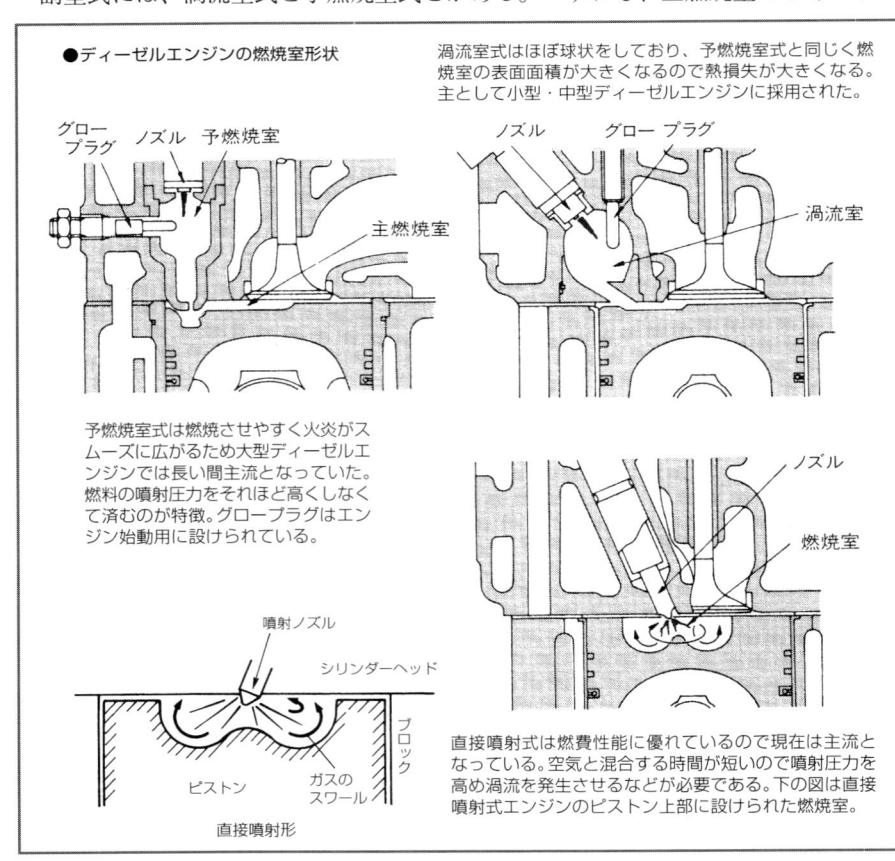

●ディーゼルエンジンの燃焼室形状

渦流室式はほぼ球状をしており、予燃焼室式と同じく燃焼室の表面面積が大きくなるので熱損失が大きくなる。主として小型・中型ディーゼルエンジンに採用された。

予燃焼室式は燃焼させやすく火炎がスムーズに広がるため大型ディーゼルエンジンでは長い間主流となっていた。燃料の噴射圧力をそれほど高くしなくて済むのが特徴。グロープラグはエンジン始動用に設けられている。

直接噴射式は燃費性能に優れているので現在は主流となっている。空気と混合する時間が短いので噴射圧力を高め渦流を発生させるなどが必要である。下の図は直接噴射式エンジンのピストン上部に設けられた燃焼室。

4. トラック用ディーゼルエンジン

●ディーゼルエンジンとガソリンエンジンの熱効率の比較

		熱効率（最高値）
ディーゼルエンジン	直接噴射式	約46%
	副室式	約35%
ガソリンエンジン		約32%

熱効率が良いほうが、当然のことながら燃費性能でも優れている。

ダーヘッドに備えられた副燃焼室に燃料を噴射して燃やし、その火炎を主燃焼室に導いていく方式である。小さい副室でまず燃やすことで燃焼が安定するからだ。しかし、シリンダーヘッド部分に大きくつきだして副燃焼室をつくるためにヘッドの機構が複雑になり、燃焼室全体の形状もその容積に対して表面積が大きくなる。表面積が大きいのは熱損失が大きくなることを意味するから、その損失するぶんだけ燃費が悪くなる。これは、予燃焼室式でも渦流室式でもいえることである。

渦流室式は、副燃焼室が球形に近い形状をしていて主燃焼室との境目が狭い通路になって絞られることで渦を発生させて燃え広がる形式である。このほうが予燃焼室式よりも燃費性能では優れているものの、形状が複雑になる。どちらかというと比較的排気量の小さいエンジンに適したタイプである。

予燃焼室で燃やしてから主燃焼室に炎が入っていって燃え広がるようにするのが予燃焼室式で、このほうが燃焼は安定する。しかし、燃焼室が複雑になるぶん損失が大

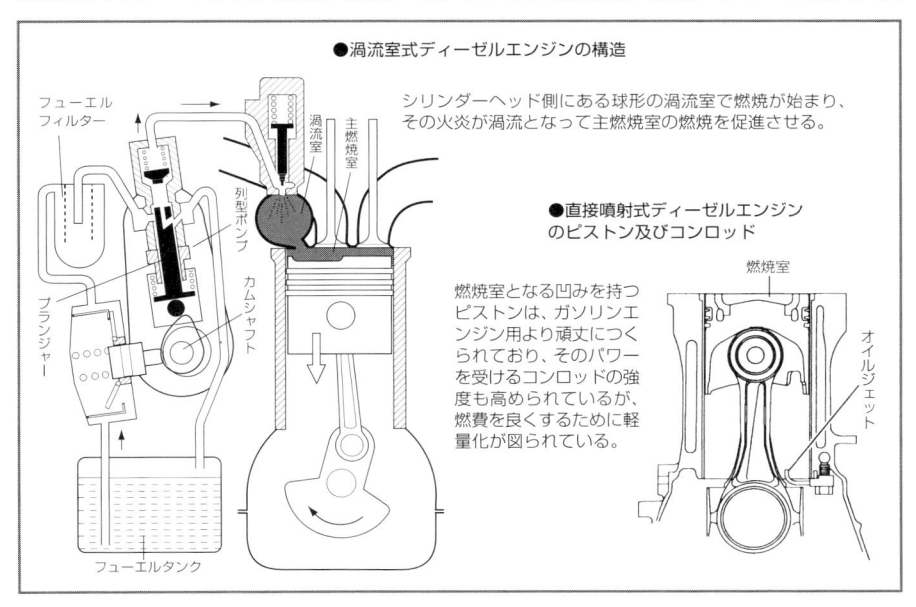

●渦流室式ディーゼルエンジンの構造

シリンダーヘッド側にある球形の渦流室で燃焼が始まり、その火炎が渦流となって主燃焼室の燃焼を促進させる。

●直接噴射式ディーゼルエンジンのピストン及びコンロッド

燃焼室となる凹みを持つピストンは、ガソリンエンジン用より頑丈につくられており、そのパワーを受けるコンロッドの強度も高められているが、燃費を良くするために軽量化が図られている。

きいうえにポンピングロスも他の形式のエンジンよりも大きくなる。その代わり、噴射ポンプの圧力は相対的に低くすることができる。このため、排気量の大きいディーゼルエンジンでは長いこと主流の位置を占めていた。

これに対して、直噴式エンジンでは、直接燃焼室で燃やすだけなので燃焼室の形状も単純になり、効率に優れているから燃費が良い。問題は、燃料を直接噴射するので燃焼を安定させるために工夫が必要であることだった。空気とよく混合させるには噴射ポンプの圧力を高め、なおかつ精巧な噴射ノズルにしなくてはならないから、副室式よりもコストがかかるものになる。また、燃焼を促進するためにスワール流など渦が燃焼室で起こるような機構のエンジンにする必要がある。欠点としては、燃焼圧力が高くなるために振動や騒音が大きくなることが挙げられる。

しかしながら、大型トラックでは燃費が良いことが重要であり、1970年代に起こったオイルショックにより、直接噴射式エンジンにしなくてはならなくなった。副室式エンジンのままでは、他のメーカーとの競争に勝てなくなると、トラックメーカー各

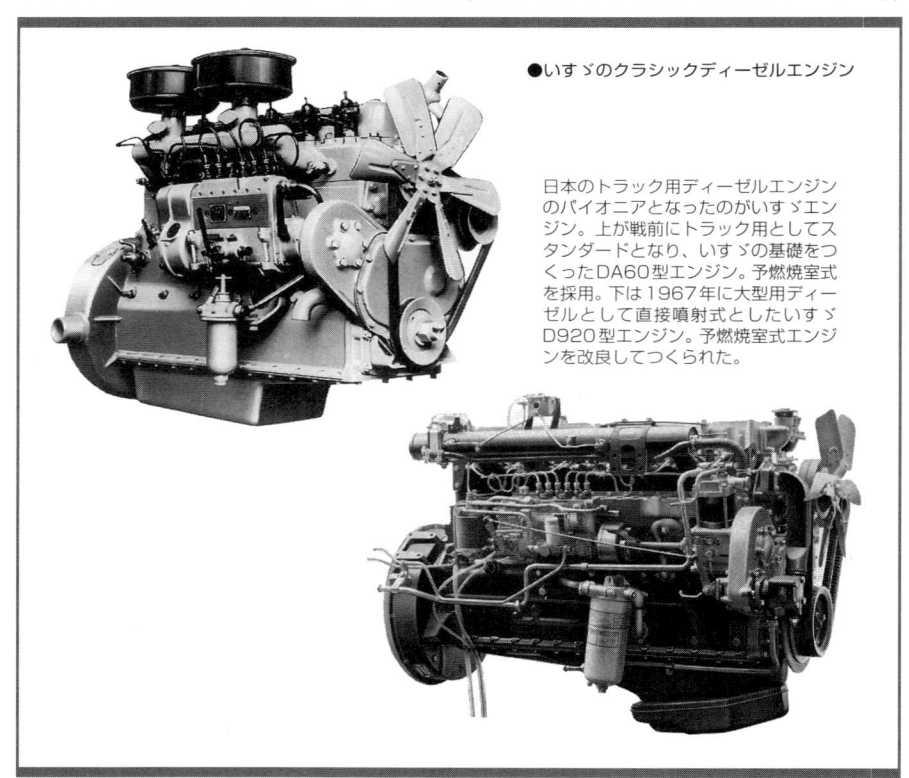

●いすゞのクラシックディーゼルエンジン

日本のトラック用ディーゼルエンジンのパイオニアとなったのがいすゞエンジン。上が戦前にトラック用としてスタンダードとなり、いすゞの基礎をつくったDA60型エンジン。予燃焼室式を採用。下は1967年に大型用ディーゼルとして直接噴射式としたいすゞD920型エンジン。予燃焼室式エンジンを改良してつくられた。

4. トラック用ディーゼルエンジン

社は、直噴式エンジンのために必死の開発を続けたのである。

　直噴式エンジンの燃焼室は、主としてピストンの中央部の凹みにより形成される。ここにうまく噴射された燃料を取り込んで、渦流で素早く空気と混合させて燃焼させる。ガソリンエンジンでも、1990年代の後半になって直噴式エンジンが登場するようになったが、ディーゼルエンジン同様にピストンに凹みを持ったものになっている。しかし、点火プラグで着火させるガソリンエンジンとは燃焼室の形状ではかなりな違いがある。

　トラックメーカー各社が、予燃焼室式や渦流室式から直噴式に切り替えるための開発にとり組んだ当初は、どのメーカーも試行錯誤せざるを得なかった。海外の進んだ技術を導入するために提携したりするところもあった。ヨーロッパでは大型自動車用では日本よりも早く直噴エンジンが登場しており、それらを見ながらの開発になった。

　直噴エンジンの場合は、ピストン頭頂部の凹みとして形成される燃焼室の中心部分に圧縮された空気が閉じ込められるが、燃料を噴射したときに渦流が起こるようにする必要がある。吸気ポートの形状と絡めてさまざまな試みがなされた。なかにはピストンの凹みを深くして燃焼によって高熱になったピストンの熱を利用して燃焼させるように試みたエンジンもあった。

　比較的早く登場したいすゞの中型トラック・フォワード用の直列6気筒の直噴エンジンはピストンの凹みが四角形をしていたが、これは円形にすると渦流が強くなって

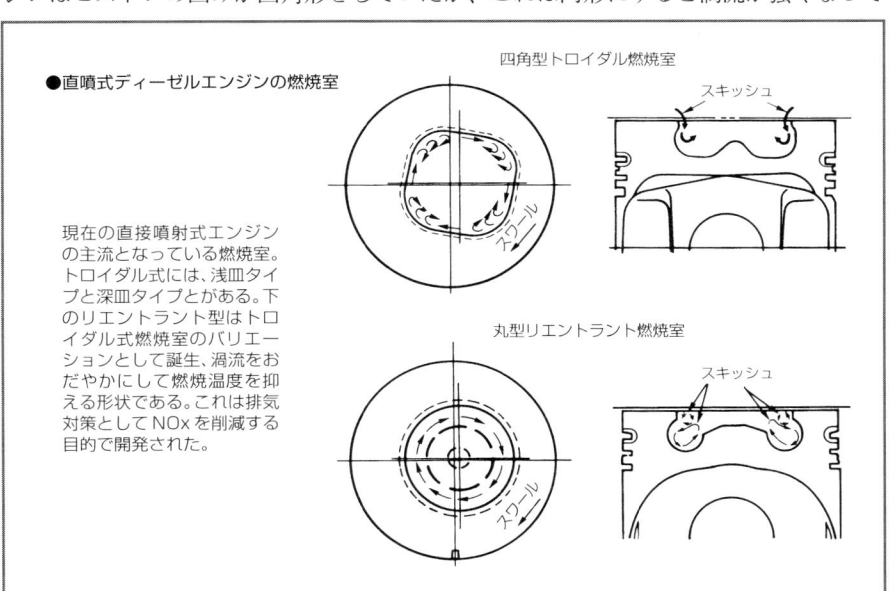

●直噴式ディーゼルエンジンの燃焼室

四角型トロイダル燃焼室

スキッシュ

スワール

丸型リエントラント燃焼室

スキッシュ

スワール

現在の直接噴射式エンジンの主流となっている燃焼室。トロイダル式には、浅皿タイプと深皿タイプとがある。下のリエントラント型はトロイダル式燃焼室のバリエーションとして誕生、渦流をおだやかにして燃焼温度を抑える形状である。これは排気対策としてNOxを削減する目的で開発された。

噴射ノズルに煤が付いて機能しなくなるので、渦流を弱めてそれを防ぐためであった。この直噴エンジンを搭載したことにより燃費性能でリードすることができ、いすゞは販売実績を上げることができたのである。

直噴式エンジンの燃焼室形状は、トロイダル式が主流になって現在に至っている。これは、ドーナツを上下にスライスして下の部分のようなかたちの凹みがピストンにあるもので、ピストンの断面形状がアンカー(錨)に似ていることからアンカー型ともいわれている。同じトロイダル型でも、ピストンの凹みが比較的浅いものと深いものとがあり、現在は凹みも円形になっている。

浅皿型のほうがパワーが出るが、燃焼音が大きくなるという欠点もある。

燃料と空気の混合する時間が多少短くなるので着火しにくい面があるが、それは噴射ノズルを多孔化することで補われている。

深皿にすると音もある程度抑えられ、着火でも有利になるうえに、燃焼温度も浅皿タイプより低くなる傾向となり、NOxの排出量が少なくなるのがメリットであるが、そのぶんPMが多くなり燃費性能にも影響がある。その兼ね合いを見て凹みの形状が決められている。

トロイダル式の変形としてリエントラント型燃焼室がある。これは、トロイダル型の凹みの周囲に庇(ひさし)をつけたもので、スキッシュエリアを広げて燃焼室の中に乱流を送って冷却し、燃焼温度の上昇を抑えることでNOxの発生量を少なくしようとして考え出された。深皿タイプと同じようにパワー損失があるが、排気規制をクリアすることを優先せざるを得ないなかで登場したものである。

直噴エンジンが主流になってから、燃費性能の向上と排気規制の強化に対応するために、それまで以上にエンジンの進化を図らなくてはならなかった。そのために、新しい技術として登場してきたのがコモンレールシステムであるが、こうした進んだ技術が登場するためには、エンジンの電子制御技術が欠かせないものだった。

■ディーゼルエンジンのさまざまな種類

これまで触れてきたエンジンは、すべて4サイクルのレシプロエンジンである。しかし、ディーゼルエンジンは軽油を使用した圧縮による自然着火エンジンのことであるから、機構としては2サイクルエンジンやロータリーエンジンでも可能である。現に日産ディーゼルでは1970年代までは2サイクルエンジンであることが特徴だった。それもユニフロー型と呼ばれる掃気方式の特殊なタイプのディーゼルエンジンであった。

もともとドイツ・ユンカース社の航空機用2サイクル対向ピストンエンジンをトラック用として製造していたクルップ社と提携したエンジンの製造からスタートしたメー

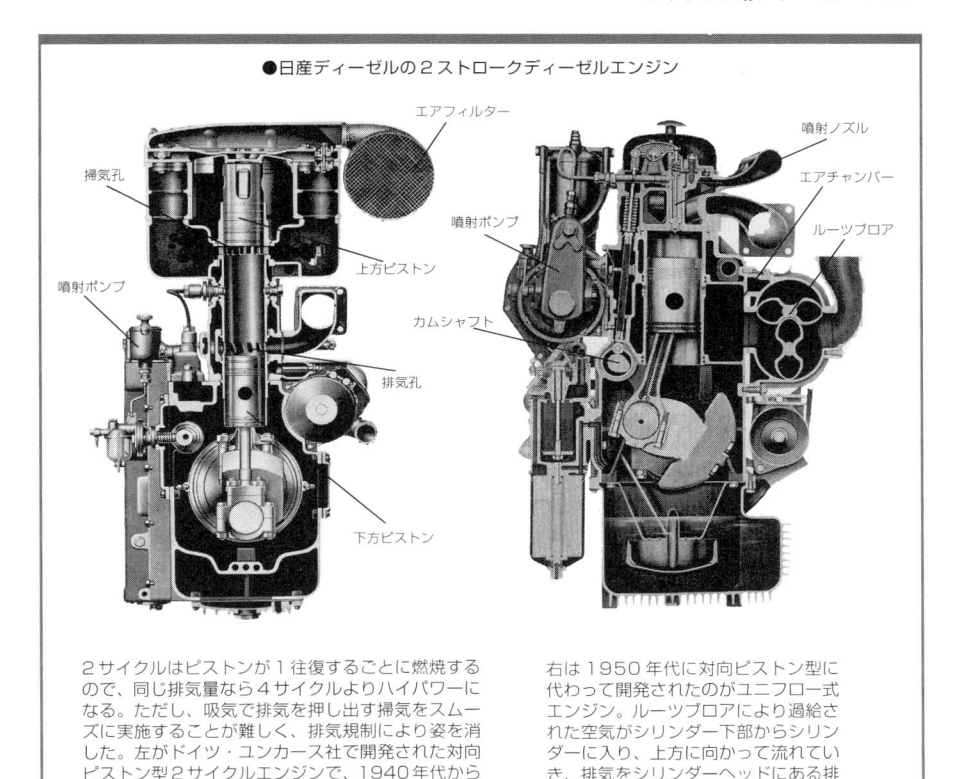

4. トラック用ディーゼルエンジン

●日産ディーゼルの2ストロークディーゼルエンジン

2サイクルはピストンが1往復するごとに燃焼するので、同じ排気量なら4サイクルよりハイパワーになる。ただし、吸気で排気を押し出す掃気をスムーズに実施することが難しく、排気規制により姿を消した。左がドイツ・ユンカース社で開発された対向ピストン型2サイクルエンジンで、1940年代から生産を始めた。1気筒に2つのピストンを持つユニークな方式で、高速化が難しかった。

右は1950年代に対向ピストン型に代わって開発されたのがユニフロー式エンジン。ルーツブロアにより過給された空気がシリンダー下部からシリンダーに入り、上方に向かって流れていき、排気をシリンダーヘッドにある排気バルブを開いて排出させる。

カーであることもあって、日産ディーゼルはユニークなエンジンを持ったトラックメーカーとしての特徴があった。排気量の大きい2サイクルエンジンを搭載することにより大型トラック部門を得意としていたが、低速トルクのあるエンジンであることから一定の支持層があった。しかしながら、1960年代の後半になると、排気規制が実施されることが必至になり、コンベンショナルな4サイクルエンジンに切り替えることにしたのである。日産ディーゼルのUDというマークは、2サイクルのユニフローディーゼルの頭文字をとったものであるが、2サイクルエンジンでなくなっても同社のシンボルマークとしてその後も使用されている。

ちなみに、2サイクルのユニフローエンジンは、最初から直接噴射式を採用していたが、このエンジンはルーツブロアによって吸気を勢いよくシリンダーに送り込む方式であったために、渦流を起こさせるなどの工夫をしなくても燃焼しやすいエンジン

であったからだ。こうした技術を生かして、日産ディーゼルでは4サイクルエンジンに切り替えてからも、大型トラック用エンジンは他社に先駆けて直噴式エンジンを登場させている。

■トラック用エンジンは直列6気筒が主流

　中型トラックの場合は、出力的には180〜270psほどになっている。メーカーによって多少の違いがあるが、この分野でも直列6気筒が中心である。おおむね7000cc前後で、10000ccを超える大型用エンジンとは同じ直列6気筒でも全く異なる設計のものである。1960年代は直列6気筒であっても、排気量は3000〜4000cc程度で出力も100〜120ps程度であった。排気規制が始まると出力性能の向上よりも規制をクリアすることが優先されたから、1970年代に入ってもそれほどのアップは見られなかった。1980年代になると性能競争が激しくなり、燃費性能の向上との両立がめざされた。直噴エンジンになってから出力なども大きく向上してきた。

　直列6気筒エンジンは、バランスの良いエンジン配列であることから、ユーザーにも好まれる。ガソリンエンジンでも同様であるが、エンジンマウント技術が進んだことにより、振動などで有利な直列6気筒よりも全長を短くすることのできるV型6気筒

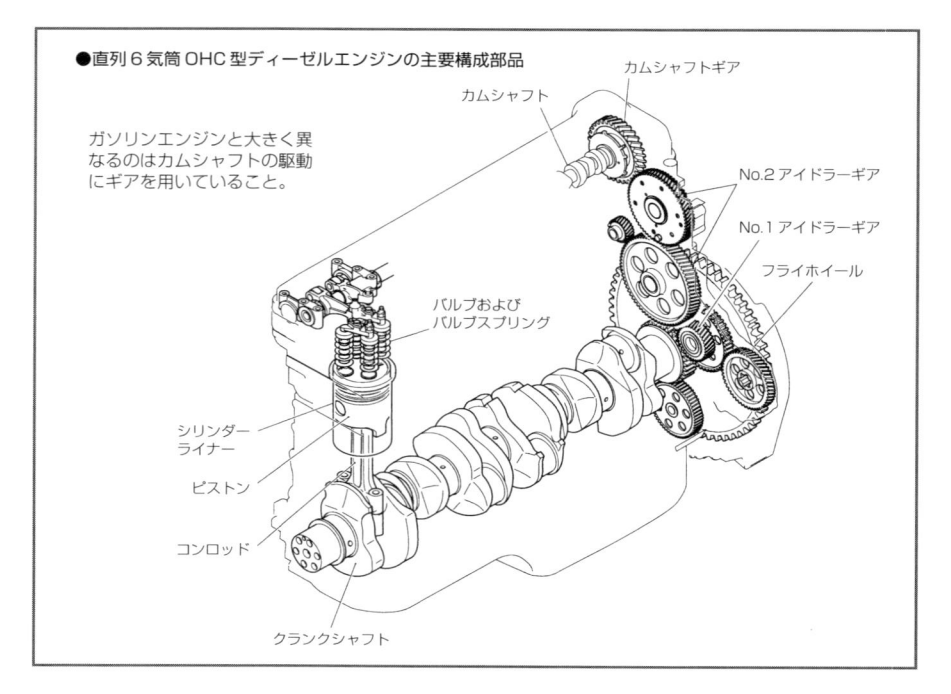

●直列6気筒OHC型ディーゼルエンジンの主要構成部品

ガソリンエンジンと大きく異なるのはカムシャフトの駆動にギアを用いていること。

カムシャフト
カムシャフトギア
No.2アイドラーギア
No.1アイドラーギア
フライホイール
バルブおよびバルブスプリング
シリンダーライナー
ピストン
コンロッド
クランクシャフト

4. トラック用ディーゼルエンジン

日野・日産ディーゼル用中型エンジンバリエーション

	エンジン型式名	ボア・ストローク (mm)	排気量 (cc)	最高出力 [kW(ps)/rpm]	最大トルク [N・m(kg・m)/rpm]
直4ターボ	J05D〈J5-Ⅱ〉	112×120	4,728	132(180)/2,800	490(50)/1,600
直5ターボ	J07E〈J7-Ⅵ〉	112×130	6,403	165(225)/2,700	657(67)/1,600
	〃 〈J7-V〉	〃	〃	162(220)/2,700	574(58.5)/1,600
	〃 〈J7-Ⅳ〉	〃	〃	154(210)/2,700	588(60)/1,600
直6ターボ	J08E-TC	112×130	7,684	177(240)/2,700	716(73)/1,600
	〃 -TD	〃	〃	199(270)/2,700	794(81)/1,600

のほうを採用するクルマが多くなった。乗用車用エンジンでは直列6気筒は、わずかにBMWが孤塁をまもる現状になっている。

ディーゼルエンジンでV型6気筒がはやらないのは、エンジンがキャブの下に格納されるのに、そこまでシビアに寸法を切りつめなくてもいいからだ。乗用車の場合はFF車にするためにエンジンを横置きにする必要があり、エンジン全長が短いことが重要

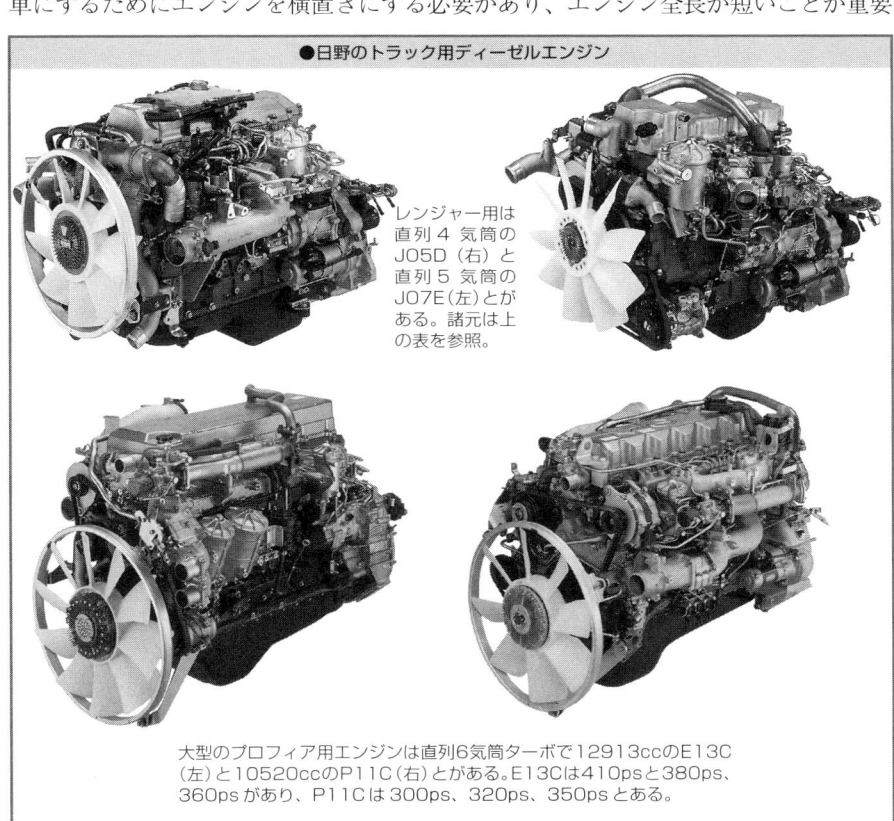

●日野のトラック用ディーゼルエンジン

レンジャー用は直列4気筒のJ05D(右)と直列5気筒のJ07E(左)とがある。諸元は上の表を参照。

大型のプロフィア用エンジンは直列6気筒ターボで12913ccのE13C(左)と10520ccのP11C(右)とがある。E13Cは410psと380ps、360psがあり、P11Cは300ps、320ps、350psとある。

になったこともあって直列6気筒よりV型6気筒が中心になった。

　トラクターのように排気量を大きくして性能を上げる必要のあるエンジンの場合は、V型にして8気筒、10気筒にすることになる。

　同じメーカーの中型用直列6気筒エンジンでも、排気量はすべて同じとは限らない。開発されたエンジンをベースにボアを大きくするなどして排気量が大きいエンジンもつくっており、それぞれにノンターボとターボエンジンとすることでエンジンの多様化が図られている。

　新しいエンジンの設計の段階からボアアップできる余地を残していたり、ウエットライナーで登場したエンジンをドライライナーにすることでボアアップを図るなど排気量を拡大する工夫により、基本骨格を変更しないで改良を加えれば、生産設備に投

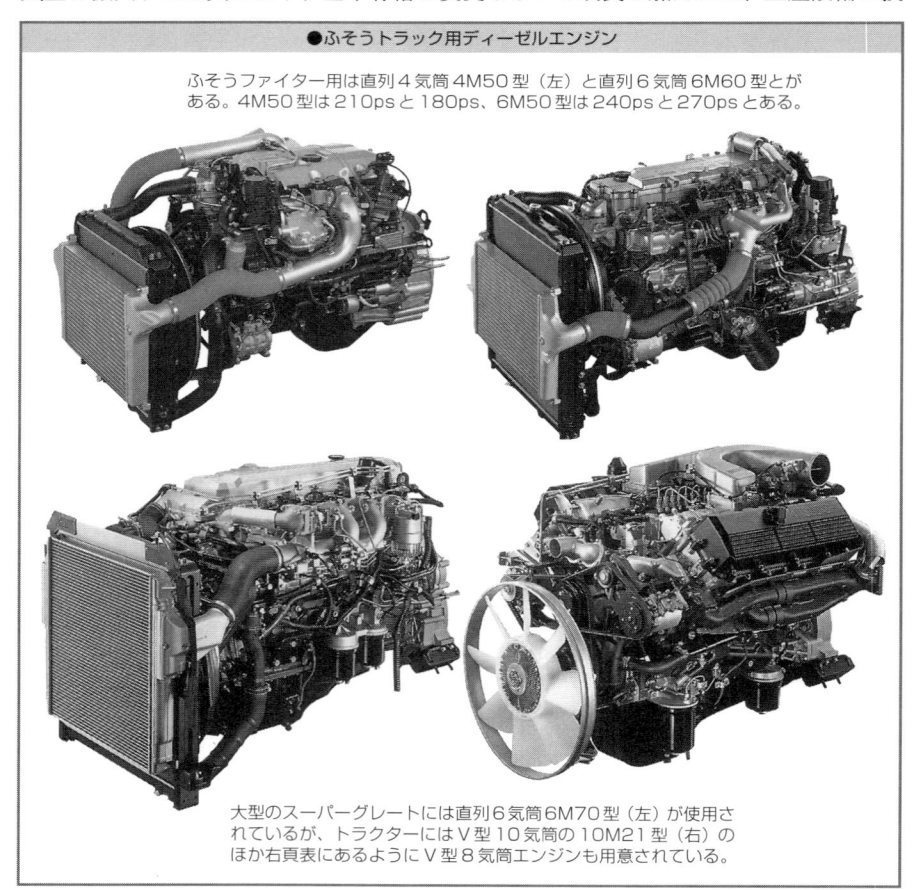

●ふそうトラック用ディーゼルエンジン

ふそうファイター用は直列4気筒4M50型（左）と直列6気筒6M60型とがある。4M50型は210psと180ps、6M50型は240psと270psとある。

大型のスーパーグレートには直列6気筒6M70型（左）が使用されているが、トラクターにはV型10気筒の10M21型（右）のほか右頁表にあるようにV型8気筒エンジンも用意されている。

資するコストを増大させないですむからだ。

　中型トラックの場合は、軽量化の要求がとりわけきびしい。そのために直列4気筒や直列5気筒エンジンも登場している。直列4気筒ではパワーやトルクが不足しがちになるが、ターボを装着することで補えるから、エンジン全体ではコンパクトにすることができる。エンジンが軽量コンパクトであれば、それだけ荷物を積めることになるから、その要求は強い。したがって、今後は直列4気筒エンジンが中型トラックの分野でも増えてくる可能性がある。

■大型トラック用は直列6気筒ターボが中心

　大型トラックでも今は直列6気筒エンジンが全盛である。特殊なものを除いて排気量は10000～14000ccであり、ボアは125～137mmくらいの範囲になっている。性能でいえば230～300kW、エンジン回転は1800～2200rpmと低く抑えられている。トルクは1200～2100Nmで、そのときのエンジン回転は1100～1400rpm程度である。現在のエンジンは、開発の段階からターボエンジンにすることを前提に設計されている。パワーなどの調整はターボの過給圧の加減で実施しており、ボアなどの大きさの違うエンジンを用意しているメーカーが多い。

　耐久性を確保するにはピストンスピードをあまり高くしたくないので、現在のところはほぼ11cm/s程度のエンジンが多くなっている。燃費との関係もあるものの、エンジンの最高回転数も、こうした配慮で決められている。また、実用性を考慮すれば最大トルク時のエンジン回転も高くないほうが好ましいので、全体に低く抑えられている。

　現在、ほぼ13000ccという排気量のエンジンに集約される傾向をみせているのは、このあたりが6気筒ではちょうど良いものになっているようで、ひとつのシリンダーが2100ccちょっとである。ボルボやベンツの大型トラックの排気量が12000cc前後なので、それよりやや大きいところを日本のメーカーが狙った結果かも知れない。

三菱ふそう大型トラック用エンジンバリエーション

	エンジン型式名	ボア・ストローク (mm)	排気量 (cc)	最高出力 [kW(ps)/rpm]	最大トルク [Nm(kgf·m)/rpm]
直6ターボ	6M70(T1) 〃　　(T2) 〃　　(T3) 〃　　(T4) 〃　　(T5)	135×150 〃 〃 〃 〃	12,882 〃 〃 〃 〃	235(320)/2,200 257(350)/2,200 279(380)/2,200 302(410)/2,200 302(410)/2,200	1,275(130)/1,200 1,520(155)/1,200 1,618(165)/1,200 1,765(180)/1,200 2,160(220)/1,200
V8ターボ	8M22(T1) 〃　　(T2)	142×150 〃	19,004 〃	405(550)/2,000 353(480)/2,000	2,160(220)/1,300 1,770(180)/1,300
V8無過給	8M21(1) 〃　　(2) 〃　　(3)	150×150 〃 〃	21,205 〃 〃	272(370)/2,200 294(400)/2,200 316(430)/2,200	1,275(130)/1,200 1,393(142)/1,200 1,520(155)/1,200
V10無過給	10M21	150×150	26,507	382(520)/2,100	1,810(185)/1,200

このクラスの直列6気筒エンジンは、現在のディーゼルエンジンの最新技術が惜しげもなく採用されたものである。燃費性能を良くして厳しくなる排気規制をクリアし、顧客の要求に応えた性能のエンジンにするには、持てる技術をすべて投入しても足りないくらいである。にもかかわらず、販売台数は伸び悩んでおり、コスト的に厳しさはますますその度合いを大きくしている。

後述するように、コモンレール式エン

30390ccという排気量を持つ いすゞ10TD1型エンジン。ボア158mmというのも国内最大級、600psを誇った。

●いすゞトラック用ディーゼルエンジン

中型フォワード用は直列4気筒の4HK1型(左)の190ps、この6気筒版6HK1型(右)は205ps、240ps、260psとある。

大型トラック・ギガ用は排気量の異なる三つのエンジンがある。トラクター用などの15681cc6WG1型は400ps、420ps、460ps、500ps、カーゴ用14256cc6WF1型(左)は330ps、370ps、これに省燃費用9839cc6UZ1型(右)の330psが加わっている。

●日産ディーゼルトラック用エンジン

中型のコンドル用は日野JO型シリーズのOEM供給を受けている。大型はユニットインジェクション仕様のGE13型（左）が350psと380ps、コモンレール仕様のMD92型（右）が340psと360psとなっている。

ジンにして、排気規制のためにさまざまなシステムが導入されて、エンジンは複雑になり、配管や配線などが狭いなかでぎゅっと無理してまとめられている。組立も分解も容易ではないと思わせる外観になっている。

ちなみに、排気量のもっとも大きい大型用直列6気筒エンジンは、いすゞの6WG1型で、ボア・ストロークが147×154mm、排気量は15681ccとなっている。これはターボを装着して520psを誇っている。

トラクター用にはV型8気筒・10気筒・12気筒エンジンがある。排気量を大きくすることによってトルクも増大するから、ターボによるパワーアップを図らない自然吸気エンジンにしたものもある。厳しい環境のなかでエンジンのバリエーションを増やす方法として、一つの気筒のサイズを共通にして、それをV型8気筒として開発し、その後に2気筒プラスしたV型10気筒にするという具合だ。

現在までに登場した国産のトラック用エンジンで最大のものは、いすゞのV型10気筒である。ボア・ストロークは158×155mmで30390cc、最高出力600ps/2100rpm、最大トルク210kg-m/1300rpm、ノンターボエンジンである。この後、これをベースに24314ccにしたV型8気筒エンジンも登場したが、現在のさらに厳しくなった排気規制によってV型エンジンは次第に姿を消している。

■ディーゼルエンジンはOHV型やSOHC型が主流

性能向上のために高回転を図るガソリンエンジンに対して、ディーゼルエンジンの場合は回転を上げて出力を上げるよりも大きなトルクを低回転で確保したほうが、使い勝手が良いうえに燃費や耐久性でも有利である。したがって、性能を上げるために動弁機構を複雑にするのは得策ではない。ガソリンエンジンでは、実用的なエンジ

● OHV型2バルブエンジン　　　● OHV型4バルブエンジン

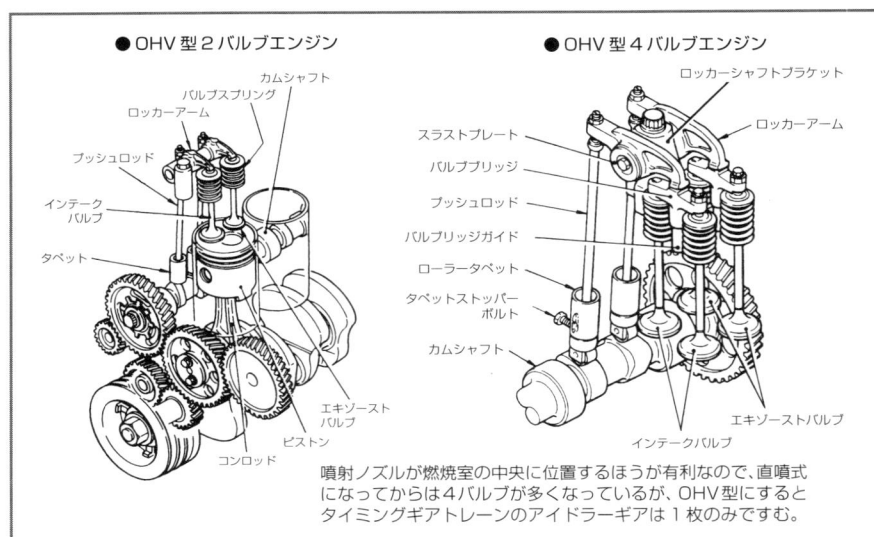

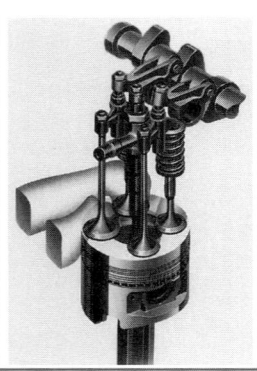

噴射ノズルが燃焼室の中央に位置するほうが有利なので、直噴式になってからは4バルブが多くなっているが、OHV型にするとタイミングギアトレーンのアイドラーギアは1枚のみですむ。

● OHC型4バルブエンジン

ガソリンエンジンと比較すると最高回転が低く抑えられているので、中・大型用ではDOHC型にする必要はなく、バルブの開閉はロッカーアームによっている。

　でもDOHC4バルブになっているが、トラック用ディーゼルエンジンでは、OHV型やSOHC型が主流である。シリンダーヘッドを好んで複雑にする必要がないからだ。
　しかし、吸排気をスムーズにすることが排気性能を良くすることに欠かせないから、4バルブエンジンが多くなっている。4バルブにすると、燃焼室の中央部分に噴射ノズルを配置することができるので、性能向上につながる。ガソリンエンジンの点火プラグの位置にノズルがあることになる。小型の高性能ディーゼルエンジンではDOHC4バルブもあるが、トラック用はそこまでする必要はない。
　ガソリンエンジンでは、シリンダーヘッドだけでなく、シリンダーブロックまでアルミ合金にして軽量化が図られているが、ディーゼルエンジンでは、ブロックもヘッ

ども鋳鉄製である。1980年代から導入されたコンピューターによる設計やシミュレーションができるようになってムダな贅肉をなくすなどして、軽量化が図られたエンジンになっている。

ピストンは一般的にアルミ合金製であるが高圧に耐えるように頑丈につくられている。ガソリンエンジンよりも重く大きくならざるを得ない。それだけに、軽量コンパクト化の要求は強いのだ。

■エンジンの要である燃料噴射ポンプ

ディーゼルエンジンには、高圧燃料ポンプと微粒化を促進する噴射ノズルが必要で、これらがエンジンのコストを押し上げる要因のひとつになっている。噴射ポンプは、ディーゼルエンジンの心臓ともいうべき部品で、ディーゼルエンジンがスムーズに作動するための機構が組み込まれて、複雑で精巧なものになっている。そのために、コストを下げることがむずかしい。噴射ポンプASSYは、特許とノウハウの塊であるともいえる。

燃料ポンプの主役は、ピストンと同じ働きをするプランジャーである。プランジャーが噴射ノズルに圧力を掛けて燃料を送り出すが、同時に噴射量もプランジャーの作動によっている。プランジャーが気筒数と同じだけ一列に並んだタイプの列型ポンプが、大型エンジンでは主流である。これに対して分配型ポンプは、1本のプランジャーで各気筒に燃料を分配する方式で、機構的には列型よりもシンプルになるが、噴射量や噴射圧を高めるのがむずかしく、列型に及ばないところがある。分配型ポンプは主として小型ディーゼルで用いられている。

噴射ポンプには、このほかにもいくつかの部品が組み込まれている。そのひとつが燃料タンクから燃料を吸い上げる働きをするフィードポンプである。このポンプはプランジャーと共通のカムシャフトで駆動される。同様に燃料の噴射量を調節するガバナーや噴射時期を制御するタイマーなども組み込まれている。

ディーゼルエンジンでは、最高回転を制御してオーバー・レブ（過回転）によるエンジンの損傷を防止すると同時に、アイドリング時の回転を安定させるためにガバナーが採用されている。特にアイドリング時には燃料の噴射量がわずかであり、エンジンの負荷が変動した際にもガバナーがないと、それに追従できずエンストを起こしてしまう。

ガバナーには遠心力を利用したメカニカルガバナーが長い間使われてきたが、現在はよりきめ細かい制御が可能な電子制御ガバナーになっている。

噴射タイミングを最適にするタイマーも、ガバナー同様に燃料噴射ポンプに内蔵されている。ガソリンエンジンでは点火タイミングを進めるための進角装置があるが、

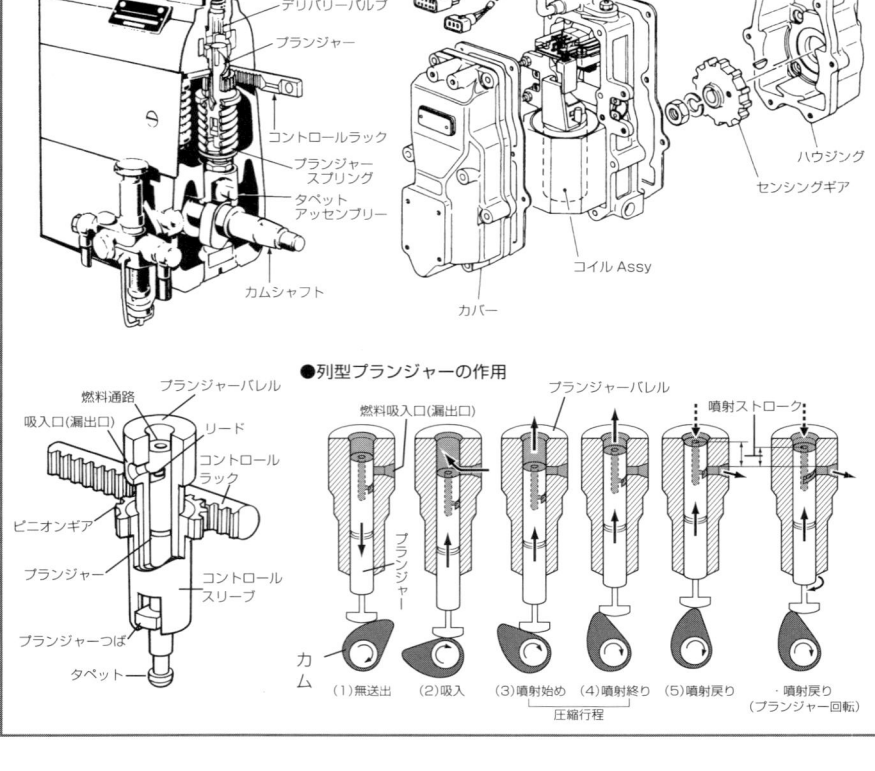

列型燃料噴射ポンプはプランジャーが一列に並んでいるためにこの名がある。ここで燃料が圧力をかけられて噴射ノズルへ送られる。噴射ポンプには燃料を送油するフィードポンプ、プランジャーを押し上げるカムシャフト、燃料の噴射量を調整するガバナー、噴射時期を自動的に変えるためのタイマーなどの装置が一体となって組み込まれている。

●列型ポンプ

●列型ポンプ
- デリバリーバルブ
- プランジャー
- コントロールラック
- プランジャースプリング
- タペットアッセンブリー
- カムシャフト

●電子ガバナー
- ハウジング
- センシングギア
- コイル Assy
- カバー

●列型プランジャーの作用
- 燃料通路
- 吸入口(漏出口)
- リード
- コントロールラック
- ピニオンギア
- プランジャー
- コントロールスリーブ
- プランジャーつば
- タペット

- プランジャーバレル
- 燃料吸入口(漏出口)
- 噴射ストローク
- プランジャー
- カム

(1)無送出　(2)吸入　(3)噴射始め　(4)噴射終り　(5)噴射戻り　・噴射戻り(プランジャー回転)

圧縮行程

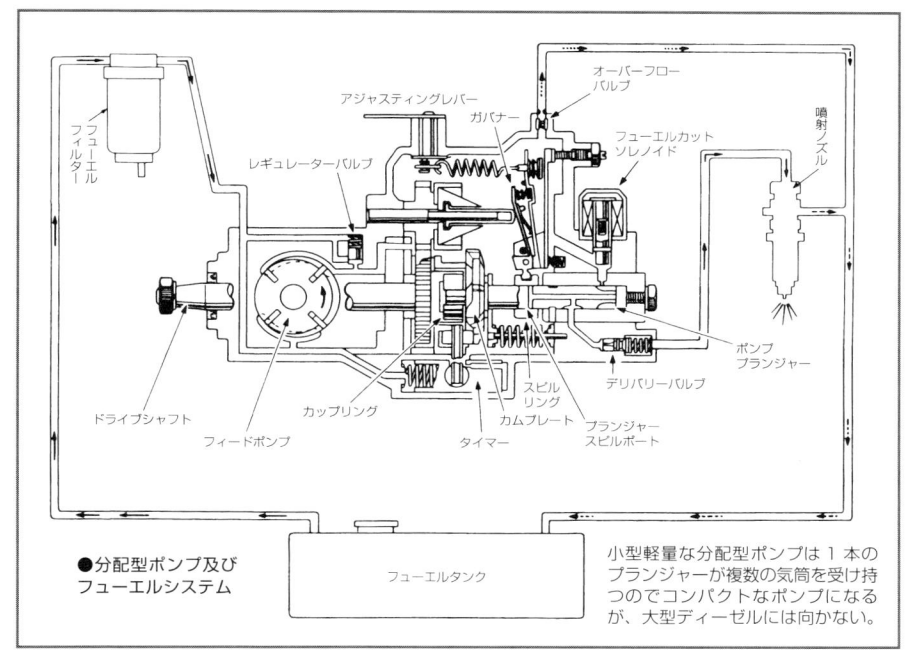

4. トラック用ディーゼルエンジン

●分配型ポンプ及びフューエルシステム

小型軽量な分配型ポンプは1本のプランジャーが複数の気筒を受け持つのでコンパクトなポンプになるが、大型ディーゼルには向かない。

タイマーは同じようにエンジンの回転に合わせて噴射の開始時期を変える。タイマーはメカニカルなものと油圧を利用したものがあるが、単純に噴射タイミングを早めるだけでは、排気性能との関係で見た場合は好ましくないことがある。そこで、エンジンの状況との関係で窒素酸化物などが増えないように制御するために、電子制御式油圧タイマーが登場している。

　燃料噴射ポンプといっても、このようにさまざまなパーツを組み込んで、あらゆる状況に対応してエンジンの燃焼がスムーズに行われるように、高圧にした燃料を噴射ノズルに送り出すシステムすべてがひとまとめにされているのだ。

■コモンレール式燃料噴射装置

　1990年代の終わり頃から登場したコモンレール式のディーゼルエンジンは、早くいえば燃料の高圧噴射と多段階噴射によって排ガスのクリーン化と燃費の向上とを両立させたエンジンである。

　燃焼を良くするために燃料の噴射圧力を従来のものより高めたコモンレール式は、噴射する際に燃料に圧力をかけるのではなく、あらかじめ高圧にした燃料をパイプのなかに溜めておき、必要に応じて噴射する方式である。各気筒に共通して高圧にした

●コモンレール式燃料噴射装置

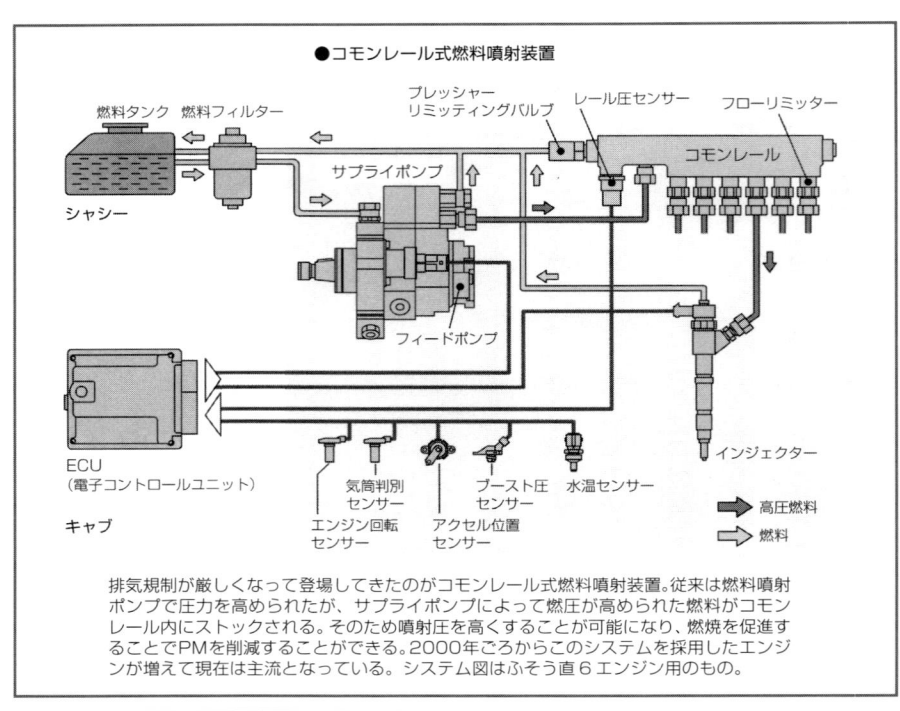

排気規制が厳しくなって登場してきたのがコモンレール式燃料噴射装置。従来は燃料噴射ポンプで圧力を高められたが、サプライポンプによって燃圧が高められた燃料がコモンレール内にストックされる。そのため噴射圧を高くすることが可能になり、燃焼を促進することでPMを削減することができる。2000年ごろからこのシステムを採用したエンジンが増えて現在は主流となっている。システム図はふそう直6エンジン用のもの。

●サプライポンプ

コモンレール式燃料噴射装置で用いられるサプライポンプ。フィードポンプやFMU（フューエル・メタリング・ユニット）などが内蔵されるが、ポンプとしては列型より軽量コンパクトになっている。

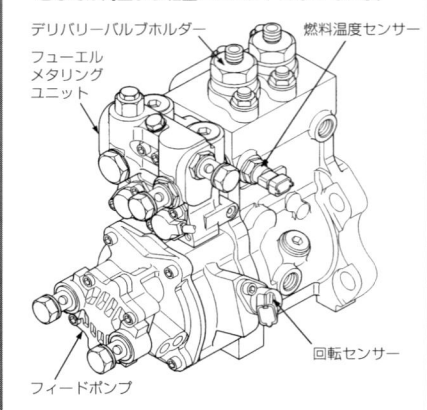

燃料の入ったパイプがコモンレールと呼ばれることから、この名称になっている。従来からの機械式噴射ポンプではむずかしいとされる低回転時の噴射圧力を高圧にすることを可能にしている。

コモンレール式では、燃料の圧送と噴射量を分離して制御することができるので、燃焼を良くするために、噴射圧力や噴射率の制御がしやすくなる。噴射圧力はエンジン回転に関係なく、エンジンの負荷に応じて変えることができるので、高負荷時に圧力を高めて燃料の微粒化を促進させる。これにより、不完全燃焼による粒子状物質（PM）の排出量を削減することができる。

あらかじめ少量の燃料を噴射して燃焼室を暖めてからメイン噴射させることで燃焼を促進させるように噴射率の制御ができれば、着火遅れがなくなり、エンジンの冷間時での燃焼の悪化を防ぐことができるので、排気性能でも有利になる。

ディーゼルエンジンの燃料にかける圧力は、従来は700～1000気圧ほどだったが、コモンレールシステムで高圧にした場合は1400～1500気圧になる。直噴ガソリンエンジンも高圧にして燃料を噴射しているが、せいぜい50～100気圧であり、ディーゼルエンジンの燃圧がいかに高いかがわかる。軽油は、ガソリンより粘性が高いので微粒化しにくいことから、燃焼させるために高圧にすることが重要なのである。

サプライポンプで高圧になった燃料はコモンレールからインジェクターに送られて、燃焼室につきだしたノズルから噴射される。燃焼を促進するために燃料を微粒化する働きをする噴射ノズルは、きわめて精巧につくられている。燃料の圧力が高まると内蔵するスプリングが縮められてニードルバルブが押し上げられて燃料を噴射し、圧力が下がると噴射しなくなるようになっている。かつては、燃料に混入した不純物などでノズルが詰まってトラブルのもとになった。直噴式になってからは、燃料の微粒化の要求が一段と高くなって、それまでの単孔ノズルのものから多孔ノズルになっている。

噴射ノズルもコモンレールシステムに対応したものになっている。ニードルバルブは電子制御されて、コンピューターからの指令で電磁バルブが開閉するようになっている。

理想的な燃焼にするために、1回の燃焼サイクルで何回かに分けて燃料を噴射して

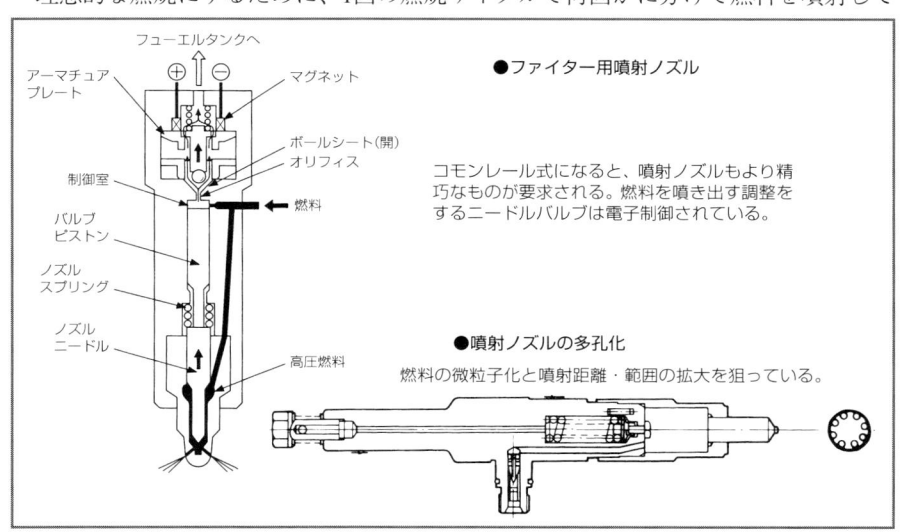

●ファイター用噴射ノズル

コモンレール式になると、噴射ノズルもより精巧なものが要求される。燃料を噴き出す調整をするニードルバルブは電子制御されている。

●噴射ノズルの多孔化

燃料の微粒子化と噴射距離・範囲の拡大を狙っている。

●噴射タイミングと噴射量

```
          Main
 Pilot         After
      Pre           Post
```

パイロット噴射
あらかじめ燃焼室内に混合気をつくって燃えやすくするための噴射。ドライバビリティと燃焼音改善に効果があるため、プレ噴射と合わせて同時に最大2回噴射できる。

プレ噴射
メイン(本)噴射前に燃焼室内にタネ火をつくるための噴射。NOxの低減効果と燃焼音改善に効果がある。

アフター噴射
燃え残った燃料を一吹き噴射することで、きれいに完全燃焼させるための噴射と、排出ガス温度を上昇させ、排出ガスの後処理装置を効果的に働かせるための噴射を分けることができる。

ポスト噴射
エンジン出力に寄与する噴射ではないが、排出ガスの後処理を効果的にするため、排出ガス後処理装置での温度上昇を目的とした噴射。

理想的な燃焼に近づけるために、ボッシュのシステムでは1回の燃焼サイクルで5回に分けて燃料を噴射させている。

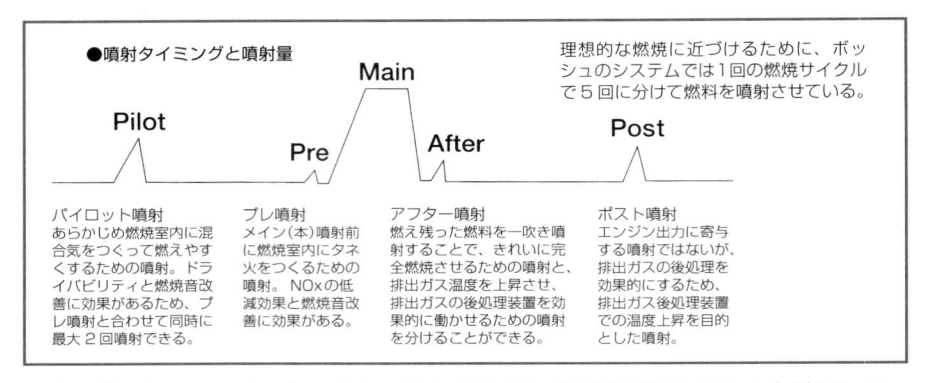

いる。ボッシュのコモンレールシステムでは5回に分ける噴射システムを採用している。あらかじめ燃焼室内に混合気をつくりだすためのパイロット噴射から始まる。その後に燃焼室内に種火をつくり出すためのプレ噴射、その後に燃焼を盛んにするためのメイン噴射で、これがパワーの源泉である。さらに、燃え残った燃料に新しい燃料を噴射して燃え残りをなくすためのアフター噴射が続く。これは排気の後処理装置を活性化させるために排気温度を上げる目的もある。最後に、だめ押しとして排気温度を高めるために噴くのがポスト噴射である。燃焼をより促進するためと排気性能を上げるためで、エンジンのさまざまな運転状況にきめ細かく対応するように配慮されている。

■さらに進化するコモンレールシステム

　排気規制に関しては後述するが、コモンレールシステムでは、燃料の高圧噴射によって排気規制の大きな問題となっている粒子状物質(PM)を低減している。一方で、窒素酸化物(NOx)の削減の対策もとらなくてはならない。燃料の低硫黄化や触媒技術の進歩に合わせ、ボッシュではさらなるコモンレールシステムの進化を図ろうとしている。

　これは、第三世代コモンレールシステムと呼ばれ、メルセデスベンツなどで使用される乗用車用であるが、燃料噴射圧力をさらに1800気圧から2000気圧に高める。これに対応して噴射ノズルにピエゾ圧電素子をアクチュエーターとして採用して軽量コンパクト化を図るとともに、噴射バルブの長い軸をなくして可動部の重量を4分の1まで少なくして応答性を早めている。

　近未来には高圧燃料ポンプによって噴射ノズルの上流までを1350気圧に上げ、インジェクターのなかに設けられた増圧ピストンによって燃料の噴射圧力を2500気圧まで高めることで、さらに最適な燃焼にしようとしている。

4. トラック用ディーゼルエンジン

●ボッシュの第3世代コモンレールシステム

すでにヨーロッパ車ではボッシュの第3世代コモンレールシステムが乗用車で採用されている。これは燃料噴射圧力が1800〜2000気圧になり、さらにそれ以上の高圧力システムの開発が進められている。

●ピエゾインジェクター

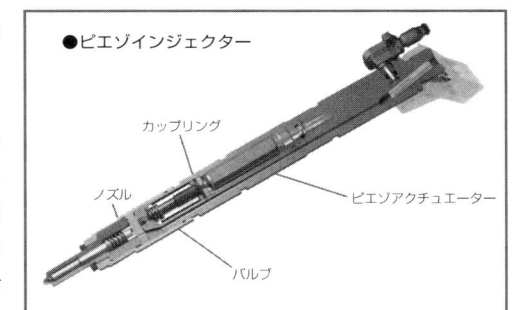

カップリング
ノズル
ピエゾアクチュエーター
バルブ

高圧となる新世代のコモンレールシステムでは、噴射ノズルにピエゾ圧電素子をアクチュエーターとして採用したピエゾインジェクターが用いられる。コンパクトにし、応答性を高めることが可能になる。

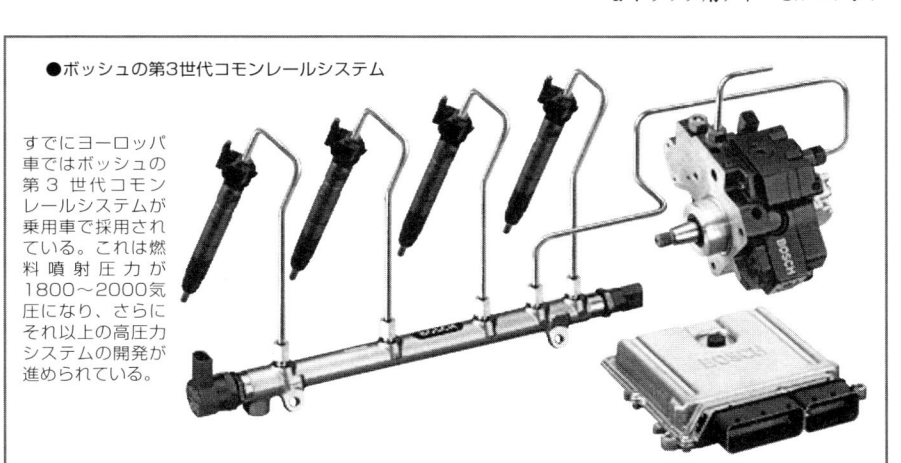

　ディーゼルエンジンは圧縮して高温にした空気に燃料を噴射することで自己着火させるのが特徴であるが、燃料を噴射したとたんに燃え始めるわけではなく、燃料を混合されてから燃えるので、噴射してから燃えるまでわずかな遅れがある。このために噴射タイミングはピストンが上死点に来る直前になっている。このときに燃料の噴射量が多いとメイン噴射が始まる前の予混合期間に急激に燃焼圧力が高まってディーゼルノックを起こしてしまう。これはエンジンに衝撃をあたえトラブルのもとになる。また、燃料の噴射が終了してからも燃え残った燃料があと燃えすることがある。これはパワーを生み出さないばかりか煤や黒鉛を発生するから、避けなくてはならない。

　燃費を良くして排気をクリーンにするために、燃料の噴射量・噴射時期・噴射率などの正確な制御が大切で、技術進化が図られている。

■ユニットインジェクションによる高圧化

　コモンレールシステムとは異なる燃料噴射の高圧化がユニットインジェクターの採用である。これを採用しているのはヨーロッパメーカーではボルボ、日本では日産

●日産ディーゼル・ユニットインジェクター

燃圧を高めるシステムとして日産ディーゼルが採用しているのがユニットインジェクター方式。これは燃料を高圧化するプランジャー式ポンプと電磁バルブを一体化して各気筒ごとに配置したシステムで、コモンレール式より高圧化できる。

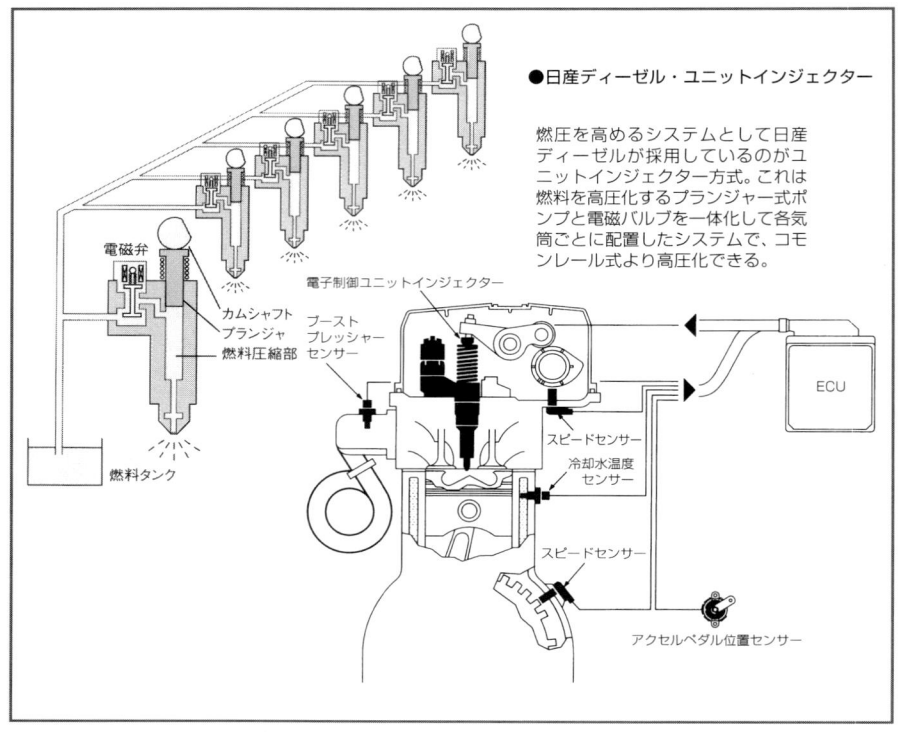

ディーゼルである。

　これは、各気筒ごとに個別の噴射ポンプを配置することで高圧にするシステムで、インジェクターは燃料を高圧化するプランジャー式ポンプと電磁バルブを一体化したもので、ポンプを各気筒ごとに配置することによって、燃料のシール性を確保して噴射圧力を高めることができる。この方式では2000気圧と、コモンレールシステムより高圧化が可能である。

　デルファイ社製のユニットインジェクターでは、電磁弁をコントロールして多段噴射させることもできる。コモンレールシステムでは、既存のエンジンをベースにして装着することができるが、ユニットインジェクションにするには専用のカムが必要で、エンジンの開発段階からこのシステムを採用することを前提にしなくてはならない。しかも、コモンレールシステム以上の高圧にするので、シリンダーヘッドも強度を確保するために頑丈にし、動弁系も複雑になることを覚悟しなくてはならない。ポンプそのものも高価になるうえに、生産設備まで変えなくてはならないから、エンジンに対するコストがかかるものである。

それでも、コモンレール式より高圧で安定して噴射することができるから、大型ディーゼルでは性能的に有利になる。大型トラックやトラクターを主力にしているメーカーでなくては採用しないものであろう。

あとで述べるように、日産ディーゼルではユニットインジェクターと同時に尿素SCRシステムを採用して、排気規制のクリアと燃費性能の向上を図っている。

■ターボチャージャーの装着とその技術進化

ディーゼルエンジンとターボの相性はガソリンエンジンよりも良いことから、1960年代からターボの装着が始められている。排気を利用してタービンブレードを回転させて空気を圧縮して吸気を燃焼室に送り込めば、大幅に充填効率を上げることができる。同じ排気量のエンジンならターボを装着すれば最高出力を大幅に上げることができるために、エンジンを大きくしないで出力性能を確保するターボの装着が効果的である。ターボに関係する部品点数が増えるものの、同じ出力性能なら排気量を小さくすることができるので、エンジンそのものがコンパクトになり、軽量化効果も大きい。

しかし、当時のターボにはいくつかの欠点があった。排気を利用してタービンをまわすので、ある程度エンジン回転が上がらなくては効果が発揮できない。トラックの場合は、低速トルクが大きいことが重要であるから、同じ最高出力を発揮するエンジ

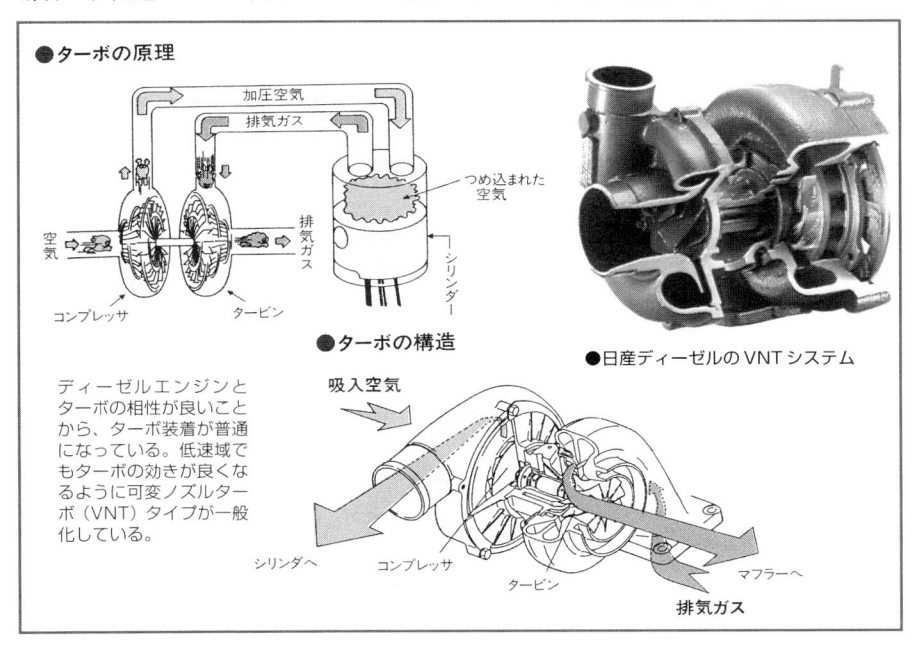

●ターボの原理

●ターボの構造

●日産ディーゼルのVNTシステム

ディーゼルエンジンとターボの相性が良いことから、ターボ装着が普通になっている。低速域でもターボの効きが良くなるように可変ノズルターボ（VNT）タイプが一般化している。

●ターボ用インタークーラー（ふそうスーパーグレート）

ターボ用インタークーラーはコンプレッサーにより圧縮された空気を冷却して密度を高めてからエンジンへ送る。空冷式では、このようにエンジン冷却用ラジエターの前面に装着される例が多い。

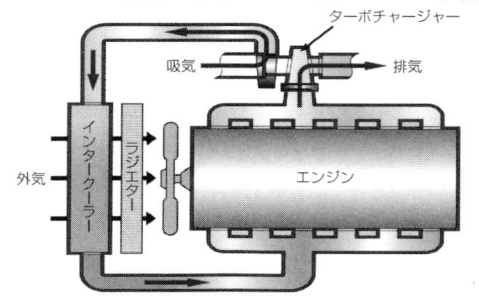

日野プロフィア用直列6気筒用の可変ノズルターボ部。

ンでも低速トルクがなくては使いづらいから、ターボ装着でもこれを補うことがむずかしかった。もう一つの欠点がターボが効いてくるまでに遅れがあることで、応答性が良くないことだ。これはターボラグといわれて、このエンジンの泣きどころであった。ターボの威力を発揮するのは、高速巡航するタイプのトラックで、急坂路を走るダンプカーのような場合はターボの効果が少ないと言われていた。

ターボの装着率が1970年代まであまり進まなかったのは、こうした欠点を克服することがなかなかできなかったからである。洗練されたターボになったのは、主としてターボ本体の改良、可変式過給の実現、インタークーラーの採用などによる。

ターボチャージャーは10万rpmという高回転をするのでシャフトの軸受けの改良やタービンブレードの形状など材料の見直しが応答性を向上させた。また、過給圧はウエイストバルブや可変ノズルで制御されるが、エンジンの状況に合わせて過給圧を電子制御するようになってきている。

大きな容量のターボチャージャーは過給圧を上げてパワーを出すことができる分、低回転時のタイムラグが大きくなり使いづらくなる。逆に、小さいターボではパワーアップ効果が少ない。そこで、低回転時には小型ターボと同じように排気の進入口を狭めて比較的低回転でターボの効果を得られるようにして、高回転になると広くして

本来のターボ効果を上げるようにすると都合が良い。

こうした考えで登場したのが可変ノズルターボである。エンジン回転によってノズルのベーンが排気の通路の大きさを可変にする。

さらに、タービン・ブレードを斜めにすることでタービンを素早く回転させるようにした斜流ターボ、排気の流入通路を二つに分けて低速時には片方を塞ぐ方式のツインスクロールターボ、小型のツインターボを装着して低速時は一つだけ働かせるシーケンシャルターボなどが試みられたが、現在は可変ノズルターボが多くなっている。

●ピストンのクーリングチャンネル
ターボエンジンでは発熱量も大きくなるので、ピストンの冷却も大切になる。そこでピストン上部を冷却するためにクーリングチャンネルを設けてオイルを循環させて熱を逃す。

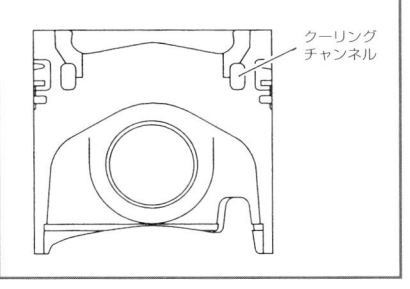

クーリングチャンネル

ターボによる過給では吸入される空気の温度は、圧縮されるので上がってしまう。燃焼室に入る前から高い温度になっていたのでは空気密度が小さくなる。そこで、ターボによって圧縮された空気を中間にあるインタークーラーで冷却してから吸入した方が効率が良い。そのためには、インタークーラーを別に設けなくてはならないが、その効果を考慮すれば設置する価値があるので、現在のターボはほとんどインタークーラー付きといっていい。前頁上のエンジンの写真で、冷却水を冷やすためのラジエターのすぐ前に同じような形状をして風を受けるようになっているのがインタークーラーである。シンプルな空冷式が採用されている。

また、ターボを装着すると燃焼室の温度も上がりがちになるのでその対策として、ピストンの冷却のためにクーリングチャンネルを設けたものがある。燃焼による熱をまともに受けるピストンの上の部分の内側にオイルの通路を設けて、ここにオイルが入れ替わり入るようにして冷却するピストンである。このピストンを採用したエンジンは、最初からターボ仕様を前提にして設計されたもので、大型トラック用エンジンでは、かなり多くなっている。

■厳しくなる排気規制とその対策・その1

1970年代から排気規制が始まったが、これによるエンジン開発での技術的な苦労は現在でも小さくなっていない。むしろ環境問題がクローズアップされて、その厳しさが増しているといっていい。地球温暖化対策としてCO_2の削減が求められているなかで、燃費を良くすることも同時に至上命令になってきている。

最初の段階では、COとHCという有害物質の削減が求められ、次いでNOxの規制が

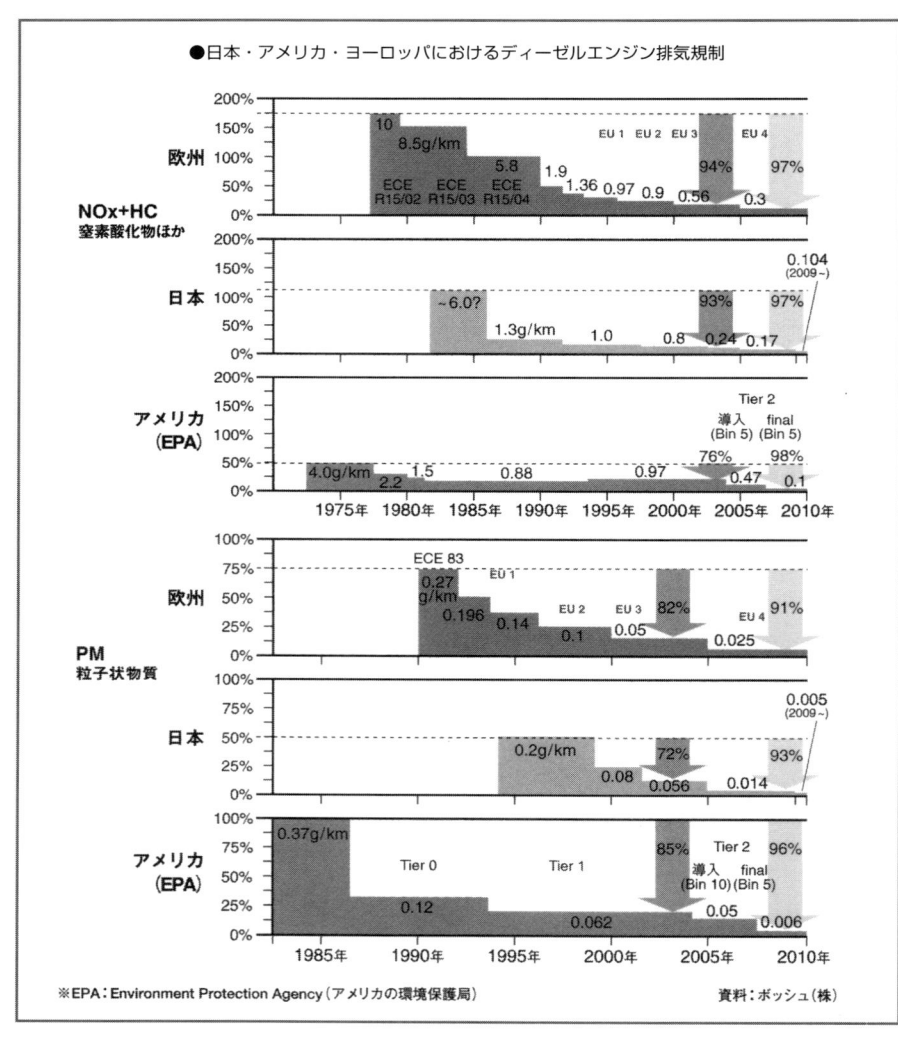

●日本・アメリカ・ヨーロッパにおけるディーゼルエンジン排気規制

NOx+HC 窒素酸化物ほか

欧州: 10, 8.5g/km (ECE R15/02), 5.8 (ECE R15/03), 1.9 (ECE R15/04), 1.36, 0.97, 0.9 (EU1), 0.56 (EU2), 0.3 (EU3) 94%, (EU4) 97%

日本: ~6.0?, 1.3g/km, 1.0, 0.8, 0.24 93%, 0.17 97%, 0.104 (2009~)

アメリカ（EPA）: 4.0g/km, 2.2, 1.5, 0.88, 0.97, 0.47 (Tier 2 導入 Bin 5) 76%, 0.1 (final Bin 5) 98%

PM 粒子状物質

欧州: ECE 83 0.27g/km, 0.196, 0.14 (EU1), 0.1 (EU2), 0.05 (EU3) 82%, 0.025 (EU4) 91%

日本: 0.2g/km, 0.08, 0.056 72%, 0.014 93%, 0.005 (2009~)

アメリカ（EPA）: 0.37g/km (Tier 0), 0.12, 0.062 (Tier 1), 0.05 (Tier 2 導入 Bin 10) 85%, 0.006 (final Bin 5) 96%

1975年　1980年　1985年　1990年　1995年　2000年　2005年　2010年

※EPA：Environment Protection Agency（アメリカの環境保護局）　　資料：ボッシュ（株）

実施された。

　ガソリンエンジンの場合は、COとHCは酸化によって減少させ、NOxは還元によって減らす両方の機能を持つ三元触媒を排気管のあとに装着することで解決を図っている。この三つの有害物質が燃焼室で発生する量を減らす努力をしつつ、後処理により減らすようにしている。

　ディーゼルエンジンの場合は、燃料に対して吸入される空気の量が多くなる傾向な

大型・中型自動車騒音規制の経緯

単位：dB(A)

車種	内容		加速走行騒音							定常走行騒音及び定置騒音
			46年規制	51・52年規制	54年規制	57年規制	58年規制	59年規制	60年規制	61年規制	
大型車	車両総重量3.5トンを超え200PSを超えるもの	定員11人以上	92	89	86	86	86	83	83	83	80
		その他の車						86	83	83	
		全駆車								83	
中型車	車両総重量3.5トンを超え200PS以下		89	87	86	86	83	83	83	83	78

ので、COやHCの発生はガソリンエンジンよりも少なくなる。特にCOに関しては問題にならないくらいである。それに当初の規制ではNOxの削減量はそれほど厳しくなかったので、エンジンの改良を進めることで排気規制をクリアすることができた。とはいえ、技術的に簡単だったというわけではなく、エンジンの回転数を引き下げたり、最高出力を下げてクリアするなどの苦労をしている。

NOxの規制値が厳しくなるにつれて、排気対策は技術陣を大いに悩ますことになった。NOxは大気中にある窒素(N_2)が酸素とともに吸入されて燃焼により分解して酸素と結びついてできるものだ。燃え残った酸素が燃焼室にあると発生しやすいので、ディーゼルエンジンではこれを少なくするのはやっかいなことである。

さらに、解決を複雑にしているのはディーゼルエンジン特有の排気規制として粒子状物質(PM)の削減があるからだ。以前から整備が悪かったり、軽油以外の燃料を混ぜたりしたトラックが排気パイプから真っ黒になるほどの黒煙をまき散らしながら走る光景が見られたが、ディーゼルエンジンにはこのイメージが日本ではいまだに付きまとっている。

PMの規制が本格的に始まったのは1990年代に入ってからであるが、これによって、ディーゼルエンジンの開発は、排気対策が中心になったといっていいほどに、技術的

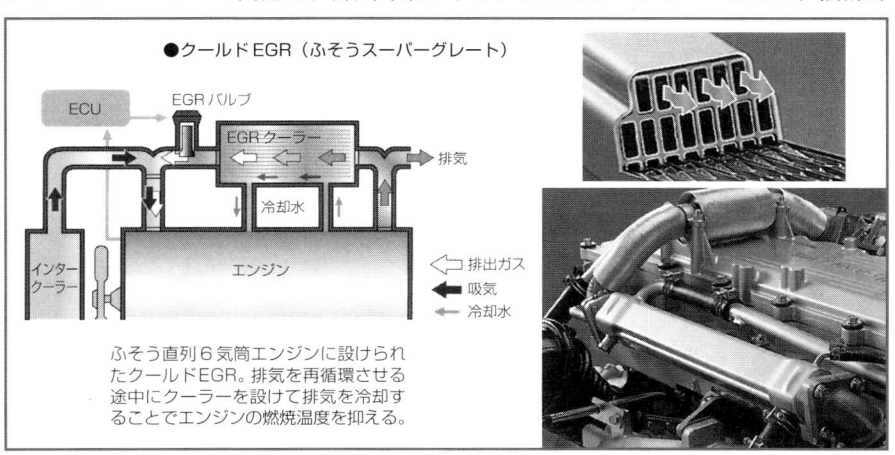

● クールドEGR（ふそうスーパーグレート）

ふそう直列6気筒エンジンに設けられたクールドEGR。排気を再循環させる途中にクーラーを設けて排気を冷却することでエンジンの燃焼温度を抑える。

に困難な解決を迫られるようになった。というのは、NOxを減らそうとすればPMが増える傾向を示し、逆にPMを減少させればNOxが増えるという関係にあるからだ。しかも、規制はだんだんと厳しくなるいっぽうで、ようやく規制をクリアしたら、新たな規制が待っていて、さらに困難な対策を迫られるといった具合になっている。

2005年に実施された規制では、1990年代と比較してNOxが97％、PMが93％の削減となっている。アメリカやヨーロッパでも、タイムラグはあるものの、同様に厳しい規制が実施されているから、これは日本だけの問題ではない。コモンレールシステムの登場も、PMを大幅に削減するための手段として実用化されたといっていいくらいだ。

なお、1974年から始まった排気規制と同時に騒音規制も実施され、その規制をふまえたエンジン開発をするようになった。その後騒音規制は順次厳しくなってきたが、エンジン部を囲み込む遮音材の進歩、主マフラーの後に2次マフラーを装着、タイヤの騒音低減などにみられる周辺技術の向上などでクリアしてきた。

■厳しくなる排気規制とその対策・その2

しかしながら、燃料の噴射圧力を高めれば、燃焼が良くなってPMの発生量を少なくすることができるが、燃焼室の温度が上がるから、NOxの発生量が増えてしまう。コモンレールシステムにしても、いかにNOxの量を減らすことができるかが大きな課題となった。

NOxを減らす方法としては、排気を還流させて吸気とともに燃焼室に戻すことで燃焼温度を下げるEGRシステムが以前から採用されていた。その効果が大きいのでEGR量を増やしたいが、多く排気を戻すと当然のことながら燃焼が安定しなくなる。そこで、エンジンの回転や燃焼状態を監視して、さまざまな状況に合わせてEGR量を電子制御するようになった。

これで、1990年代の排気規制はクリアすることができたものの、2000年になってPMの規制がさらに厳しくなり、これをクリアするようにすると、NOxの削減が従来からの方式では済まないほどの発生量になることから、新しい解決方法を見つけなくてはならない事態となった。

考え出されたのが、燃焼室に再循環される排気を冷やしてから戻す方法である。これはクールEGRとよばれているが、排気を冷却することにより密度を高めて、結果としてEGR量を増やす方式である。ターボのインタークーラーのように冷却器を再循環パイプの途中に設けている。

もう一つ考えられたのがパルスEGRと呼ばれる方式である。これは吸気行程中に他のシリンダーの排気による圧力脈動を利用して排気ポートからいったん出ていった排気をシリンダー内に戻すことで、EGRとしての効果を発揮させる方式で、ガソリンエ

ンジンの場合は内部EGRと呼ばれて採用したエンジンもある。EGRバルブや配管などがなくて済むのでシンプルであることから考え出されたが、NOxを削減するために、日野の直列6気筒エンジンではこのパルスEGRをクールEGRと併用していることから、コンバインドEGRシステムと称している。

　このほかのNOx削減法として採用されたのがNOx吸蔵還元触媒である。これは排気されたNOxを触媒にため込んで一定の量に達した際に、排気温度を上げるように制御していっぺんに還元する触媒として開発された。HCなどを削減する酸化触媒と併用されるが、その効果を発揮させるためにはエンジンの総合的な制御技術が欠かせない。

　排気をクリーンにするためには、燃焼室をはじめとして吸排気系の不断の改良が欠かせないが、同時にエンジンのさまざまな作動状態に合わせて最適に制御するようにすることが重要である。燃料の噴射の仕方やターボの過給圧などで理想的な燃焼にな

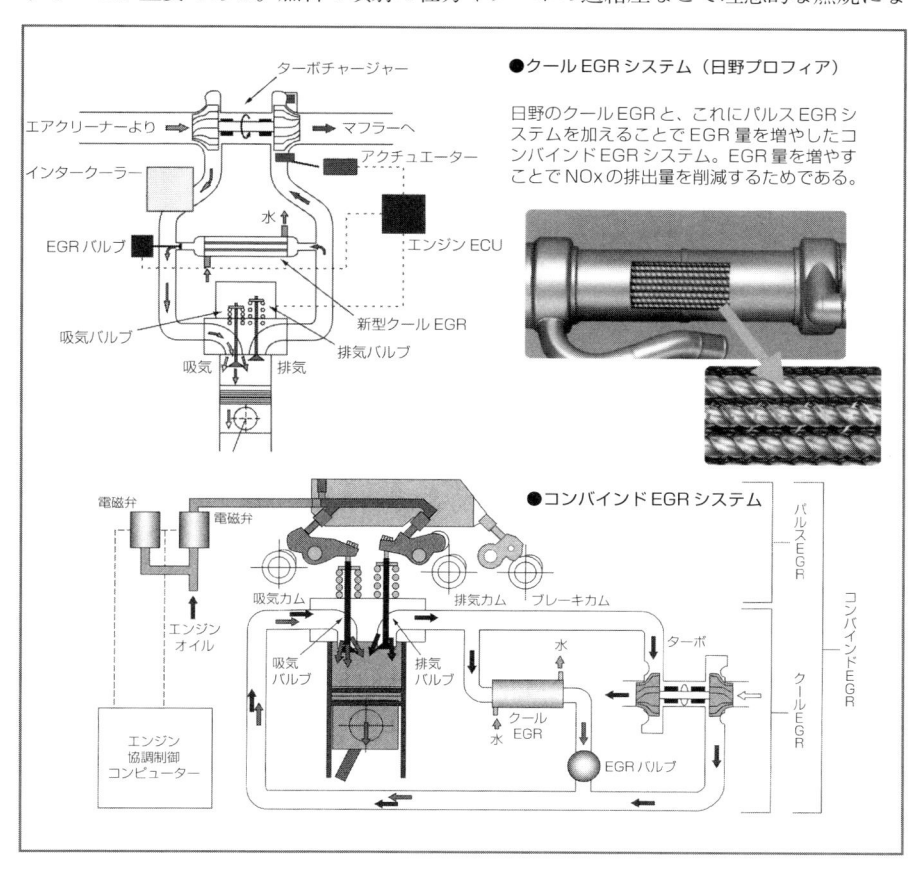

●クールEGRシステム（日野プロフィア）

日野のクールEGRと、これにパルスEGRシステムを加えることでEGR量を増やしたコンバインドEGRシステム。EGR量を増やすことでNOxの排出量を削減するためである。

●コンバインドEGRシステム

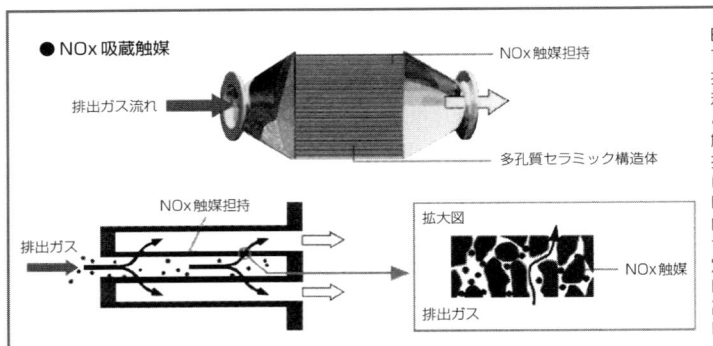

図中のテキスト:
- ●NOx吸蔵触媒
- 排出ガス流れ
- NOx触媒担持
- 多孔質セラミック構造体
- NOx触媒担持
- 排出ガス
- 拡大図
- NOx触媒
- 排出ガス

EGRはエンジン内でのNOx削減を目指すが、それだけで規制をクリアすることは難しい。そこで触媒を用いてNOx排出量を減らすために開発されたのがNOx吸蔵触媒。触媒内にNOxを吸蔵させて蓄えておき、一定量に達するとECUからの指令で高温の排気を流してNOxを還元させる。

るように制御する。そのためには、刻々と変化する燃焼状態を把握するために各種のセンサーを設置して、それらからのデータをうまく生かして制御することが重要で、システムとして完成させるのは大変なことだ。排気性能を良くするために条件を変えれば、それにつれて制御の仕方も変えなくてはならないし、完全ということがないから常に理想に近づけるように進化させ続けなくてはならない。

■厳しくなる排気規制とその対策・その3

　NOxの削減に関して、決定的ともいうべき削減システムを開発したのが日産ディーゼルの尿素SCR触媒である。

　窒素酸化物NOxを化学反応を利用して無害な物質に変えて排出するようにすれば、出力・燃費の向上、PMの削減を優先したセッティングにすることができる。そうした従来にない発想の排気対策として実用化されたのである。

　尿素SCR触媒が窒素酸化物NOxを大幅に削減するのは、尿素水を別タンクに用意して、それを触媒に噴射することで、一酸化窒素NO、または二酸化窒素NO_2をアンモニアと反応させて、窒素N_2と水H_2Oとして排出するシステムであるからだ。尿素水がアンモニアと二酸化炭素($2NH_3+CO_2$)になって、触媒内で窒素が酸素と化合して窒素酸化物になるのを防ぐ。

　産業用の定置式ディーゼルエンジンでは実用化されていたが、トラックのように運転負荷が目まぐるしく変化するエンジンの場合は制御がむずかしかったのだ。その実用化は、厄介な窒素酸化物NOxの排出量を大幅に削減できる画期的な技術として注目されている。

　有害物質の発生量を少なくするために新世代のユニットインジェクターによる高圧燃料噴射にして、EGRやDOC(酸化触媒)といった窒素酸化物や粒子状物質の排出量を削減する装置と併用する。コモンレール式のエンジン同様に合わせ技となるが、尿素

4. トラック用ディーゼルエンジン

SCR触媒を使用することで、総合的な制御システムとしては窒素酸化物の発生量を従来ほど優先せずに燃費性能を良くするほうにセットすることができる。

これらを組み合わせて排気をクリーンにした上で低燃費を実現させて、日産ディーゼルでは、尿素SCR触媒を装着したシステムをFLENDS（Final Low Emission New Diesel System）と名付けている。

尿素水タンクとその添加システムや触媒内に尿素水の噴射ノズルを設けるなどの装置が必要になるが、尿素水の消費量は燃料消費量のおよそ5％といわれる。これは、2004年（平成16年）から日産ディーゼルの大型トラックのクオンに搭載されて2005年の排気規制をゆうゆうとクリアしており、現在では1000箇所以上の給油所などで尿素水を補給することが可能となるなどインフラも整備されてきている。三菱ふそうも技術提携してこのシステムを組み入れることになっている。

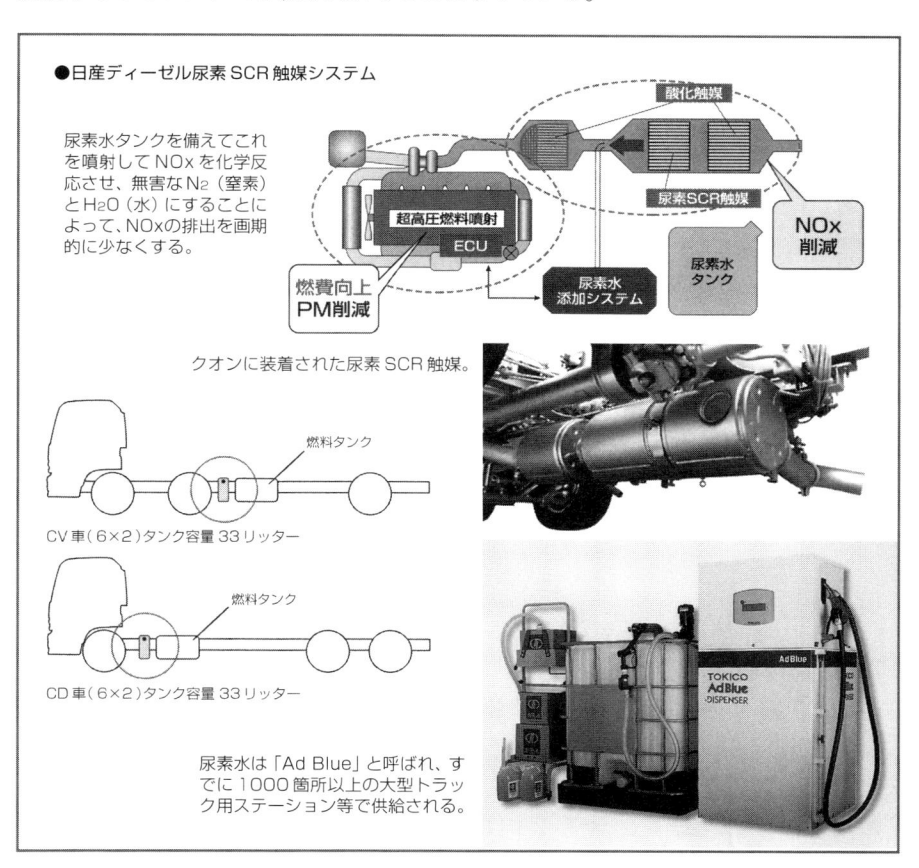

●日産ディーゼル尿素SCR触媒システム

尿素水タンクを備えてこれを噴射してNOxを化学反応させ、無害なN₂（窒素）とH₂O（水）にすることによって、NOxの排出を画期的に少なくする。

クオンに装着された尿素SCR触媒。

CV車（6×2）タンク容量33リッター

CD車（6×2）タンク容量33リッター

尿素水は「Ad Blue」と呼ばれ、すでに1000箇所以上の大型トラック用ステーション等で供給される。

■排気対策の方向性の違い

　PMを捕集することのできる触媒DPR（DPFとも呼ぶ）も開発されている。これを採用することで厳しくなった排気規制をクリアするのが日野のやり方である。酸化触媒とDPR担体をマフラーのなかに組み込んだもので、DPRはDiesel Particulate active Reduction systemの頭文字をとったもので、高耐熱性のセラミック壁を通してPMを捕獲するための微細孔フィルターをもつ。DPR担体に煤が一定量たまると高温で燃やしてしまうことで排出量を減らす装置である。

　東京都や周辺の都市では、すでに走行している大型車両でトラックにも同様の装置の取り付けが条例で義務化されているが、その費用は100万円以上もするものでユーザーの負担が大きいものになっている。

　現在のところは、上記のように日産ディーゼルが尿素SCR触媒を用いてNOxを後処理でなくすようにして、エンジン本体でPMの削減を最大限になるように制御システムを組み立てることで排気規制をクリアする方式をとっている。三菱ふそうも新長期規制はこの方式を採用する予定である。

　これに対して、尿素SCRはNOxを化学反応により無害化する方式なので削減効果は大きいが、日野といすゞは、定期的に尿素水を補給しなくてはならないことを嫌い、コモンレールによる多段階噴射で燃焼温度を下げ、さらにEGR率を高めてNOxの発生を抑え、こ

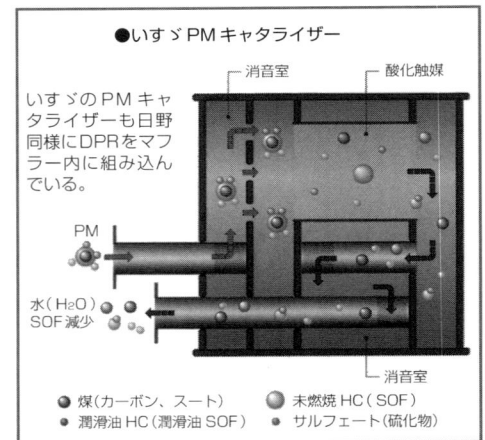

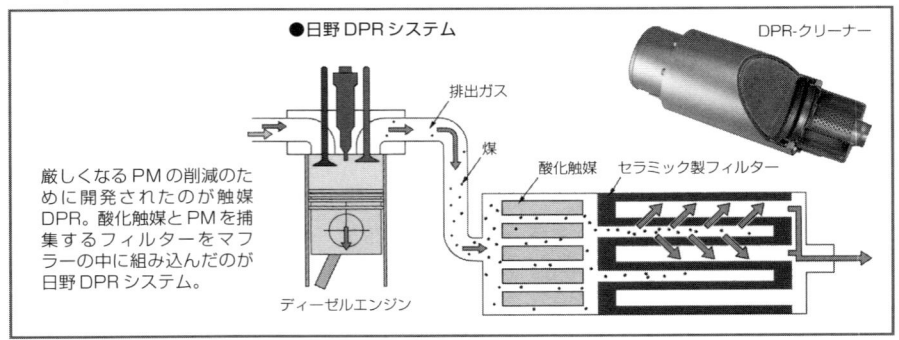

●いすゞPMキャタライザー

いすゞのPMキャタライザーも日野同様にDPRをマフラー内に組み込んでいる。

- 煤（カーボン、スート）
- 潤滑油HC（潤滑油SOF）
- 未燃焼HC（SOF）
- サルフェート（硫化物）

●日野DPRシステム

厳しくなるPMの削減のために開発されたのが触媒DPR。酸化触媒とPMを捕集するフィルターをマフラーの中に組み込んだのが日野DPRシステム。

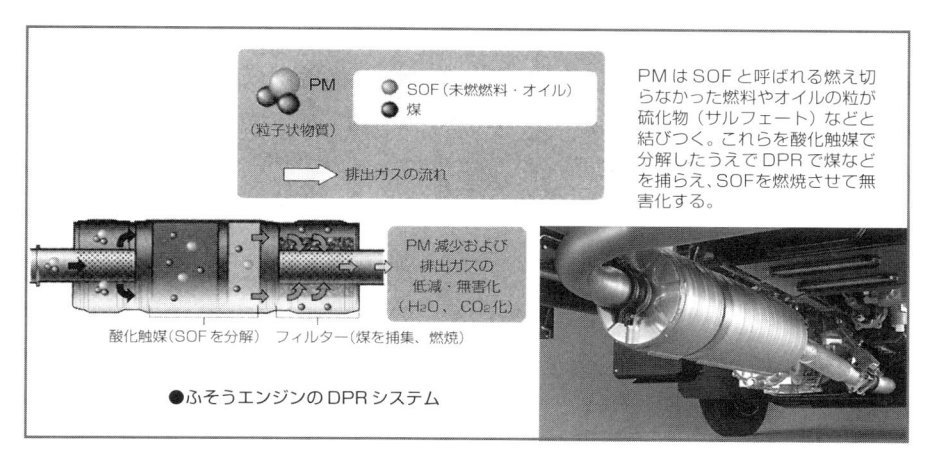

4. トラック用ディーゼルエンジン

PM（粒子状物質）
- SOF（未燃燃料・オイル）
- 煤

→ 排出ガスの流れ

PMはSOFと呼ばれる燃え切らなかった燃料やオイルの粒が硫化物（サルフェート）などと結びつく。これらを酸化触媒で分解したうえでDPRで煤などを捕らえ、SOFを燃焼させて無害化する。

酸化触媒（SOFを分解） フィルター（煤を捕集、燃焼）

PM減少および排出ガスの低減・無害化（H_2O、CO_2化）

● ふそうエンジンのDPRシステム

れにより増加するPMはDPRにより対応している。しかし、この方式では、多量のEGRやDPRに詰まった煤の再生処理などで燃費の悪化が懸念される。

尿素SCR触媒は、燃費を良くすることができるので、走行距離が多いトラックにあっては、ランニングコスト削減効果が大きく、NOxの規制が厳しくなったヨーロッパでは多くのメーカーが装着するようになり、日本でも今後はさらに普及していくものと考えられる。

■省燃費対策及び環境対応技術

ディーゼルエンジンに課せられた大きな問題のひとつに燃費の低減がある。1997年に採択された京都議定書の目標を達成するために、CO_2の大幅な削減を図ることが国家的規模で推進される。その一環として運輸部門ではトラック業社とメーカーが連携して省エネへの取り組みの強化が求められている。2002年度の温室効果ガスの総排出量が、前年度より2.2%増えたが、このうち9割がCO_2であり、自動車の排出ガスの割合が多いことから「省エネ法」が改正され、表に見るようにトラックなどの燃費目標基準値が新しく定められた。

空気抵抗や走行抵抗のさらなる低減も求められるが、エンジ

トラックの燃費目標基準値

区分	車両総重量範囲（トン）	最大積載量範囲（トン）	目標基準値（km/リッター）
1	3.5＜車両総重量≦7.5	最大積載量≦1.5	10.83
2		1.5＜最大積載量≦2	10.35
3		2＜最大積載量≦3	9.51
4		3＜最大積載量	8.12
5	7.5＜車両総重量≦8		7.24
6	8＜車両総重量≦10		6.52
7	10＜車両総重量≦12		6.00
8	12＜車両総重量≦14		5.69
9	14＜車両総重量≦16		4.97
10	16＜車両総重量≦20		4.15
11	20＜車両総重量		4.04

トラクターの燃費目標基準値

区分	車両総重量範囲（トン）	目標基準値（km/リッター）
1	車両総重量≦20	3.09
2	20＜車両総重量	2.01

●アイドルストップ
システムの例

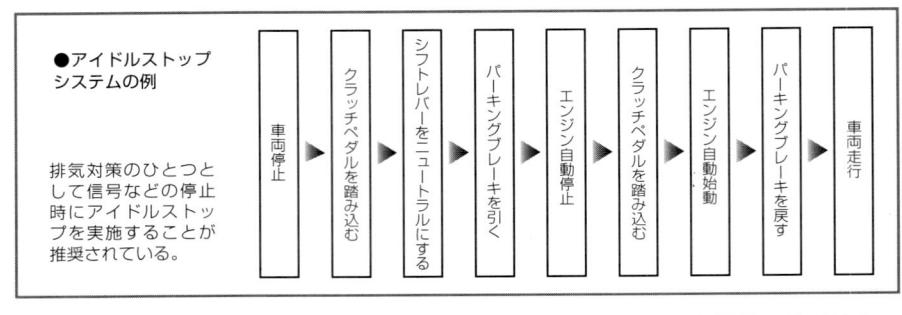

排気対策のひとつとして信号などの停止時にアイドルストップを実施することが推奨されている。

車両停止 → クラッチペダルを踏み込む → シフトレバーをニュートラルにする → パーキングブレーキを引く → エンジン自動停止 → クラッチペダルを踏み込む → エンジン自動始動 → パーキングブレーキを戻す → 車両走行

ンそのものの改良による削減がトラックメーカーに課せられる。省燃費に効果的なアイドルストップシステムの普及促進も求められている。

　さらに、排気性能と燃費性能を大幅に向上させる手段として、国土交通省などを中心に推進しているのが、スーパークリーンディーゼルエンジンの開発である。現行のエンジンをベースに電子制御技術で各システムの効率を飛躍的に高めようとするもので、具体的な開発目標値も下表にあるように決められている。

　また、DMEトラックは、石油の代替燃料として注目されているもので、排気性能が向上するために開発が奨励されている。DMEはジメチルエーテルのことで、天然ガスやバイオマスなどから製造する燃料で、ディーゼルエンジンをそのまま使用することができる。これも国土交通省の次世代低公害車プロジェクトのひとつである。

　このプロジェクトのなかに含まれるハイブリッドカーやCNGを燃料とするトラックは、すでに生産・販売されている。これらはまだ少数生産であるが、ハイブリッドカーは日産ディーゼルや日野自動車でラインアップに加えられている。しかし、ハイブリッドカーは、動力源としてエンジンとモーターの両方を搭載していることから、車両コストがかかる。

　日産ディーゼルのキャパシターハイブリッド中型トラックは、2002年（平成14年）6月

次世代低公害車の排出ガス性能と燃費

	ジメチルエーテル	圧縮天然ガス	シリーズハイブリッド	パラレルハイブリッド	スーパークリーンディーゼル
窒素酸化物（NOx）	新長期排出ガス規制値の1/4以下	新長期排出ガス規制値の1/4以下	新長期排出ガス規制値の1/4以下	新長期排出ガス規制値の1/10以下（IPTシステムとの組合せにより達成）	新長期排出ガス規制値の1/10以下（0.2g/kWh、D13モードにて）
粒子状物質（PM）	≒0.0g/kWh（黒煙排出なし）	≒0.0g/kWh（黒煙排出なし）	新長期排出ガス規制値の1/4以下	新長期排出ガス規制値の1/10以下（IPTシステムとの組合せにより達成）	新長期排出ガス規制値の1/2以下（0.013g/kWh、D13モードにて）
燃費	ベースのディーゼルエンジンと同等	過渡運転時の二酸化炭素(CO2)排出率ベースのディーゼルエンジン以下	2倍以上	2倍以上	現行レベルよりも10％向上（CO2　10％削減）

から発売を始めた。バッテリーではなくキャパシターを用いているところに日野のハイブリッドカーとの違いがある。搭載される直列6気筒206馬力の6925ccFE6F型エンジンは、酸化触媒を組み合わせて排気規制をクリアしており、モーターと併用することで、さらにレベルアップが図られている。

アイドルストップ機能をもち、エンジンの再始動はモーターで行い、減速時にはブレーキエネルギーを回収するなどの効果もあり、走行効率は同型のディーゼル車が22％であるのに対し33％になり、燃費倍率も1.51倍に向上、CO_2の排出量も66％にまで低減している。粒子状物質PMも大幅に減るとともに、窒素酸化物NOxの排出量も同型のディーゼル車より50％減となっている。

日野レンジャーハイブリッドは、トヨタのプリウス方式とは異なるパラレル方式を採用、モーターは23kWと比較的小さいもので、エンジンのアシストに徹している。その分ニッケル水素バッテリー容量を小さくすることでコストがかかるのを防いでいる。アイドルストップシステムとして、制動時のエネルギー回収も組み入れて、燃費はディーゼルエンジン搭載のレンジャーに比較して20％改善され、CO_2の排出量は17％、触媒にDPRを採用していることから、粒子状物質PMは85％減、窒素酸化

スーパークリーンディーゼルエンジン諸元表

ボア(mm)			φ122
ストローク(mm)			150
排気量(リッター)			10.52
配置・気筒数			直列6気筒
目標	最大トルク	機関速度(rpm)	1,400
		トルク(Nm{kgm})	1,842 {188}
		燃費(g/kWh)	180
	最高出力	機関速度(rpm)	2,000
		出力(kW{ps})	298 {405}
		燃費(g/kWh)	190
	排出ガス	NOx	新長期排出ガス規制値の1/10
		PM	新長期排出ガス規制値の1/2

※燃費は、現行レベルよりも10％向上

●スーパークリーンディーゼルエンジン

国土交通省が推進する次世代低公害車プロジェクトとしてディーゼルエンジンの効率を追求して、現在のエンジンをベースに過給器、吸排気系、燃料噴射系に各種の最新技術を駆使して燃費の改善と排気をクリーンにすることをめざしたエンジンとして企画された。

①世界初の電子制御超高過給ターボチャージャー
②電子制御超高圧燃料噴射装置
③電子制御可変バルブタイミング機構
④超高効率EGRクーラー
⑤電子制御EGRバルブ
⑥電子制御可変スワール機構
⑦電子制御吸入空気量コントロール

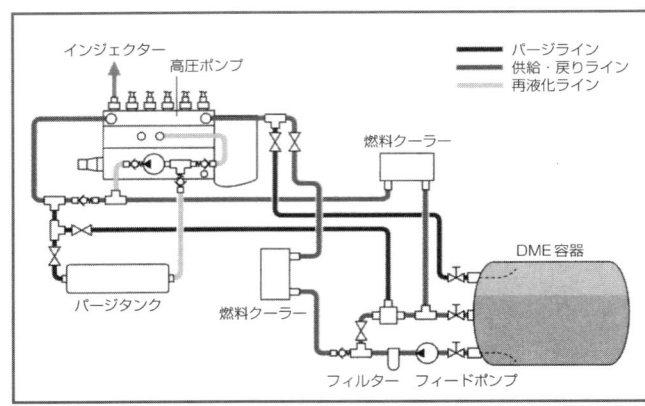

●DME 燃料を使用したエンジンシステム

石油の代替燃料として注目されているDMEは、天然ガスやバイオマスなどから製造する燃料で、フィードポンプにより充てん圧＋0.5MPaに加圧されてエンジンに供給される。ディーゼルエンジンをそのまま使用することができるが、吐出容量を増加させるために高圧ポンプは構造変更する必要がある。

●日産ディーゼル・コンドル用キャパシター・ハイブリッド　　●日野レンジャー用ハイブリッドシステム車

物NOxは50％低減している。年間150台の販売を見込んでいる。

　圧縮天然ガスCNGを燃料にしたエンジンを搭載した低公害車は、各社とも開発している。問題は、CNGを補給できるスタンドが限られていて、ディーゼルエンジンのように容易に燃料補給することができないことだ。それに、高圧の大きくてかさばるボンベを搭載しなくてはならない。

　日産ディーゼルでは、1994年（平成6年）に中型トラックにCNGエンジンを搭載して発売し、その後に改良して一定の販売台数を確保している。他のメーカーでも小型や中型トラックではCNGトラックを発売しているが、日産ディーゼルでは2002年に大型トラックの分野でも市場投入している。この大型CNGトラックのエンジンは12.5リッターの直列6気筒PF6TB型ディーゼルをベースにCNG用に改良したものである。

　しかしながら、こうしたシステムのトラックが今後シェアを伸ばしていくには大きな問題があり、その解決は難しい。ディーゼルエンジンのさらなる改良が、トラック開発の主要な課題のひとつであることに今後も変わりはないだろう。

5

トラックのシャシーなどの機構

　乗用車と大きく違ってきているのがフレーム・シャシー機構である。乗用車の場合はボディ剛性などが重視されるとはいえ、走行性能を優先して軽量であることの要求が強い。トラックの場合も積載量を決めるのは車両総重量であることから、同じように軽量化が図られているが、貨物を積載して走るから負荷の掛かり方が大きく、耐久性や信頼性との関係でシャシーは頑丈にしなくてはならない。かつては乗用車も耐久性のあるものにするために頑丈につくられていて、シャシーなどの構造はトラックとの共通点が多かった。しかし、要求される性能の違いが、両者の機構を異なる方向に導いて現在に至っている。ここでは、乗用車などと異なる機構を中心に、フレームやシャシーの機構について解説していくことにしたい。

■フレーム

　乗用車もかつてはフレームを持っていたが、現在はほとんどモノコック構造になっている。そのほうが強度を保ちながら軽量化が図れるからだ。しかし、トラックの場合は別体に近いかたちでつくられるキャブや荷台を持つために、キャブ部分を除いてモノコック構造にするのは現実的ではない。キャブ付きシャシーとしてトラックメーカーがつくり上げ、架装メーカーが顧客の要求に合わせた荷台を装着することもあって、がっちりとしたフレームが必要になる。

　かつて乗用車に使用されたフレームもハシゴ型が多かったが、やがて軽量化とフロ

●トラクターシャシー（上）と中型トラックのシャシー

多くの荷重を支えるトラクターのフレームは強固になる。中型トラックのフレームは荷重を支えるとともに軽量化も考慮される。

ア位置を低くするためにバックボーンタイプやX型フレームが登場したが、トラック用フレームは一貫してハシゴ型である。このフレームにエンジンをマウントし、サスペンションなどを取り付け、デフケースなどを収納する。

　H型あるいはラダーフレームともいわれるハシゴ型フレームは、シンプルな構造なので加工しやすく強度を保つことができる。ホイールベースを長くする場合もそれに合わせてフレームを長くするのが容易である。

　フレームはコの字型をした鋼材が使用されている。細部では各メーカーによって多少の違いがあるものの、基本的な構造は同じで、ボンネットトラックの時代から大きな変化が見られない部分である。軽量化の要求により設計段階からさまざまな工夫が凝らされているが、補強材などで軽量化を図るとはいえ、なかなか簡単にはいかない部分だ。

　なかには、軽量化のためにハシゴ型フレームではなく、小径のスチールパイプを使

5. トラックのシャシーなどの機構

●フレーム

トラック用フレームはラダーフレーム（はしご型）が一般的。サイドレールにクロスメンバーを組み合わせ、エンジンなどのパワーユニット、サスペンションなどがマウントされる。

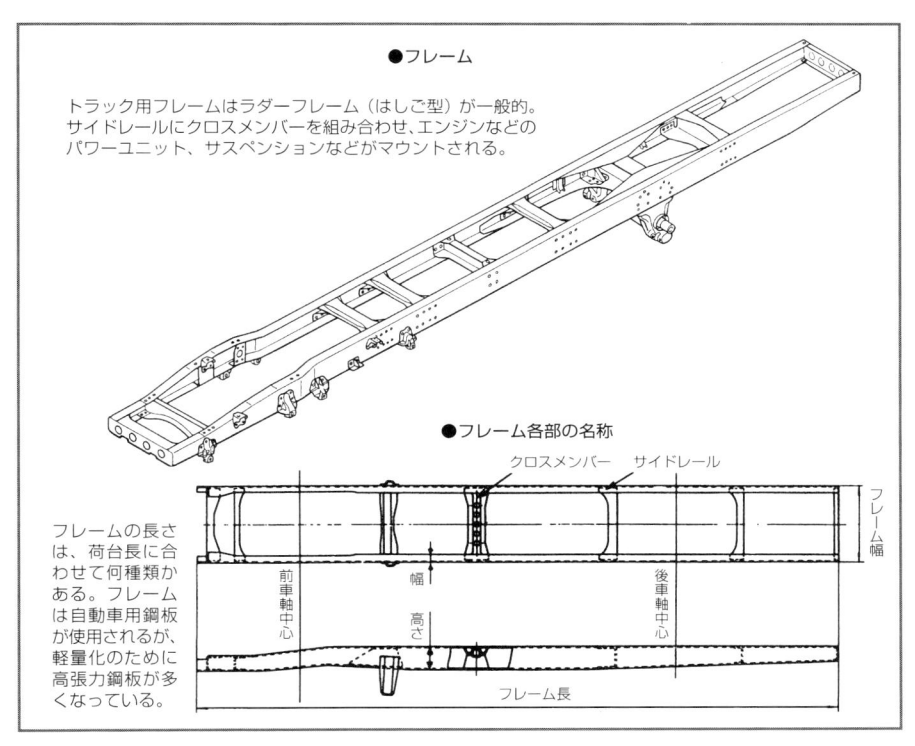

●フレーム各部の名称

クロスメンバー　サイドレール
前車軸中心　幅　高さ　後車軸中心
フレーム幅　フレーム長

フレームの長さは、荷台長に合わせて何種類かある。フレームは自動車用鋼板が使用されるが、軽量化のために高張力鋼板が多くなっている。

用して障子の桟のようにした一体型フレームを持つトラックも登場したことがあるが、市場に受け入れられたとはいえなかった。荷台にも強度の一部を負担させるようにするなどして軽量化はある程度達成したものの、コストがかかるものになっていたからで、経済性はトラックの重要なアイテムなのである。

強度を保ち、なおかつ軽量化できる材料も登場しているものの、高価で加工がむずかしいものはなかなか普及しない。最近では、強度のある高張力鋼板を使用した軽量フレームも登場している。

トラックの場合は、積載物の重量や種類によってフレームへの負担が違ってくるので、荷台にフレームの剛性を負担させる構造にすることができるタンクローリーなどでは、軽量なフレームにすることができる。また、エアサスペンションの採

●フレーム断面

フレームはコの字型断面になっている。高さや幅だけでなく、鋼板の厚みを大きくすれば強度を上げることができるが、重量との兼ね合いで寸法が決められる。

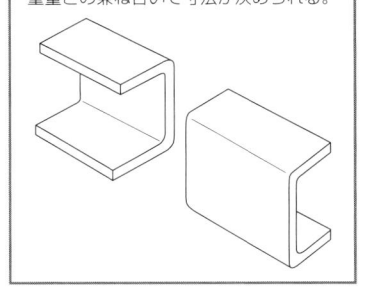

149

●三菱ふそうのスーパーフレーム

軽量化を図りながら耐久性を確保していることで、このような名称をつけているが、各メーカーとも同じように工夫しているところだ。

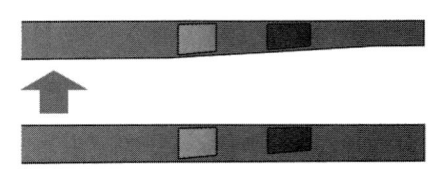

●フレームの軽量化の例

２００４年にマイナーチェンジされた日産ディーゼルのコンドルではフレーム後端をキック形状にした。それまではふつうの鋼板だったが、高張力鋼板を使用することで、軽量化しながら引張り強度を向上させている。

用を前提にしたフレームの構造解析が進み、フレームを中心としてリーフサスペンション車と比較して200kgほど軽量化した例もある。

■プロペラシャフトとデフ

　トラックはごく特殊なものを除けば、すべてフロントエンジン・リアドライブ方式である。そのために必要なプロペラシャフトは、構造上長いものになる。そのために、ホイールベースの長い大型トラックでは、途中にいくつかのベアリングとユニバーサルジョイントを設けてプロペラシャフトを分割している。

　車軸式のサスペンションではデフが浮動式になっているので、プロペラシャフトが長くなると振動によってトラブルが発生する危険が大きくなるからだ。リア2軸で1輪だけが駆動する場合は、前側が駆動輪になるのは、配置上そのほうが問題が少ないからである。

　プロペラシャフトからのパワーはファイナルギアにより回転方向を90度変えられるが、このギアはハイポイドギアやスパイラルベベルギアが使われている。大きなトルクをもつ動力をロスなく伝えるために使用されるピニオンギアは3点支持になっている。

　また、滑りやすい路面で片輪が駆動力を失った場合、作動を制限して駆動力を維持

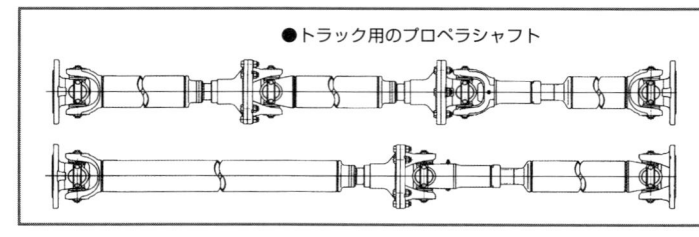

●トラック用のプロペラシャフト

凹凸路を走る場合は上のような３本継ぎにしたほうが良いが、２本継ぎにしたほうが軽量でコストも安くなる。使用状態により決められるが、２本継ぎが多くなってきている。

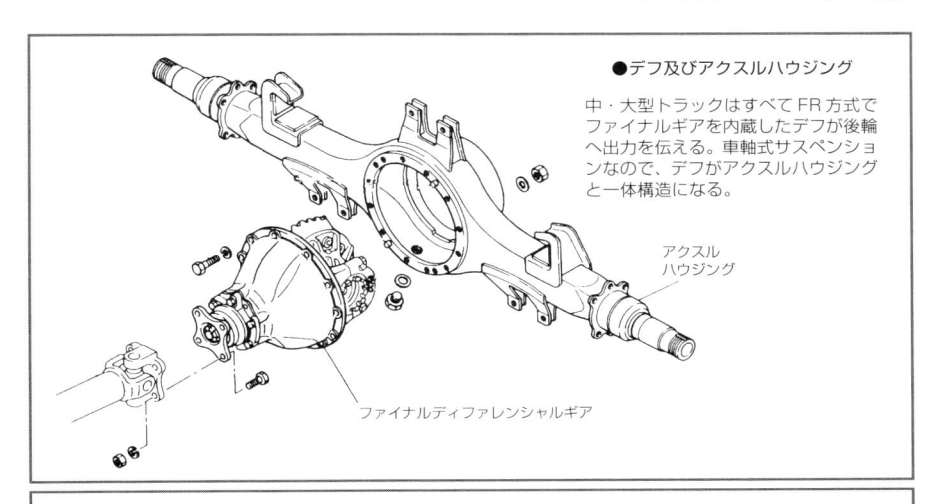

5. トラックのシャシーなどの機構

●デフ及びアクスルハウジング
中・大型トラックはすべてFR方式でファイナルギアを内蔵したデフが後輪へ出力を伝える。車軸式サスペンションなので、デフがアクスルハウジングと一体構造になる。

アクスルハウジング

ファイナルディファレンシャルギア

エンジン→トランスミッション→プロペラシャフトと伝えられたパワーは、終減速機で90度方向を変えてドライブシャフトに伝えられる。このとき使用されるギアはハイポイドギアまたはスパイラルベベルギアで、これがピニオンギアと噛み合わされる。ハイポイドギアはピニオンギアが大きくできるので噛み合い面積が大きくなるため、静かで丈夫である。いっぽう、スパイラルベベルギアはピニオンギアが小さいぶん摩擦力が小さくなるので、省燃費指向となる。

●ハイポイドギアとスパイラルベベルギア

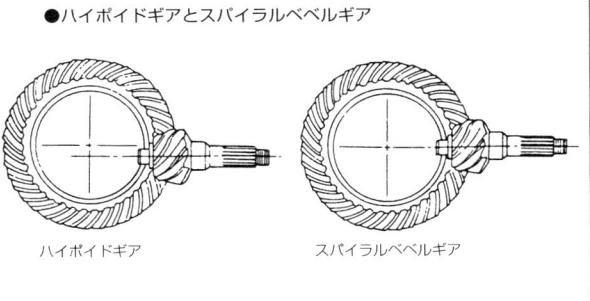

ハイポイドギア　　スパイラルベベルギア

するためにリミテッド・スリップ・デフ(LSD)が組み込まれているものもある。大型や中型トラックの場合は、オプションで機械式LSDが用意されている。

■リア2軸駆動

　エンジンの動力が、トランスミッションを通じてプロペラシャフトからディファレンシャルに伝えられる機構は、自動車に共通したものである。デフで最終的に減速されてドライブシャフトからホイールに回転が伝えられる。

　4×2や6×2のリア1軸駆動の場合は、FRタイプの乗用車と基本的に同じだが、6×4の2軸駆動のトラックでは、デフをふたつ持ったものとなる。この場合、4WDのセンターデフに当たるインターディファレンシャルが組み込まれていて、これからパワーがそれぞれのデフに伝えられる。このインターディファレンシャルは後輪の前側のデフケースのなかに組み込まれている。駆動する後輪の前後のホイールの回転差が生じ

151

●6×4後2軸駆動のインターデフ

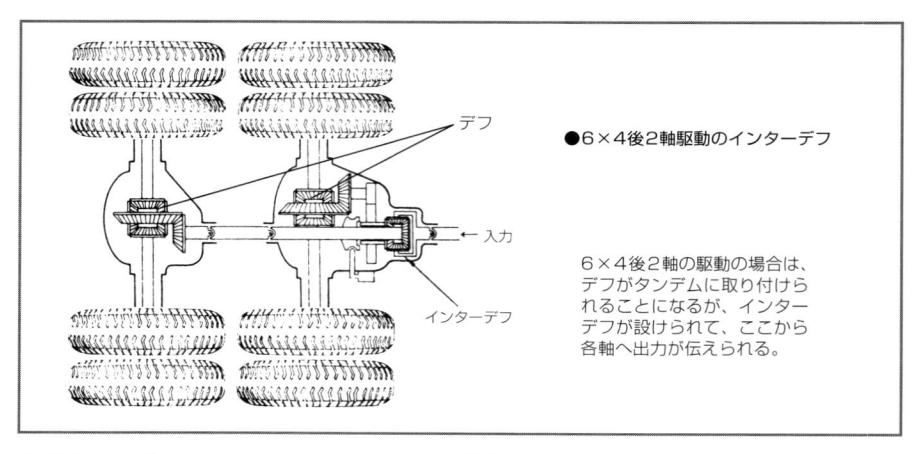

6×4後2軸の駆動の場合は、デフがタンデムに取り付けられることになるが、インターデフが設けられて、ここから各軸へ出力が伝えられる。

た場合は、インターディファレンシャルが吸収して、アンダーステアやホイールの空転によりタイヤが摩耗するのを防ぐようになっている。

■前2軸車のステアリング

　前2軸にしたトラックは、ボンネットタイプの時代にはなかったもので、大型トラックに限って存在する。キャブオーバータイプになると、このほうが貨物を積載したときに重心が後方にならないので安定性が良く、後2軸車よりも回転半径を小さくできるので取り回し性に優れている。しかし、前の2軸ともにステアリング機構を備えなくてはならないので機構的に複雑になる。1959年に日野で10トン積みトラックとして登場させてから4、5年は他のメーカーの大型トラックは後2軸ばかりで、前2軸トラックは日野独自のものといわれたが、多様化が図られるようになった1960年代の終わりまでには、すべてのメーカーが前2軸車をラインアップに加えるようになった。

　もともと大型トラックはステアリングを切るのに力がいるものだから、余計に重くなる前2軸車では最初からパワーステアリングとなっていた。

　前2軸のステアリング機構は、ボールナット式が採用されており、リンク機構が前輪の前後のホイールをステアさせるリンク機構がそれぞれ装備されている。ステアする角度は前輪の前と後ではわずかに違った軌跡を描くことになるのでスレーブレバーの長さを変えて調整している。

　スレーブレバーを使用したステア機構では、ピットマンアームの動きが前の前後のスレーブレバーに伝えられて、それぞれのナックルに作用することでホイールをステアさせる。この場合、ドラッグリンクの動きはナックルアームでなく振り子運動が前方のスレーブレバーに伝えられ、さらにリンクロッドにより後方のスレーブレバーに

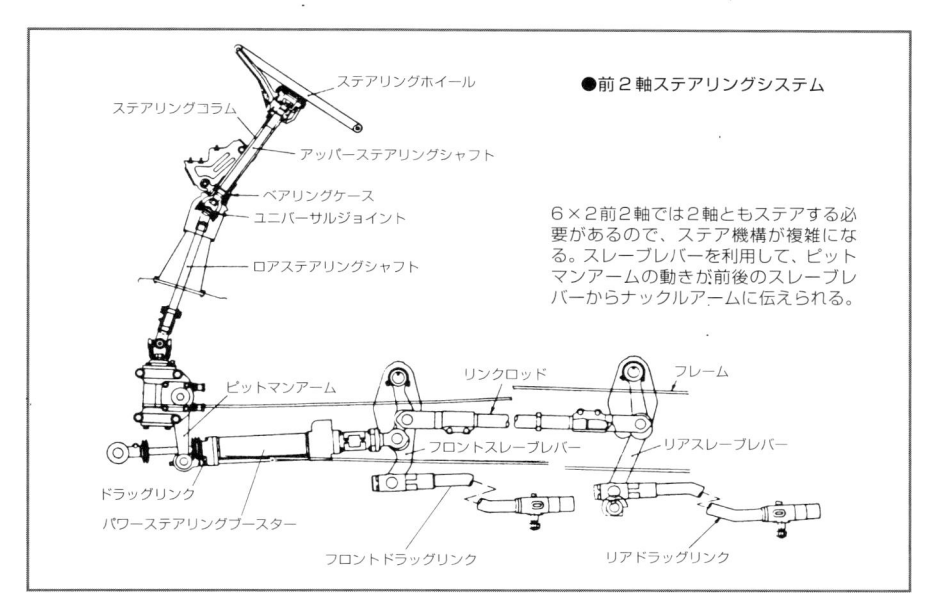

5. トラックのシャシーなどの機構

●前2軸ステアリングシステム

6×2前2軸では2軸ともステアする必要があるので、ステア機構が複雑になる。スレーブレバーを利用して、ピットマンアームの動きが前後のスレーブレバーからナックルアームに伝えられる。

（図中ラベル：ステアリングホイール、ステアリングコラム、アッパーステアリングシャフト、ベアリングケース、ユニバーサルジョイント、ロアステアリングシャフト、ピットマンアーム、ドラッグリンク、パワーステアリングブースター、リンクロッド、フレーム、フロントスレーブレバー、リアスレーブレバー、フロントドラッグリンク、リアドラッグリンク）

伝えられる。それぞれのスレーブレバーはドラッグリンクに接続し、さらにこのリンクがナックルアームを動かすことにより4輪がステアする。

ちなみに、最初に登場した前2軸大型トラックの前2軸間はきわめて狭くなっていたが、次第にそのホイールベースが比較的長くなったのは、サスペンション機構の進化で車輪の浮き上がりが問題にならなくなったからである。

■トラックのサスペンション

荷物を積載すると車両の重心位置が高くならざるを得ないから、走行中に車両が不安定にならないことが重要である。しかし、フレームを持つトラックでは、サスペンションも頑丈でへたらないようにする必要があるために、リーフスプリングを使用した車軸式懸架装置が長いあいだ主流であった。

乗用車も1960年代までは、日本は道路が悪いこともあって耐久性が優先されてフレーム付きでリーフスプリングの車軸式懸架がふつうであった。1960年代になって4輪独立懸架装置の乗用車が登場するようになり、トラックと乗用車のサスペンションの方向が違ってきたのである。

現在も中大型トラックのサスペンションは車軸式であるが、耐久強度が優先されるトラックでも、サスペンションの改良が進んで次第に乗り心地を良くしたものが登場するようになった。

153

● 1950年日産ディーゼルのトラックとリーフスプリング

未舗装路が多く積載量も多かったボンネットタイプトラックでは、すべてにわたって軽量化より頑丈であることが優先された。前後のサスペンションは現在と同じリーフスプリングを使用しているとはいえ、リーフの枚数は前が15枚、後が14枚プラス補助スプリング7枚となっていた。

　リーフスプリングの車軸式懸架方式に使用されるスプリングも時代とともに大きく進歩している。

　かつては、大きな荷重を支えるためにリーフスプリングは10枚以上も重ねたものが使用されていた。スプリングの材料も均質とはいえないこともあって、荷重に耐えかねて折れることがあった。そのためにも多くのスプリングが重ねられていれば、その場で立ち往生したり転倒したりする危険が少なくなる。しかし、スプリングの数が多いことは、リーフスプリング間の摩擦が大きく、路面変化を吸収する能力は高くなかった。何よりも頑丈で走破性があることが優先されたのである。

　道路の舗装化が進み、長距離走行が当たり前になると、スプリングを柔らかくすることが求められた。走行安定性を損なわずに乗り心地を向上させることがトラックに対する時代の要求であった。比較的路面状態の良いところを走行することを前提にすれば、スプリングをある程度柔らかくすることが可能であるため、リーフスプリングの枚数も次第に少なくなり、現在はフロントで3枚、リアで5枚程度になっている。使用されるバネ鋼の品質も良くなり、スプリング間の摩擦によるロスが減り、スプリングの振動を吸収するショックアブソーバーやスタビライザーとの組み合わせも良くなって、操縦性と乗り心地の両立が図られる方向になってきている。

　リーフスプリングは、どれも同じように見えるが、長さの違いやテーパー形状をしたものなどがあり、スプリングとしての柔らかさに違いがある。

　リーフスプリングでは実現できないバネのクッション性を追求したのがエアスプリ

5. トラックのシャシーなどの機構

●ギガ・テーパーリーフサスペンション

リーフスプリングを用いたサスペンション。ギガ用のスプリングはテーパー状になっていて、降雪地域で使用される融雪剤の付着による腐蝕折損トラブルに配慮している。

ングである。

　トラックの走行で問題になるのは、積載時と空車時の操縦性が大きく違ってしまうことである。荷物を満載したときにマッチしたシャシー性能にしたのでは、空車時にはとても乗りづらくなる。この問題の解消のための手段としてリーフスプリングによる車軸式懸架でも改良が進められたものの、機構的に限界があった。そのためのブレークスルー技術のひとつがエアサスペンションの採用である。

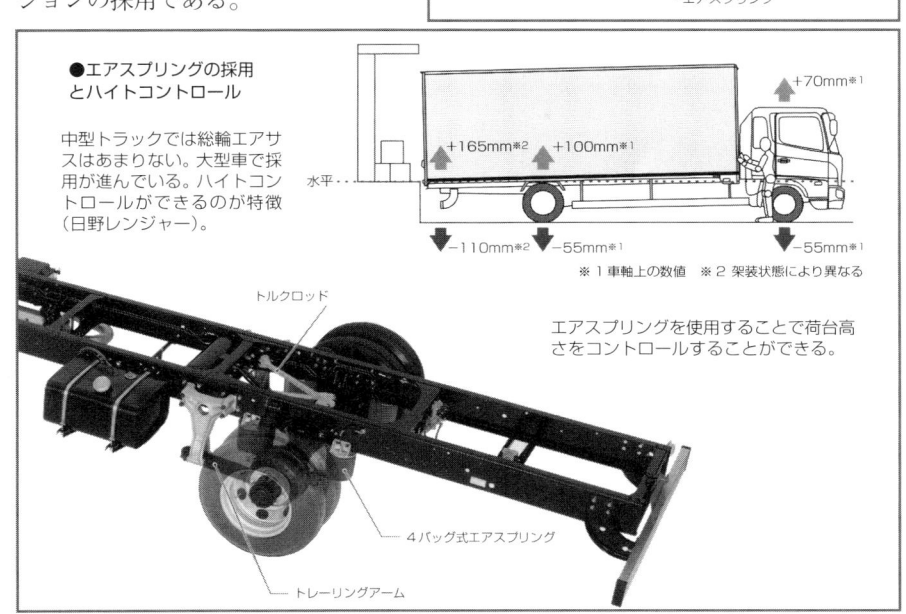

●エアスプリング装着車
日野レンジャーの前後ともエアスプリングを使用した例。

エアスプリング

●エアスプリングの採用とハイトコントロール

中型トラックでは総輪エアサスはあまりない。大型車で採用が進んでいる。ハイトコントロールができるのが特徴（日野レンジャー）。

+70mm※1
+165mm※2　+100mm※1
水平
-110mm※2　-55mm※1　-55mm※1

※1 車軸上の数値　※2 架装状態により異なる

エアスプリングを使用することで荷台高さをコントロールすることができる。

トルクロッド
4バッグ式エアスプリング
トレーリングアーム

155

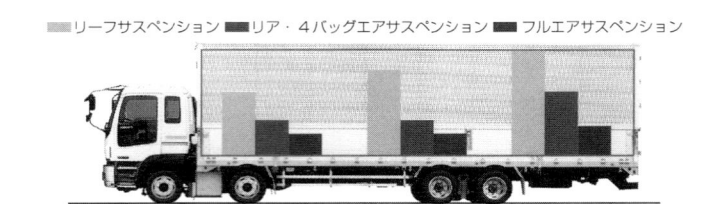

■リーフサスペンション ■リア・4バッグエアサスペンション ■フルエアサスペンション

前後ともリーフサスペンションで、前リーフ後4バッグエアサスと、総輪エアサスペンションにしたトラックの荷台の各部位における振動の大きさを比較したもの。リーフサスペンションの荷台後輪振動を100%として、各々の大きさを比較している（いすゞギガ）。

日野プロフィアのサスペンション設定

前・後	
リーフ・リーフ	6×4 (FS, FQ) 6×2 (FR, FN) 4×2 (FH)
リーフ・エア	8×4 (FW) 6×4 (FS, FQ) 6×2 (FR, FN)
エア・エア	8×4 (FW) 6×4 (FS, FQ) 6×2 (FR)

現在のトラックサスペンションは、前後ともリーフスプリング、前リーフスプリング・後エアスプリング、前後ともエアスプリングを使用したものと、大まかに分けて3種類のバリエーションがある。

リジッド式ともいわれる車軸式懸架は、左右のホイールが車軸でつながっているために、片輪が路面の凹凸の影響を受けると反対側の車輪も影響を受ける。独立懸架にすると、その影響がなく乗り心地は向上するので、乗用車は独立懸架になっていった。

サスペンション機能で大切な衝撃吸収の主役はスプリングである。サスペンション用スプリングは、上記のリーフスプリングとエアスプリングのほかにコイルスプリングが自動車には使用されている。乗用車の独立懸架ではコイルスプリングが多用されているが、中大型トラックではほとんど使用されない。

■リーフスプリング式のフロント懸架装置

リーフスプリング式サスペンションは、フロントにもリアにも使用されるが、荷重のかかり方が違うから機構的に違いがある。フロントのほうがどちらかといえば使用されるリーフの枚数は少なく、リアはリーフの枚数が多く、リーフの取り付けに関してもさまざまな方法が採用されている。

リーフスプリング式サスペンションは機構的には複雑でない。車軸の支持も特にほかに部品を用意する必要がなく、リンク類も最少ですますことができる。かつてはリーフ間の摩擦による音などが問題になったが、現在は解決が図られており、何よりも耐久性に優れていることが最大の利点である。

普通は縦置きで左右それぞれのフレームに取り付けられたリーフスプリングは、ホイールから伝わる衝撃を伸び縮みすることで吸収する。フレームに取り付ける際に片方はシャックルを介しているのでリーフスプリングは遊びの部分ができてバネとして

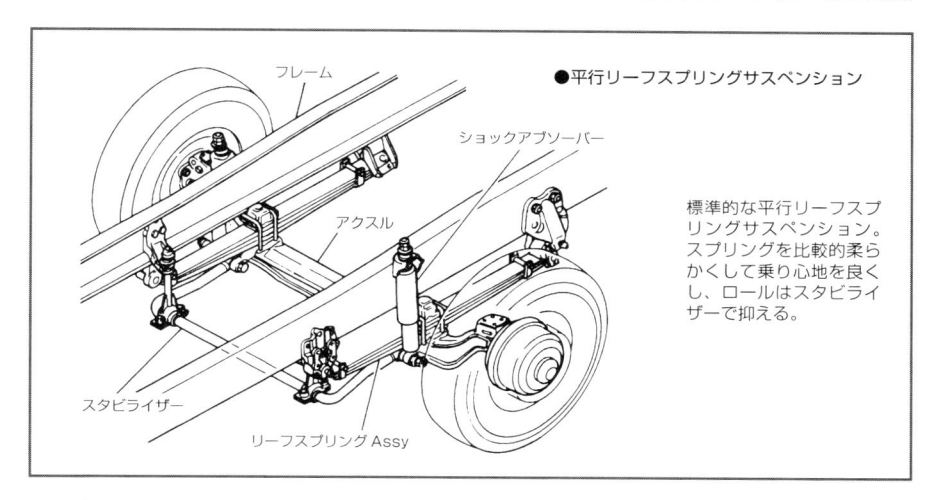

5. トラックのシャシーなどの機構

●平行リーフスプリングサスペンション

フレーム
ショックアブソーバー
アクスル
スタビライザー
リーフスプリング Assy

標準的な平行リーフスプリングサスペンション。スプリングを比較的柔らかくして乗り心地を良くし、ロールはスタビライザーで抑える。

の働きをする。いうまでもなく、ショックアブソーバーはスプリングの振動を吸収してタイヤのグリップを失わせないように働き、スプリングとショックアブソーバーはセットで役目を果たす。

フロントは乗り心地に配慮することもあって、スプリングは比較的柔らかくしている。スプリングが柔らかいとコーナーではロールするので重心が高いトラックでは不安定になりやすい。それをカバーするためにスタビライザーが装着される。

日野の大型トラック用リーフスプリングでは、フロントを2枚のリーフにしてリーフスプリングのあいだにすき間を設けて泥などの付着をなくして錆などの発生を少なくし、同時に摩擦を少なくすることで乗り心地の向上を図っている。これはスプリングの寿命の向上を図る狙いもある。フロントがリーフでリアがエアスプリングという組み合わせが増えているのは、コストの割に乗り心地を良くすることができるからで

●ふそうスーパーグレートFP型に用いられたフロント・リーフサスペンション

●ふそうファイター用のフロント・リーフサスペンション
中型なので乗り心地に配慮して、2枚のロングテーパースプリングにして板間摩擦を少なくしている。

157

●前2軸の軸重均一化

リーフスプリング（前前軸）　フロントアクスル（前前軸）　イコライザービーム　リーフスプリング（前後軸）　フロントアクスル（前後軸）

リーフスプリング（前前軸）　フロントアクスル（前前軸）　イコライザービーム（前前軸）　コネクティングリンクロッド　イコライザービーム（前後軸）　リーフスプリング（前後軸）　フロントアクスル（前後軸）

前2軸用平行リーフサスペンション。3点式（上）と4点式があり、いずれもスプリングの伸縮を逃がすためのイコライザービームがフレームに固定されている。ふそうではこの方式にフロント・イコライズドサスペンションという名称を用いている。

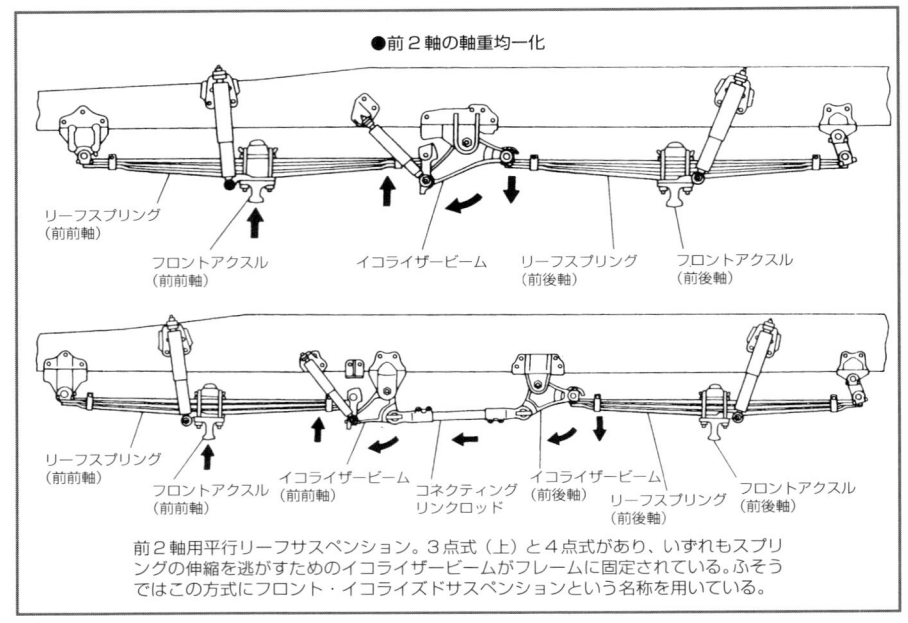

ある。

　前2軸では、フロントサスペンションも貨物の荷重を受けることになるので、必ずしも乗り心地を優先するわけには行かない。そのためにリーフの枚数も多くし、タンデムにした2組のサスペンションとすることになる。前にあるふたつのホイール間が狭い場合は二組のリーフスプリングの中間の支点をひとつにして3点支持にするが、ホイールのあいだがある程度離れている場合はそれぞれに独立した支持方式の4点支持となる。4点支持の方が荷重を分散できるので、現在はこの方が多くなっている。

■リアのリーフスプリング式懸架装置

　荷重のかかるリアの車軸を支えるとともに、路面からのショックを吸収するにはフロントと違う工夫が必要である。

　とくに積載時と空車時の違いの影響をもっとも受ける部分であることから、スプリングを柔らかくすることがむずかしいので、メインスプリングのほかに補助スプリングを装備することもある。メインスプリングだけでは積載時にはスプリングが大きくたわんで衝撃を吸収するが、空車時になるとたわみ量が少なくなるので、スプリングの堅さで衝撃を吸収するストロークをかせぐことができなくなる。そこで、メインスプリングを比較的柔らかめにして、それをカバーするために補助スプリングを用い

●補助スプリング式リア・リーフスプリング

主として大型に用いられ、主スプリングと補助スプリングのバネ定数を変えて、積載時と空車時の吸収能力の差を調整しようとしている。

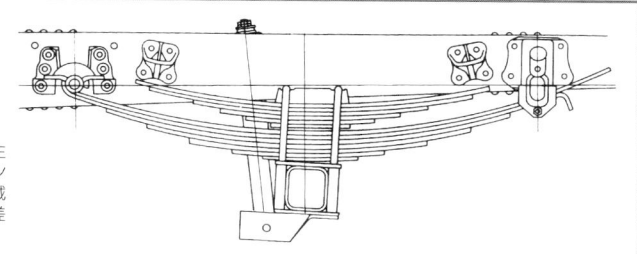

る。積載時には両方のスプリングで荷重を支えるが、空車時にはメインスプリングの働きでストロークをかせぐことができるので、衝撃を受ける度合いが減るというわけだ。

大型トラックのリアは2軸の場合は、荷重を共同して受けるようにサスペンションは一体化していることが多い。

その一つがトラニオン式サスペンションといわれるものである。これはリーフスプリングを通常の平行リーフ式とは逆にした取り付けになり、リーフスプリングの動きはトラニオンシャフトによってコントロールされる。

通常はリーフスプリングの中央部分にセンターボルトが取り付けられて固定されるが、トラニオン式ではリーフスプリングの取り付

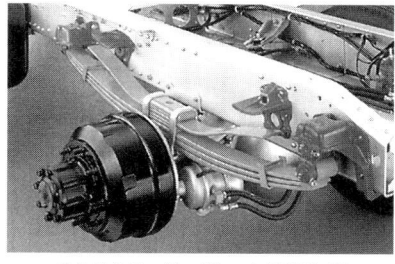

●ふそうスーパーグレートFP型に採用されたリア・リーフサスペンション

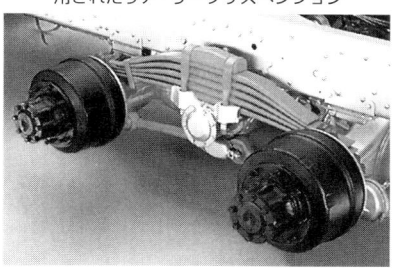

●同じくスーパーグレートFV型用のリア・リーフサスペンション

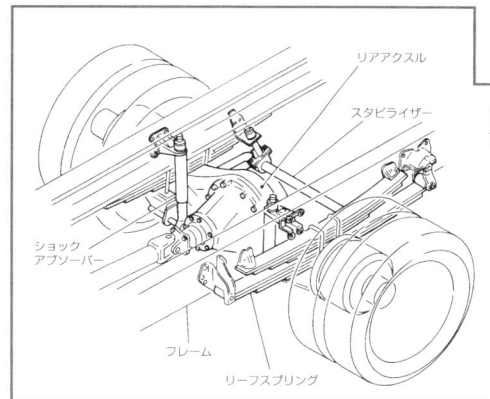

●ふそうファイター用補助スプリング付きのリア・リーフサスペンション
スタビライザーも装着されている。

5. トラックのシャシーなどの機構

●トラニオンサスペンション

フォワードリアアクスル
ラジアスロッド
リア・リアアクスル
フレーム
リーフスプリング Assy
ラジアスロッド
トラニオンベース

ふそうスーパーグレートに用いられているリーフスプリングを上下逆に取り付けられた形式。フレームと後の前側アクスル、後の後側アクスル間にリーフスプリングを取り付け、路面からの衝撃などが車体に直接伝わらないように配慮している。軸の回転方向を抑制する上下6本のラジアスロッドが取り付けられている。

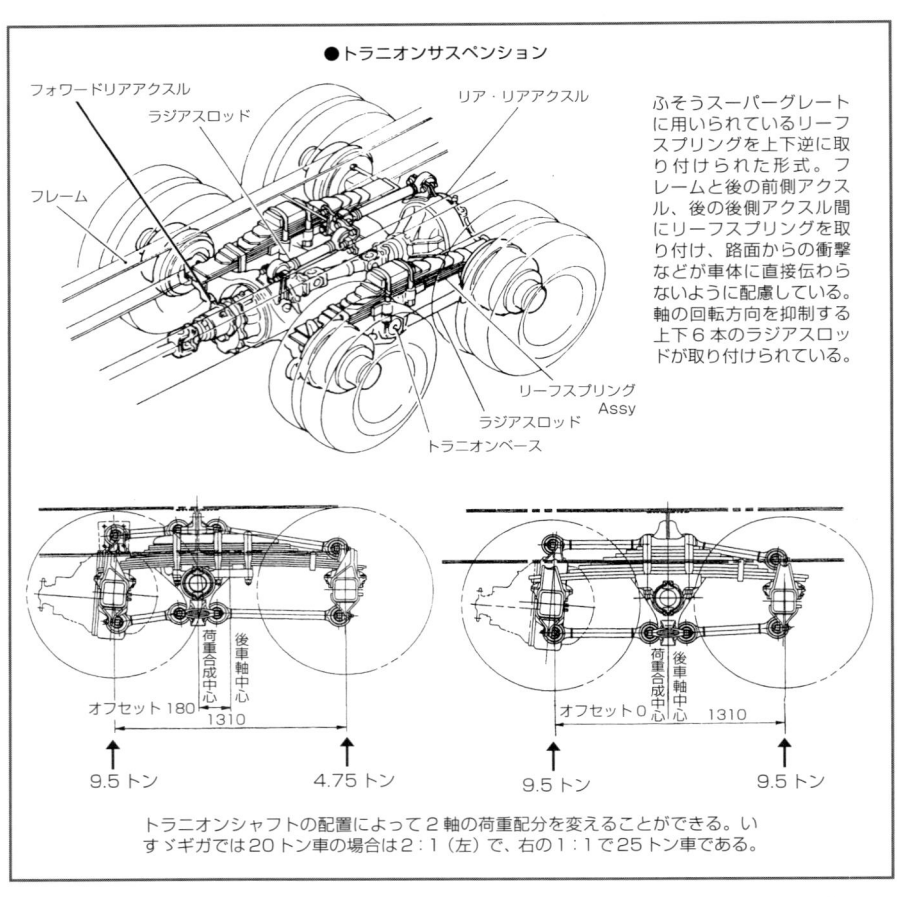

荷重合成中心　後車軸中心
オフセット180
1310
9.5トン　4.75トン

荷重合成中心　後車軸中心
オフセット0
1310
9.5トン　9.5トン

トラニオンシャフトの配置によって2軸の荷重配分を変えることができる。いすゞギガでは20トン車の場合は2：1（左）で、右の1：1で25トン車である。

け位置をオフセットすることによって2軸にかかる荷重配分を変えることができる。図で見るように車両総重量が20トンで駆動輪が1軸になる場合は、前側にある駆動輪に荷重を多くかかるようにセットする。これが25トン車の場合は、許容軸重がオーバーするのでオフセットせずに2軸に均等に荷重がかかるようにセットする。こうした変更ができるのが特徴である。車軸の位置を保持するためにトルクロッドが取り付けられている。

　トラニオン式では2軸間を短くセットできるので、どちらかのホイールが浮き上がって1軸のみに荷重がかかることが少ない。また、段差の乗り越えに関しても有利である。何よりも積載重量が多いトラック向きの機構である。

■エアサスペンション機構

　圧縮空気をラバー製のバッグ（袋）のなかに閉じこめてバネの働きをさせるのがエアスプリングで、バネとしての能力に優れたものになる。かつては耐久性やコスト、さらには各種の制御のむずかしさなどの問題があったが、現在は技術の進化によって解決されてトラックでも広く使用されている。

　エアスプリングの優れている点は、スプリング機能としてだけでなく、圧縮空気量の増減などでスプリングを柔らかくしたり固くしたりすることが可能であることだ。

　このために、エアスプリングとしての機能を果たすために圧縮空気を溜めるエアタンク、その空気を吸排気させるレベリングバルブやコンプレッサー、さらには調整するための部品などが必要になる。そのうえ、エアスプリングは単にバネとしての働きしかしないから、サスペンションリンクなどのガイド機構は別に用意しなくてはならず、リーフスプリングを用いたサスペンションと比較すると部品点数は大幅に増えざるを得ない。したがって、コストのかかるものになるが、それだけの利点を備えているから普及してきているのだ。トラックのすべての機構のなかで、最近になって技術進化の著しいものがエアスプリング式サスペンションであるといっても過言ではないだろう。

　荷重が大きくなるとエア圧力を上げ、空車になると圧力を下げれば、荷台高を一定に保つことが可能になる。こうしたフレキシビリティのあるバネとして使用できることで、エアサス車は車高の調整や荷役がしやすくなる。これはトラックにとっては重要なことである。

　荷物を満載するとエアスプリングが圧縮されてボディも下がる。それを感知してエ

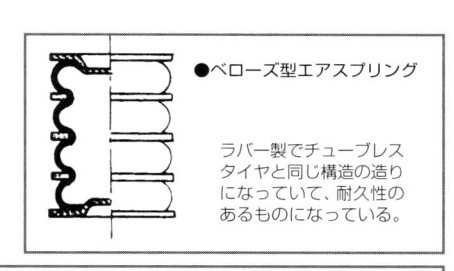

●ベローズ型エアスプリング

ラバー製でチューブレスタイヤと同じ構造の造りになっていて、耐久性のあるものになっている。

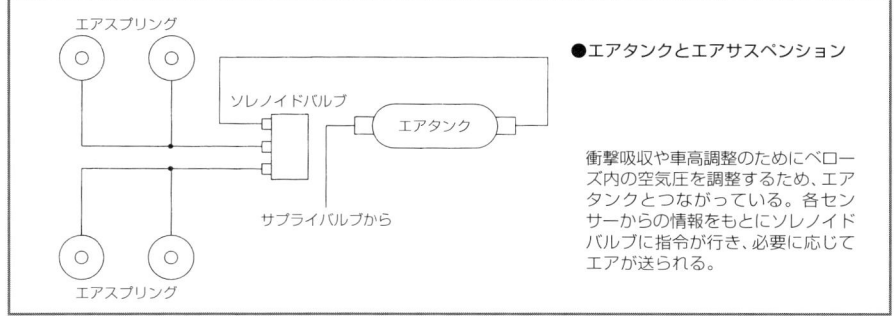

●エアタンクとエアサスペンション

衝撃吸収や車高調整のためにベローズ内の空気圧を調整するため、エアタンクとつながっている。各センサーからの情報をもとにソレノイドバルブに指令が行き、必要に応じてエアが送られる。

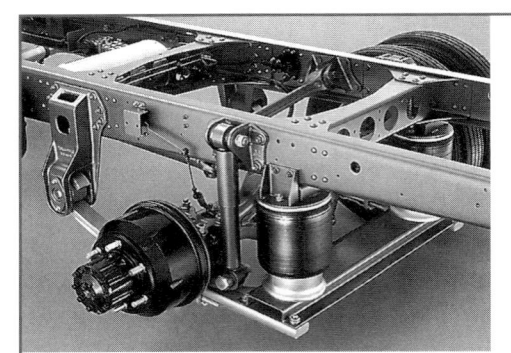

●リア・エアサスペンション

エアスプリングは上部がフレームに固定され、下部はエアスプリングメンバーに固定される。2バッグ式サスペンションの場合は、そのメンバーがリーフスプリングと連結して、エアスプリングが空気の圧力変化に応じて伸縮する。

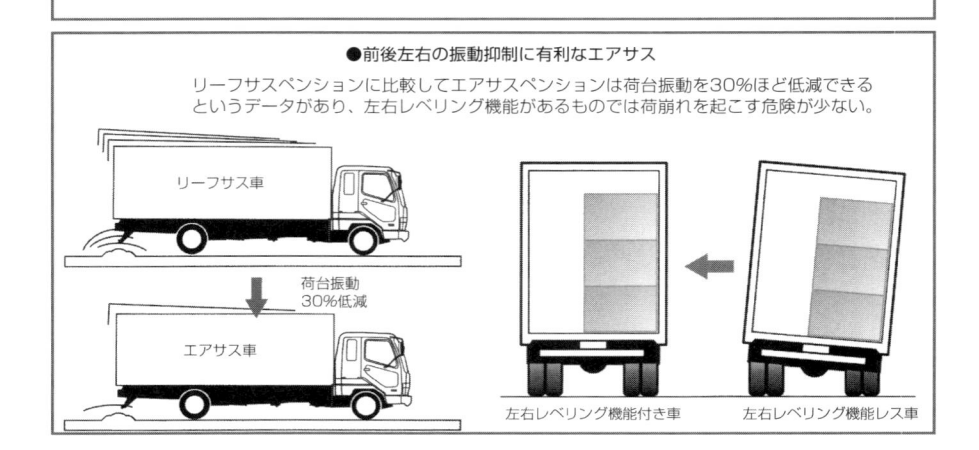

●プロフィア5リンク式エアサス（フロント）

リーフスプリングとは異なり、エアスプリングは常にバネとしての働きをするだけなので、サスペンションリンク（アーム類）によるサイド機構がある。その点はコイルスプリングと同じである。

5リンク式トレーリング・エアサスペンション

- ラテラルロッド
- エアスプリング
- トレーリングアーム
- 車高センサー
- トルクロッド

●前後左右の振動抑制に有利なエアサス

リーフサスペンションに比較してエアサスペンションは荷台振動を30％ほど低減できるというデータがあり、左右レベリング機能があるものでは荷崩れを起こす危険が少ない。

リーフサス車

荷台振動30％低減

エアサス車

左右レベリング機能付き車　　左右レベリング機能レス車

5. トラックのシャシーなどの機構

アバッグに圧縮空気を送り込めば車高が下がらないようになる。これを逆に利用して空気を抜けばボディが下がるから荷物の積み降ろしに都合の良い高さに調整することが可能になる。

また、トラックのフェリー航送時にはエアスプリングのエアを抜くことで、船の揺動による共振を防ぐことができる。

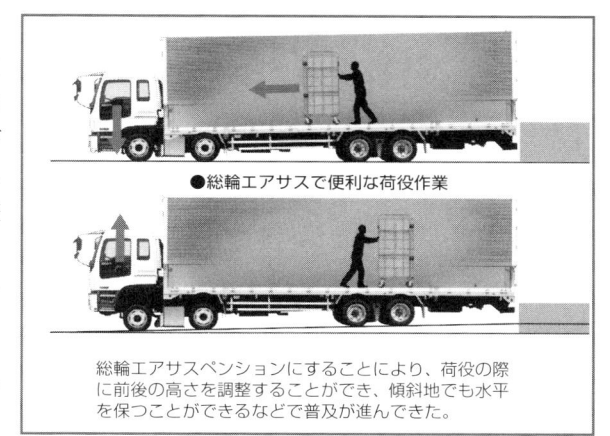

●総輪エアサスで便利な荷役作業

総輪エアサスペンションにすることにより、荷役の際に前後の高さを調整することができ、傾斜地でも水平を保つことができるなどで普及が進んできた。

こうしたコントロールは、レベリングバルブによりエアタンクとつながっている吸気バルブを開いて空気圧を高めたり、逆に排気バルブにより大気中にエアバッグ内の空気を放出することで可能になる。エアスプリングになった当初は機械的にバルブが

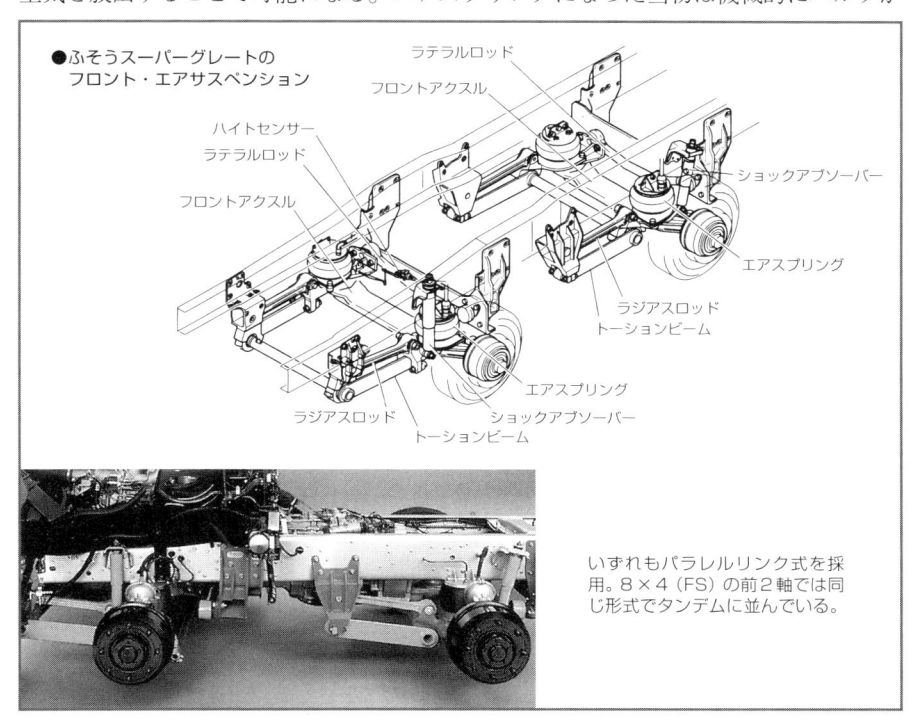

●ふそうスーパーグレートのフロント・エアサスペンション

ハイトセンサー
ラテラルロッド
フロントアクスル
ラジアスロッド
トーションビーム
エアスプリング
ショックアブソーバー
ラテラルロッド
フロントアクスル
ショックアブソーバー
エアスプリング
ラジアスロッド
トーションビーム

いずれもパラレルリンク式を採用。8×4（FS）の前2軸では同じ形式でタンデムに並んでいる。

163

開閉されるようになっていたが、現在は車高を感知するセンサーを利用してコンピューターからの指令で車高調整する電子制御サスペンションになっている。このほうがきめ細かくコントロールすることができ、エアサスペンションの能力を高めることができるからだ。車高調整の指令もリモートコントロールすることが可能になり、さらに荷役の作業性が向上している。

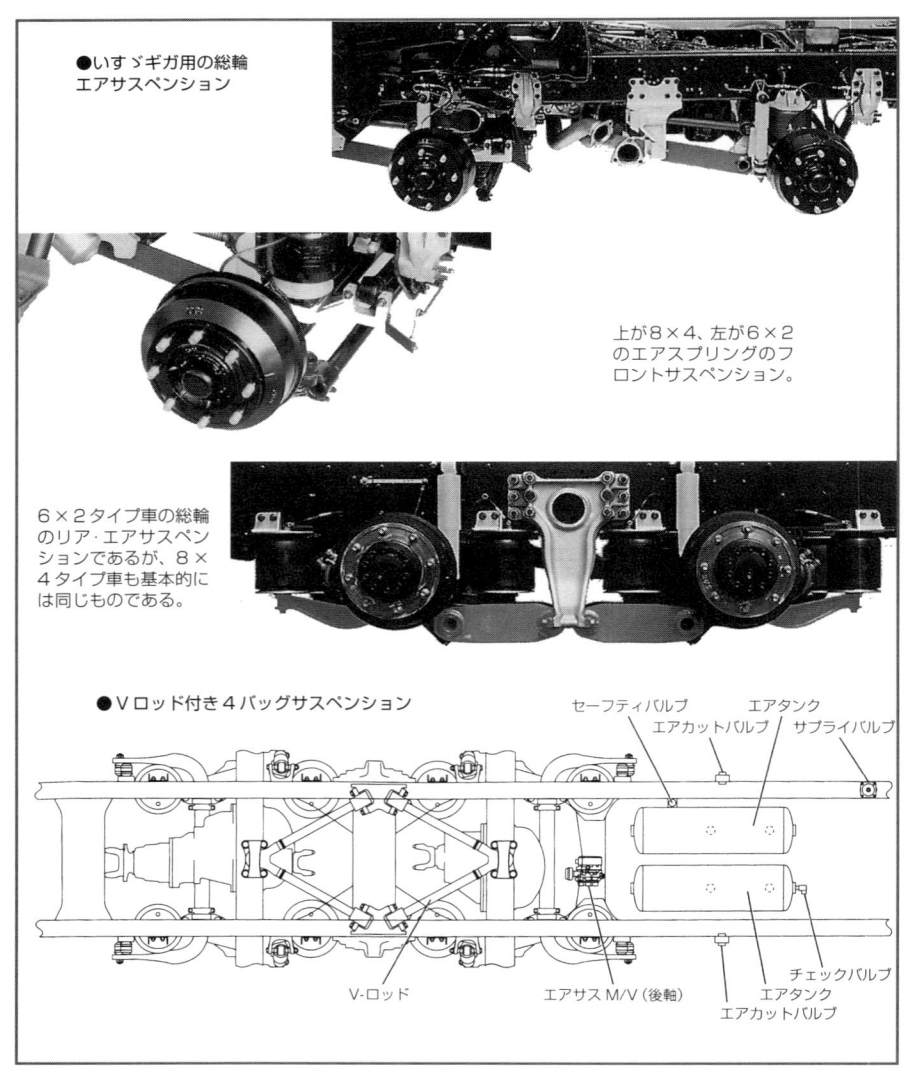

●いすゞギガ用の総輪エアサスペンション

上が8×4、左が6×2のエアスプリングのフロントサスペンション。

6×2タイプ車の総輪のリア・エアサスペンであるが、8×4タイプ車も基本的には同じものである。

●Vロッド付き4バッグサスペンション

セーフティバルブ
エアカットバルブ
エアタンク
サプライバルブ
V-ロッド
エアサス M/V（後軸）
チェックバルブ
エアタンク
エアカットバルブ

5. トラックのシャシーなどの機構

●日産ディーゼルのコンドル用エアサスペンション

トルクロッド（横荷重用）
ショックアブソーバー（フレーム外側取り付け）
トルクロッド（前後荷重用）
スタビライザー兼用リーフスプリング
エアスプリング（有効径240mm）

中型トラックでは、エアスプリングを用いる場合も構造がシンプルになることが求められる。また、このシステムでは、エアスプリング径を大きくとれるので、バネ定数を下げることで乗り心地の向上が図られる。

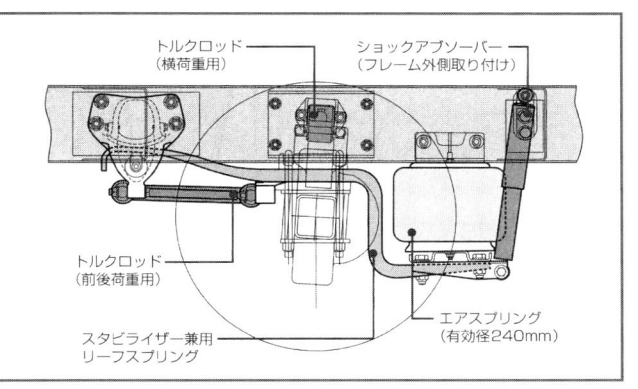

●トレーリングアーム式エアサスペンション

レベリングバルブ
ラテラルロッド
リアアクスル
フレーム
スタビライザー
エアスプリング
クロスビーム
ショックアブソーバー
リーフスプリングAssy

2バッグタイプのリアサスペンションではエアスプリングのほかにリーフスプリングも装着される。エアスプリングとショックアブソーバーはリーフスプリングとクロスビームを介してフレームとリアアクスル間に取り付けられる。また左右方向の力を支持するためにラテラルロッドが配される。

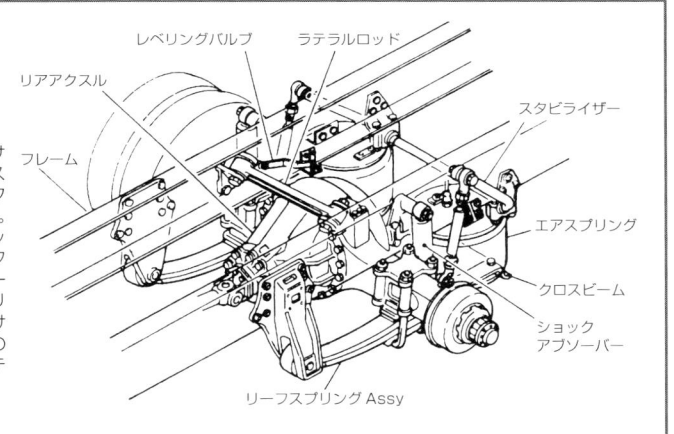

フロントサスペンションにエアスプリングを採用しているのは少数派だったが、最近になって急速に普及してきている。前後ともエアスプリングにした方が車両の走行安定や車高調整でも都合が良いからだが、優れた機構を採用するのは時代の流れで、メーカーによるコスト削減努力も見逃すことができないであろう。

フロントは1軸車が多いことから、サスペンションとしてはリアよりも機構的にはシンプルになる。リアには4バッグ式となる、ひとつのホイール用にふたつのエアバッグが装着されるものが多いが、前輪用は2バッグ式のスプリングとなっている。

サスペンション形式としては、いずれも車軸式であることに変わりはないが、リンクの取り付け方でパラレルリンク式やリーディング式などがある。

主流はトレーリング式である。これは支点が前方にあるトレーリングアームによって車軸が引っ張られる方式になり、フロントでもリアでも採用されている。この場合

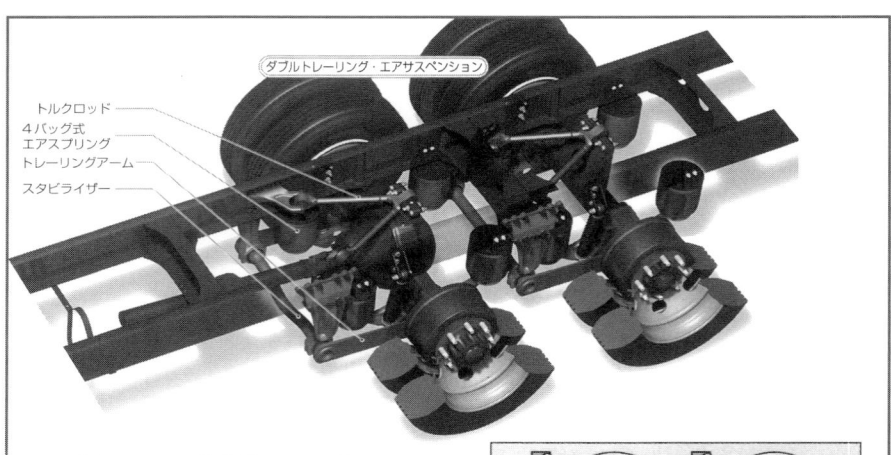

ダブルトレーリング・エアサスペンション

トルクロッド
4バッグ式
エアスプリング
トレーリングアーム
スタビライザー

●プロフィア・ダブルトレーリングエアサス

右の図は上が日野プロフィアに用いられるリアのダブルトレーリング・エアサスペンション。下はいすゞギガのリーディングトレーリング式。

⇐前方　トレーリング式　トレーリング式

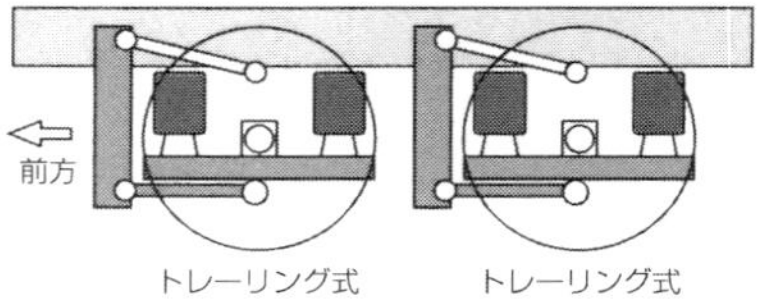

●いすゞギガ用リーディングトレーリング式
　エアサスペンション

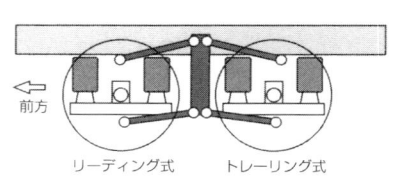

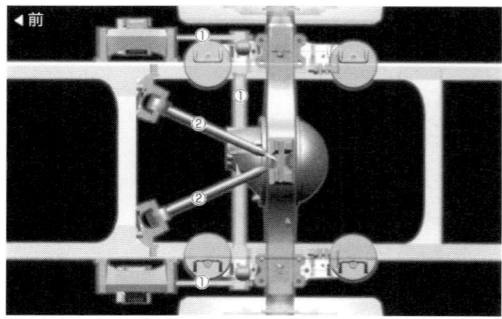

⇐前方　リーディング式　トレーリング式

◀前

①スタビリンカー　②Vロッド

●いすゞフォワード4バッグサスペンションのVロッド

Vロッドは車両左右方向の力を支持するために設けられている。

●いすゞフォワードのエアスプリング

エアスプリングは、チューブレスタイヤと同じ構造となっており、トラブルがなければクルマの寿命と同じほど保つが、途中で交換する場合もある。

は、リーフスプリングをサブスプリングとして使用しながら、リーフによって車軸の位置決めをする方式もある。

パラレルリンク式はリンクによって車軸を支持して、タイヤの接地を確実なものにするために各方向からの入力によるホイールの位置変化を抑える働きのラジアスロッドなどを配している。

後2軸の場合は、トレーリングアーム式では、そのまま前後とも同じ形式のものがあるが、後側がトレーリングアーム式、前側はリーディングアーム式にして車間中央をアームの支点として共用している方式のリーディング・トレーリング式を採用した例もある。

リアサスペンションに1軸で4バッグのエアスプリングを用いたサスペンションが増えてきているのは、乗り心地や車高調整などで優れたものにすることができるからである。また、電子制御エアサスペンションを採用することによって、空車時などのリアの駆動輪への荷重不足による発進のしづらさなどは、荷重配分を調整することで解消されている。

■トラックのブレーキ

車両総重量の大きなトラックではブレーキを安定させて効かせることは、常に大きな課題であった。積載時は制動距離が伸びてしまうので、高速走行に使用するトラックの条件は、制動性能に優れたものにすることだった。しかしながら、ブレーキの性能はホイール内に納められたブレーキ機構の大きさによりある程度決まってしまうので、タイヤサイズによる制限を受けざるを得ない。そのために各種の補助ブレーキが開発されてきたのである。

主ブレーキとなる機構は、乗用車と同じようにディスクブレーキとドラムブレーキが使用されている。トラックの場合も両方が使用されているものの、主流はドラムブレーキである。乗用車ではディスクブレーキが圧倒的に多くなっているが、運動エネルギーを熱エネルギーに変換するブレーキでは、ドラムのほうが熱交換器としては大容量にできる。さらに、ディスクパッドの方がドラムのライニングより押し付ける圧力が高いので摩耗が早くコスト高になる。それでも乗用車でドラムからディスクに移っていったのは、冷却性能に優れていることや軽量化できることなどによる。

ディスクブレーキのパッドに当たるドラムブレーキのライニングは、かつてはアスベストが使用されていたが、現在はそれに変わってアラミド繊維やグラスファイバーを原料とした素材が開発されて、ブレーキライニングの寿命が延びている。

ブレーキペダルを踏んでブレーキが効くのは、ドラムブレーキの場合はドラム(筒)のなかにあるライニングが押されてドラムに接触して回転するのを止めるからだが、この

常用ブレーキ各種

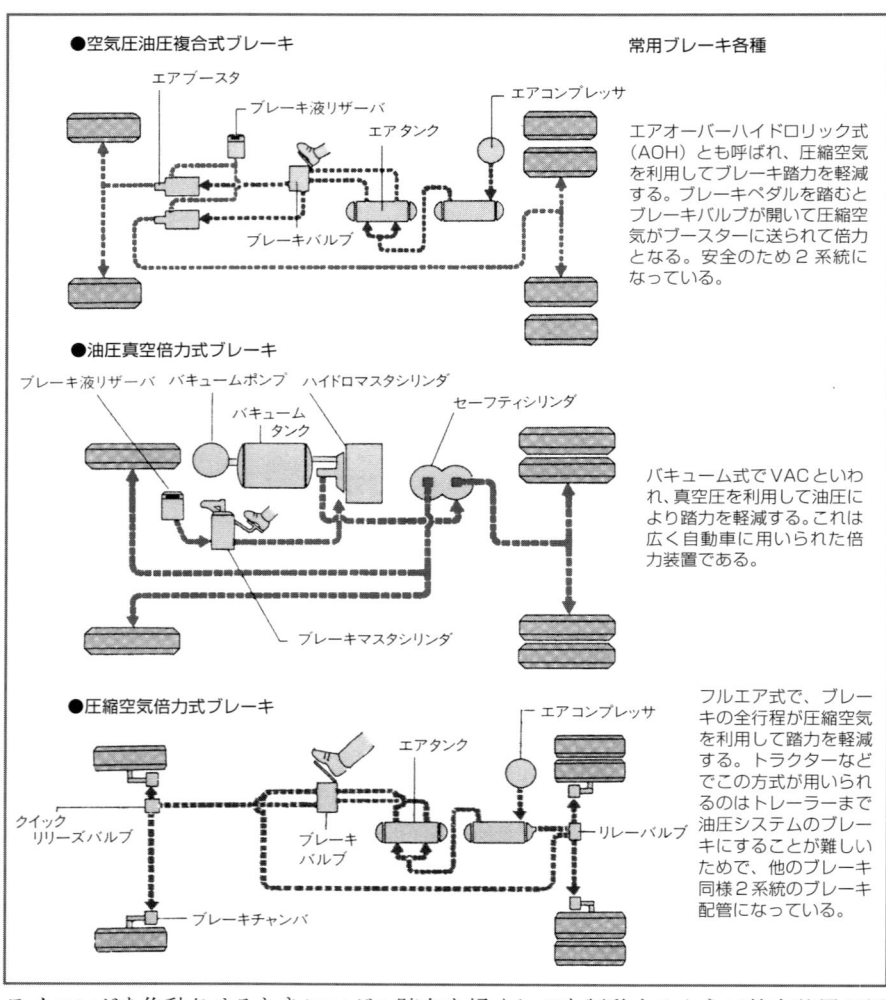

●空気圧油圧複合式ブレーキ

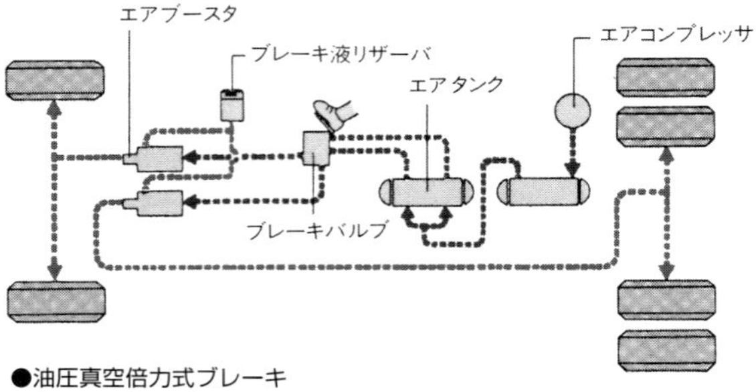
エアブースタ
ブレーキ液リザーバ
エアタンク
エアコンプレッサ
ブレーキバルブ

エアオーバーハイドロリック式（AOH）とも呼ばれ、圧縮空気を利用してブレーキ踏力を軽減する。ブレーキペダルを踏むとブレーキバルブが開いて圧縮空気がブースターに送られて倍力となる。安全のため２系統になっている。

●油圧真空倍力式ブレーキ

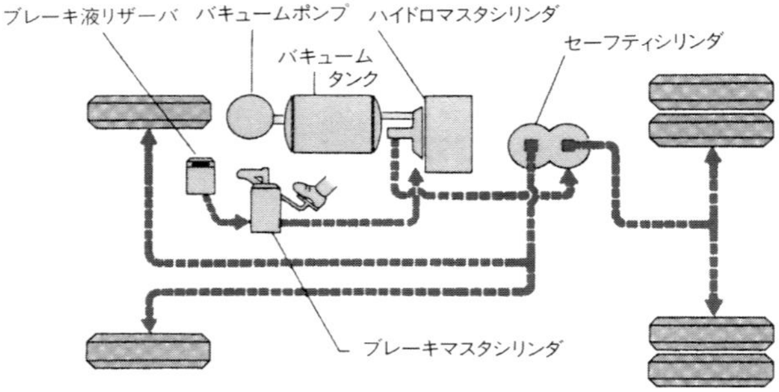
ブレーキ液リザーバ
バキュームポンプ
ハイドロマスタシリンダ
バキューム
タンク
セーフティシリンダ
ブレーキマスタシリンダ

バキューム式でVACといわれ、真空圧を利用して油圧により踏力を軽減する。これは広く自動車に用いられた倍力装置である。

●圧縮空気倍力式ブレーキ

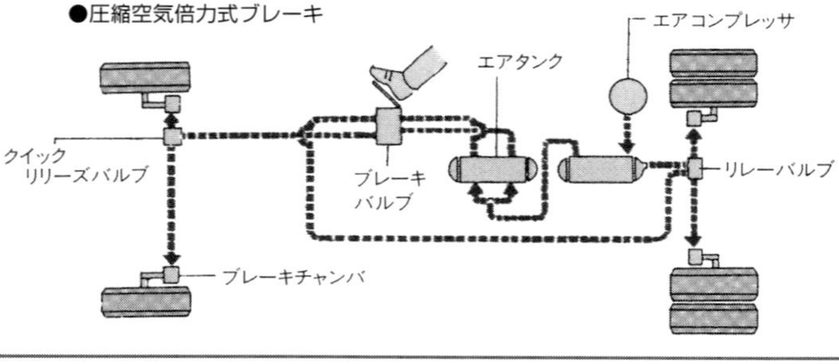
エアコンプレッサ
エアタンク
クイック
リリーズバルブ
ブレーキ
バルブ
リレーバルブ
ブレーキチャンバ

フルエア式で、ブレーキの全行程が圧縮空気を利用して踏力を軽減する。トラクターなどでこの方式が用いられるのはトレーラーまで油圧システムのブレーキにすることが難しいためで、他のブレーキ同様２系統のブレーキ配管になっている。

ライニングを作動させるときにペダル踏力を軽くしても制動するように倍力装置が用いられている。それには、油圧を用いたものや空気圧を用いたものがある。

乗用車などの場合は油圧を利用してライニングやパッドを作動させているが、トラックの場合は、主として空気圧と油圧を併用したものが用いられている。空気圧によって発生した油圧を使って作動させる方式だ。この空気圧を溜めておくエアタンクは、エアスプリングに利用したものを非常用として利用することができる。油圧を利用しない空気圧のみで作用する空気圧式ブレーキもトラックには使用されている。い

5. トラックのシャシーなどの機構

●ドラムブレーキの種類

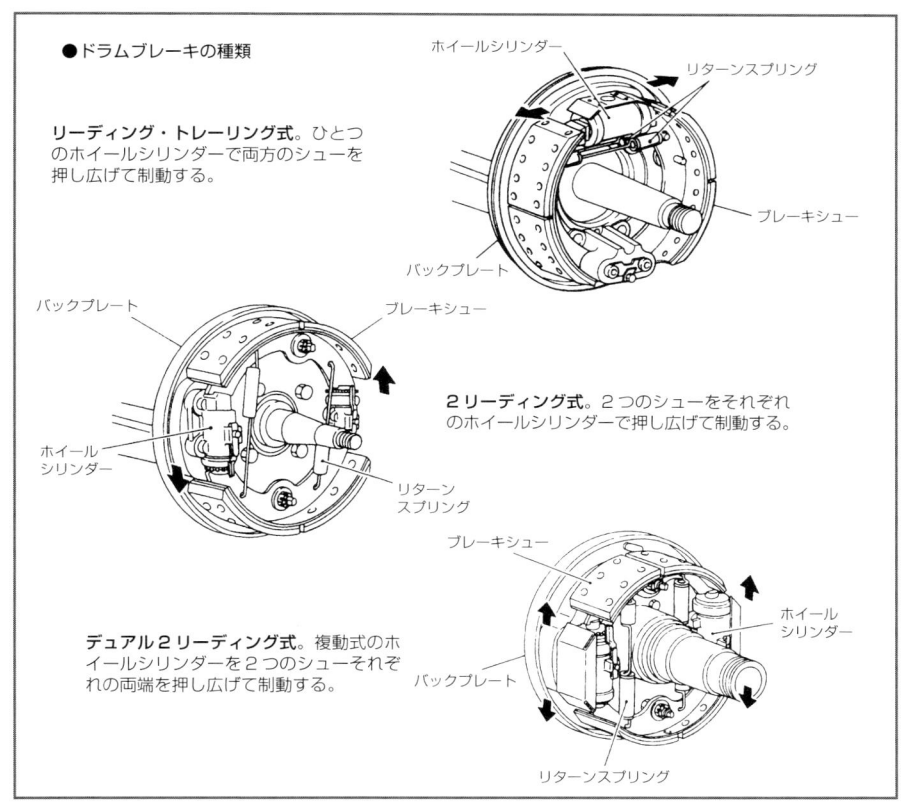

リーディング・トレーリング式。ひとつのホイールシリンダーで両方のシューを押し広げて制動する。

2リーディング式。2つのシューをそれぞれのホイールシリンダーで押し広げて制動する。

デュアル2リーディング式。複動式のホイールシリンダーを2つのシューそれぞれの両端を押し広げて制動する。

　ずれも、ドライバーのペダル踏み込み量は信号として感知されて、エアタンクからの圧縮空気により作動する。どちらも、ブレーキペダルの踏力が軽くなるのが利点である。

　トラクターには空気圧式が採用されるのは、牽引するトレーラーのブレーキを作動させるのに油圧を使うとカプラーなどのシールが面倒であるが、圧縮空気だけを送り込むのは比較的簡単に済むからだ。

　現在、一部でディスクブレーキが採用されるようになった背景には、各種の補助ブレーキの進歩があるが、何よりも積み荷の種類によって採用できるものとそうでないものに分かれる。タンクローリーなどのように積載量がタンク容量で決められているものは過積載の心配もなく、軽量化が可能なディスクブレーキを採用するメリットがある。走行スピードも比較的低いのでブレーキへの負担も多くないからだ。

　以上は、主ブレーキの機構について解説したが、以下に述べる補助ブレーキのほかに駐車ブレーキと非常ブレーキがある。

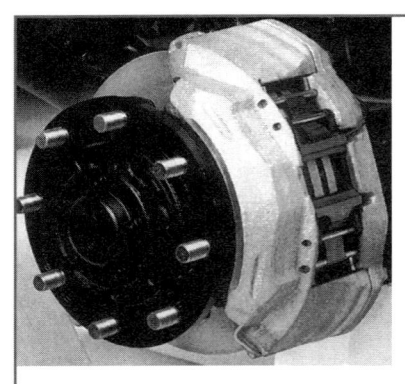

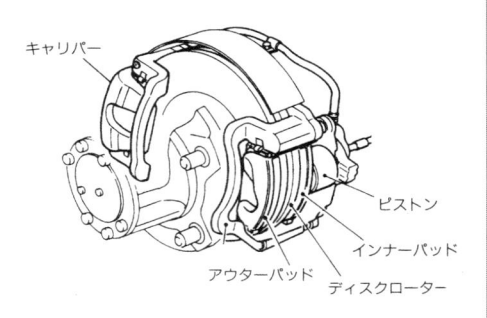

●ディスクブレーキ

キャリパー
ピストン
インナーパッド
アウターパッド
ディスクローター

大・中型では一部採用されるようになっている。制動力を強めるためにキャリパーはツインになっており、大型化されている。

■排気ブレーキ及び圧縮圧解放ブレーキ

　トラックに用いられる補助ブレーキは、乗用車などで用いられるエンジンブレーキの能力をさらに強めたものといえる。乗用車や小型車の場合は、アクセルペダルを離すことでエンジンの回転が抑えられてブレーキがかかった状態になるが、トラックに使用される補助ブレーキは、当然のことながらもっと積極的にブレーキが効くような装置にしている。

　エンジン本体にブレーキを掛けるようにした機構のものや、トランスミッションやプロペラシャフトの回転を遅らせるリターダーがその代表である。

　これらの補助ブレーキを働かせることによって、走行中のブレーキ能力を高めるだけでなく、消耗品でもあるメインブレーキのライニングやパッドなどの摩耗を少なくして交換時期を遅らせることで、メンテナンス費用を節約する効果もある。

　安全性を高めるために、現在はこうした補助ブレーキを使用した場合でもリアのブレーキライトが点灯するようになっている。

　排気ブレーキと圧縮圧解放ブレーキは、いずれもエンジンブレーキを積極的に利用したものである。

　排気ブレーキは、排気管のなかに排気の流れを止めるバルブを取り付けたものである。このバルブはバタフライ式とギロチン式があり、現在では密閉度を高くすることができるギロチン式が主流になりつつある。ドライバーがエンジンブレーキを効かそうと運転席にあるスイッチをオンにすることによって閉じられる。すると、エンジンからの排気が止められるのでエンジンのなかの圧力が強まり、エンジンの回転の抵抗となることでブレーキがかかる。

●排気ブレーキ及び圧縮圧解放ブレーキ

排気ポートにブレーキ用バルブを設けて、排気行程中にこのバルブを閉じて排気抵抗を大きくしてブレーキ力を発揮させるのが排気ブレーキ（図左）。ピストンが上昇する圧縮行程で排気バルブを開いて圧縮をしないようにすることで制動効果を得るのが圧縮圧解放ブレーキ（図右）。

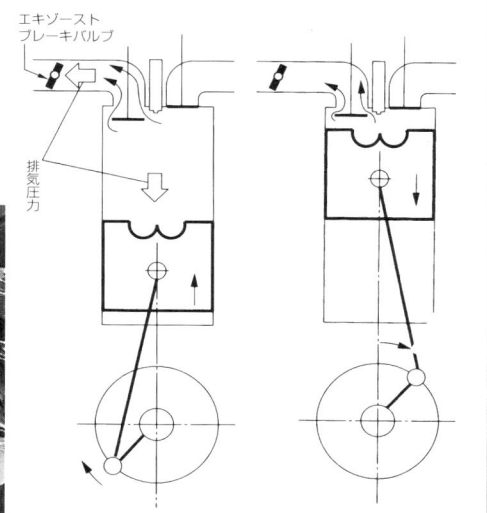

　エンジンの排気行程では、排気するためにピストンが上昇しようとしているのにバルブによって通路が閉じられて排気がスムーズに出て行かなくなれば、ピストンの上昇にブレーキがかかるわけだ。排気ブレーキ用のバルブは圧縮空気を利用して開閉している。

　もう一つの方法は、圧縮行程で排気バルブを開いて圧縮された空気を逃がすようにしてブレーキ効果を得るものである。エンジンの通常作動時には圧縮するが、ブレーキのときには圧縮されないようにするのだ。

　空気を圧縮しながら上昇したピストンは、上死点を過ぎると今度はその圧縮空気によってピストンが押され、出力として働くのでブレーキ効果は半減してしまう。そこで、上死点前に意図的に排気バルブを開いてやると、圧縮空気が逃げてしまうのでブレーキ効果は上がるということだ。

　排気ブレーキと同じようにエンジンに抵抗が生じて強いエンジンブレーキがかかることになる。

　排気ブレーキと同じく、ドライバーがスイッチで作動させるが、排気ブレーキと圧縮圧解放ブレーキとを併用する場合はスイッチが2段階になっている。

■リターダーによるブレーキ

　リターダーの採用は補助ブレーキとしての機能を飛躍的に高めた。リターダーによるブレーキ性能が重要になってきたのは、燃費節減のためにハイギヤード化が進ん

で、エンジンブレーキが効かなくなってきているからである。トランスミッションの多段化により、エンジンの使用回転領域が低速寄りになり、エンジン回転を一気に落とすことがなくなったのである。一方で、高速・長距離走行によるブレーキ負担が大きくなったことを受けてリターダーの制動能力を高めれば、主ブレーキの負担が少なくなって、ライニングの寿命を延ばす効果もある。

　リターダーは、エンジンからのパワーが伝えられるトランスミッションの出力軸に作用するので、本来のブレーキ機能とは異なる機構である。リターダーの収まる場所は、トランスミッションのすぐ近くであったり、プロペラシャフトの中間であったり

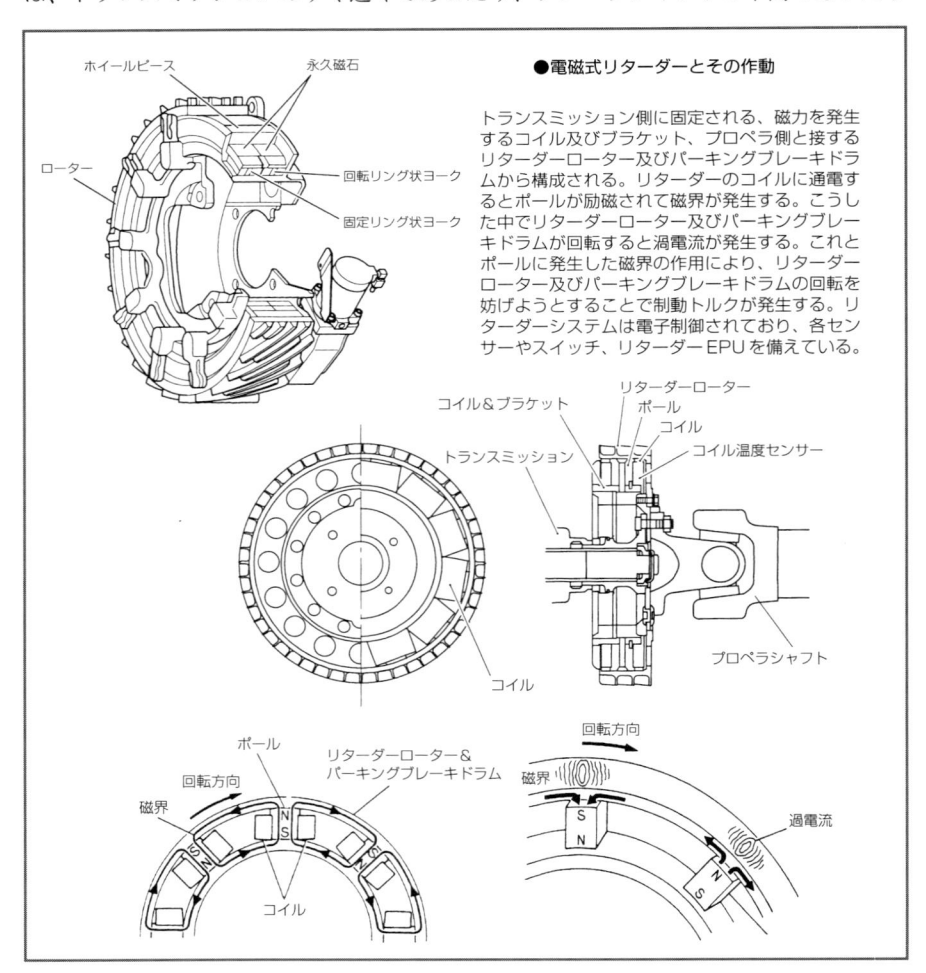

●電磁式リターダーとその作動

トランスミッション側に固定される、磁力を発生するコイル及びブラケット、プロペラ側と接するリターダーローター及びパーキングブレーキドラムから構成される。リターダーのコイルに通電するとポールが励磁されて磁界が発生する。こうした中でリターダーローター及びパーキングブレーキドラムが回転すると過電流が発生する。これとポールに発生した磁界の作用により、リターダーローター及びパーキングブレーキドラムの回転を妨げようとすることで制動トルクが発生する。リターダーシステムは電子制御されており、各センサーやスイッチ、リターダーEPUを備えている。

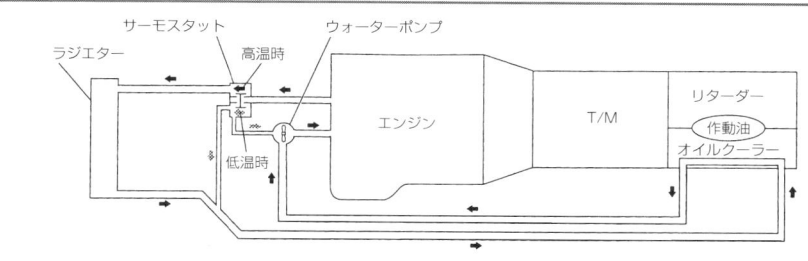

5. トラックのシャシーなどの機構

●リターダーの冷却（流体式）

リターダーローター及びステーターで発生した抵抗が熱エネルギーに変わるので、作動油の温度が上がる。そのためにオイルクーラーを設けているが、そのオイルはエンジンと同じように冷却水を循環させてラジエターで冷やす。

する。

　リターダーの機構は流体式や電磁式などがあるが、プロペラシャフトの回転を止める方向に働く点では共通している。出力軸に取り付けられて一緒に回転しているリターダーが、電磁コイルに電流が流れて磁界が発生したり、永久磁石が働いて磁界が発生することでドラムを止めようとしてブレーキがかかるのが電磁式リターダーである。

●ふそうスーパーグレートの永久磁石式リターダー

　流体式リターダーは、流体（オイル）をかき回すときに発生する抵抗をブレーキとして使う。ハウジングのなかにローターとステーターを組み込んで、スイッチをオンするとオイルがハウジングに入ってもステーターが固定されて回転しなくなり、オイルが抵抗になることでブレーキ力を発生させる。しかし、システムが複雑でコストも高いので採用は少数にとどまっている。

　また、運転操作をイージーにする方法のひとつとしてABSの採用については前に触れたが、2000年頃からは安全に対する関心が高まり、安全に関する規制が実施されるようになり、ブレーキ性能の向上が図られるようになった。

　これまで述べた各種のブレーキシステムについて

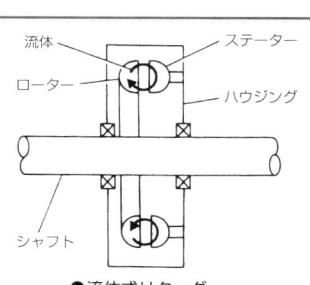

●流体式リターダー

プロペラシャフトに固定されてローターが回転する。ステーターはリターダーハウジングに固定されていて、ともに回転するが、ローターとステーター間で流体が内部を流動するときに、ローターで加速された流体がステーターで減速されることで抵抗となり、制動力を発揮する。

173

は、それぞれに進化してきているので、これらを総合的に電子制御することでブレーキ能力を高めるようにされている。この電子制御ブレーキシステムEBS（Electronic Brake System）も最近の大型車に採用されている。

■ホイール及びタイヤ

　トラック用タイヤの扁平率は次第に高まっている。とくに低床化に対する要求や25トン車の登場などで進化が求められているからだ。同時に、積載量を増やすためにはタイヤも軽量化が求められている。それにもかかわらず、走行距離が多いトラックでは、タイヤの摩耗が激しいとコストがかかるので長持ちするタイヤであることが望まれる。また、走行抵抗を小さくすることは燃費性能に効いてくるので、省燃費指向のタイヤが求められる傾向が強くなっている。

　とくにホイールは軽量化の要求が高い。依然としてスティールホイールが主流であるが、アルミ製ホイールの装着も採用が進んでいる。アルミ製のほうが放熱性に優れているのでブレーキにも優しいものである。

　タイヤは許容荷重が決められていて、その限度を超えるとトラックとして登録することができない。例えば、225/80R17.5-14PRというサイズの場合は1本あたりの許容荷重がダブルタイヤの場合は1500kgで1軸は6000kgとなる。この場合シングルタイヤでは1550kgとなり、1軸では3100kgとなる。275/70R22.5というタイヤサイズではシングルで3000kg、ダブルで2725kgとなる。これらをもとにタイヤのサイズによって車両総重量が決められるので、低床トラックにするには小径タイヤになるために、6輪では規定の許容荷重を達成できないから8輪にしなくてはならないわけだ。

　ところで、タイヤサイズはどうなっているのだろうか。

　　　　215/70R17.5　127/125Jの場合

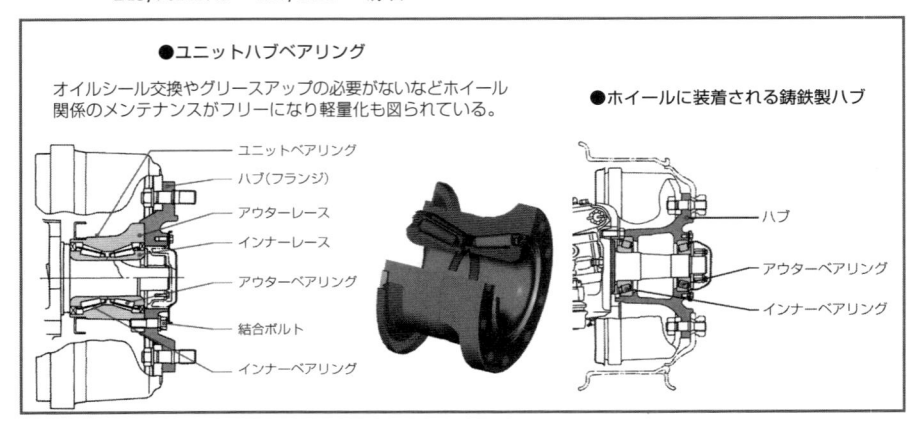

これはチューブレスタイヤの表示である。215はタイヤ幅、70はタイヤの扁平率、Rはラジアル表示、17.5はタイヤの内径となっている。

7.50-16-14PRの場合

チューブタイヤの表示で、7.50はタイヤ幅の呼び寸法をインチで表し、16というのはタイヤの内径をインチで表し、14PRというのはタイヤの強さが14プライ相当であることを示している。乗用車タイヤは普通4PRほどだから強さが違うことが分かる。

扁平率が100%のタイヤは幅と高さが同じであるが、ロープロファイルタイヤといわれる60～70%という扁平率の大きいタイヤは、それだけタイヤの接地面積が大きくなるので、このタイプのタイヤの装着が進んでいる。

いずれもラジアルタイヤで、タイヤ内部にあるカーカスの張り合わせる方向が異なるバイアスタイヤは現在はあまり使用されていない。しかし、一部では残っているので、現在でもタイヤメーカーから供給されている。

タイヤは、表面の溝の付け方がトレッドパターンと呼ばれて、タイヤの性格を表している。縦方向の溝があるのがリブ型で、一般的なタイヤである。転がり抵抗が小さく、タイヤ騒音も控えめであるので、高速走行など舗装路用に用いられる。

ラグ型は横に切られた溝が中心のパターンで、タイヤが踏ん張る力を発揮するので、制動力や駆動力を発揮する。そのために非舗装路走行用としてダンプカーなどに装着される。リブ型とラグ型の両方のパターンを持ったのがミックス型で、オールラウンドを目指したタイヤである。このほかに充実してきたのが冬用タイヤであ

●リブR110タイヤ
チューブレスタイヤで汎用性を重視し、総合性能に優れたタイヤ。高速用として開発された。サイズは225/90R175、外径寸法856mm。

●リブR170タイヤ
ロープロファイルの舗装・高速用でウェット性能を重視。チューブレスでトレーラー用もある。サイズは235/70R225、外径寸法905mm。

●リブR225タイヤ
舗装・高速用でウェット及び摩耗性を考慮したもの。チューブ・チューブレスとあり、サイズも多数。サイズ295/80R225、外径寸法1051mm。

● ラグ333タイヤ
ダンプカー後輪用。非舗装路走行用で、チューブタイヤのみ。11R22.5 14PR、外径寸法1065mm。

● ラグ330タイヤ
ダンプカー用リアタイヤ。非舗装路から舗装路まで広くカバー。チューブ及びチューブレス。サイズ225/90R 175、外径寸法865mm。

● ラグ370タイヤ
ウェットを主としたダンプカー用リアタイヤ。ビード部・ベルト部を強化したタイプもある。サイズ11R22.5 14PR、外径寸法1013mm。

● G570タイヤ
ダンプカー用フロントタイヤ。チューブ及びチューブレス。良路から悪路までをカバーする。サイズ11R22.5 16PR、外径寸法1058mm。

● ミックス880タイヤ
オールシーズン用。摩耗、ウェット、耐久性を考慮。チューブ及びチューブレスとあり、新技術が導入されている。サイズ295/80R 225、外径寸法1056mm。

● 冬用990Aタイヤ
スノータイヤで氷雪路走行を重視。チューブ及びチューブレスとあり、摩擦力に優れる。サイズは295/80R 225、外径寸法1067mm。

● 冬用995タイヤ
とくに氷上重視のスタッドレスタイヤ。発泡ゴムを採用、チューブ及びチューブレスとある。サイズ235/70R 225、外径寸法916mm。

る。かつては雪道やアイスバーン用にスパイクタイヤが用いられていたが、道路を傷めるためにスパイクが禁止されて、氷雪路専用のスパイクレスタイヤが開発されてきた。

氷雪路で滑りやすいのは、表面に溶けた水と摩擦係数の低い路面との関係であることから、除水効果を発揮する細かい溝をたくさん付けたパターンを採用し、さら

5. トラックのシャシーなどの機構

にゴムのコンパウンドを独特のものにするなどして、現在ではスパイクタイヤ以上のグリップ力を持った冬用タイヤが登場している。ここに掲載したタイヤは、いずれもブリヂストン製で、各タイヤのサイズは目安のために入れたもので、このほかにも各種サイズが取りそろえられている。

　走行性能を左右するタイヤは、耐久性を確保するために偏摩耗しないことも大切な条件である。グリップ力を高め、寿命を延ばすとともに転がり抵抗を低減するために合成ゴムのコンパウンド、内部の骨格の構成、トレッドパターンの組み合わせを最適にする努力が払われている。重い荷物を積載して走るトラック用タイヤは、過酷な条件下にあるが、技術進化により、その要求に応えてきている。

6

大型トラックの生産ラインを見る

　大型トラックともなると、乗用車の20倍ほどの重量物。タイヤをはじめ各部品は大きくて重い。乗用車もモノを載せなくはないが、主目的は人を乗せて移動すること。それに対し大型トラックは物流の手段、利益を生み出す道具、≪生産財≫のチャンピオンである。10トン、15トンといった重量物を載せ、遠くまで、しかもその寿命は乗用車にくらべはるかに長い。したがって、モノづくり、つまりトラックの生産現場でも乗用車との違いが多くあるのは当然のことだ。

　結論から先に言えば、トラックと乗用車の構造上の大きな違いはフレームの有無である。乗用車はモノコックボディであり、トラックはフレームの上にエンジンやキャブを載せている構造。だから、乗用車の製造ラインを思い浮かべると、プレスでつくられた各外装パネル、シートメタル部品をスポット溶接で

川崎にある三菱ふそうの工場は、昭和16年三菱重工業・東京機器製作所という名称でスタートしている。現在は、ここで3200人が大・中・小トラックの生産などに従事している。

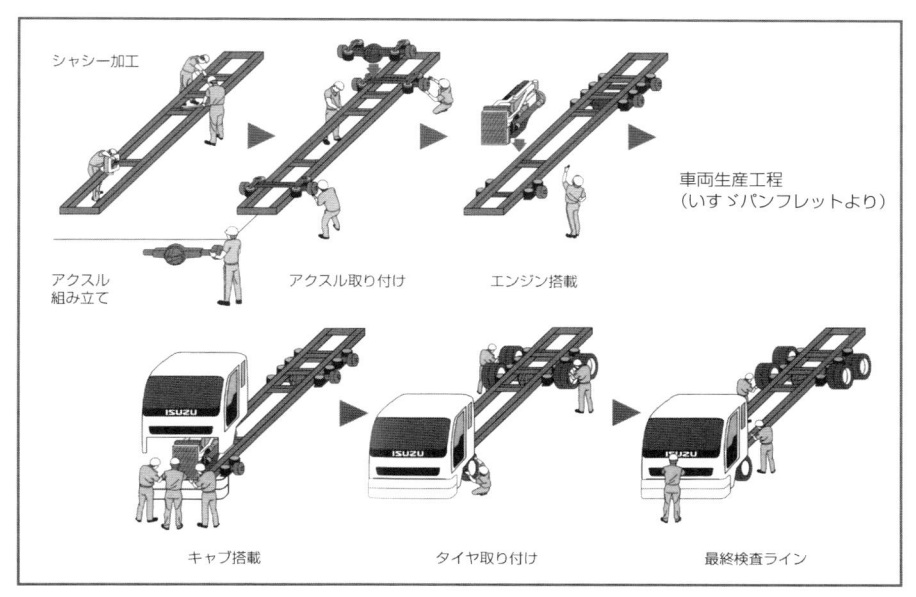

6. 大型トラックの生産ラインを見る

シャシー加工 → **アクスル組み立て** → **アクスル取り付け** → **エンジン搭載** → **キャブ搭載** → **タイヤ取り付け** → **最終検査ライン**

車両生産工程（いすゞパンフレットより）

つなぎ、組み立てモノコックボディをつくり上げ、ここにワイヤーハーネス、ステアリング機構、燃料系部品、排気系部品、サスペンション、エンジン＋ミッションなどの機能部品を取り付け、最終段階でシート、インパネ、コンソールボックス、ドア、タイヤが取り付けられるという流れ。

　トラックはフレーム構造なので、フレームを主体にサスペンション、エンジン＋ミッション、キャブを取り付けていく。乗用車の世界でも、モジュール化といって組み付け工程でできるだけひとかたまりにできるものはASSY（アッセンブリー）とすることで生産効率を高める方向にある。たとえば、ラジエターモジュールなら、かつてはラジエター本体とシュラウド、リザーバータンクなどは別々の部品で組み立てライン上にスタンバイしていたが、いまの工場ではこうした部品を1個の部品として組み立てライン横にスタンバイしている。トラックの組み立てラインでも、モジュール化により高効率な組み立て作業になってきている。

キャブの組立工程のひとつ。人の手を借りないロボットによる自動溶接ラインである。

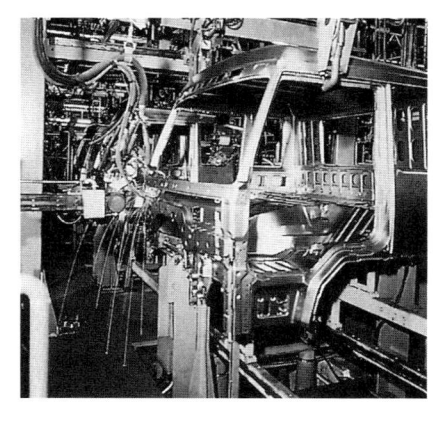

取材したのは、70年以上の歴史を持つ三菱ふそうの川崎製作所。小田原から渋谷・新宿などを経由して宇都宮や高崎を結ぶJRの湘南新宿ラインに新川崎という駅がある。JR川崎駅から内陸に約6キロ離れたロケーション。新川崎駅から歩いて20分のところに約43万m²の三菱ふそう川崎製作所がある。

　小型～大型トラック＆バスエンジンの生産、同組み立てライン、それに産業用のエンジン組み立て工場や開発研究部門を備えた三菱ふそうの中枢である。今回は、大型エンジンの組み立てライン、キャブの艤装工程、それに大型トラックの全組み立てラインを駆け足で見ることができた。つまり、フレームモジュールと呼ばれるものを主体にして、完成したエンジンを付け、キャブを載せ、完成させていく流れである。

■大型エンジンの組み立てライン

　ふそうの大型エンジン組み立てラインのレイアウトは、全長約120m。ほぼ正方形の建屋に収めるため、メインのラインはクランク状につくってある。作業員は全部で60名弱、月に300台の大型エンジンがここで生産されているという。ラインオンからフィニッシュまでの太いラインをデッドスペースをなくすため、川でいえば支流を途中で入れている。その"支流"の中身はあとで明かすとして、クランクシャフトの組み付けのところから見ていくことにする。

　この工場では、ここまでのラインを「クランク洗浄ライン」と呼んでいて、福島県の二本松にあ

マシニングセンターでクランクシャフトやシリンダーブロック、シリンダーヘッドの機械加工がおこなわれる。

福島県二本松の鋳造工場から搬入されたシリンダーブロックは、ここで機械加工され、さらにエンジン組み立て工程へと運ばれる。

インジェクターを取り付ける。使用しているのは充電式の電動工具で、1998年頃から多く使われだしたという。二次電池の性能向上が意外なところで発揮されている。

6. 大型トラックの生産ラインを見る

る「三菱ふそうテクノメタル工場」で鋳造されたシリンダーブロックが、まず台上に載る。鋳造されたクランクシャフト、鍛造されたコンロッドなどがここ川崎工場で機械加工をされたうえ、シリンダーブロックに組み付けられていく。

「シリンダーブロックは、スリーブを入れられたのち、ナンバリングといって打刻されます。つまり、ここでエンジンとしてもIDを与えられるわけです。そして余計なところに塗膜がかからないようにボアにカバーを施されるなどして、シリンダーブロック壁面を塗装します。次に、Dシリーズと呼ばれるOHVエンジンでは、ここでカムシャフトがシリンダーブロックに組み込まれ、さらにクランクシャフトもセットされます」

ここからさらにピストンが取り付けられ、フライホイールをセットされ、オイルパンが取り付けられる。このとき流れていたエンジンは直列6気筒排気量1万3000ccの6M70型。三菱ふそうの大型トラック・スーパーグレートなどに搭載されているエンジンである。

1個のピストンだけでも、2kgほどある。片手でようやく持てるほどだ。4気筒で排気量1500ccの乗用車用ガソリンエンジンの鋳造ピストンが400gほどだから、ピストンだけでも約5倍の重量。

オイルパンのボルト数だけでも、大型トラックのエンジンは乗用車エンジンの2倍以上である。直列6気筒でM10ボルトがなんと39本。だから、上からいわばエクステンションバーにソケットが付けられたジグがあり、そこへ作業員はボルトを取り付け、スイッチを押すとそのジグ

倒立した状態で、燃料ポンプやストレーナーが取り付けられる。ワークの左右に1人ずつ作業員が立ち、てきぱきと作業が展開する。

半自動オイルパン締め付け機。作業員があらかじめジグ（先端部にマグネットがついている）に39本のボルトを取り付けているところ。

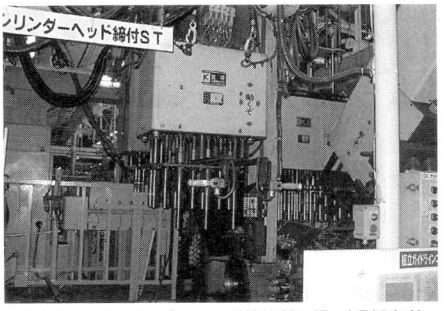

半自動式のシリンダーヘッド締め付け機。直列6気筒2タイプとV型8気筒、V型10気筒に適したジグである。STというのはステーションという意味だ。

ヘッドカバーを付けて、ようやくエンジンの外観を整えた。

エンジン組み立てライン。重いトラックエンジンは乗用車エンジンと異なりローラー上をゆっくりとした速度で進む。

がぐるぐる回りオイルパンが無事取り付けられる。もちろん、後工程として作業員はプリセット型トルクレンチでひとつずつ規定トルクに締め上げていく。

この工程を終えて、ようやくエンジンは倒立から成立状態にされ"支流"からきたシリンダーヘッドが載せられる。つまり、はじめに話した"支流"のラインはシリンダーヘッドの組み立てサブラインだったのである。

ヘッドボルトもオイルパン同様、作業員がボルトを手でセットするものの締め付けは自動化でおこなわれ、最終本締めとして作業員がプリセットタイプのトルクレンチを使って規定通りに締めていく。

「ヘッドボルトの締め付けをこの工場ではヘッド締め付けステーションと呼んでいます。直列6気筒エンジンにはヘッドボルト28本と36本の2種類があります。それにV型8気筒エンジン、V型10気筒エンジンの計4タイプのエンジンのヘッドボルトに対応しています。乗用車のエンジンもそうですが、最近のトラックのヘッドボルトも数回に分けて規定トルク値で締め付け、そこから45度などあるきまった角度だけ増し締めする角度法で締め付けています。塑性域締め付けとも呼ばれる信頼性の高い手法です」

■同じエンジンでも用途で補器類ががらりと変化する世界

乗用車用のエンジンなら、ボルト締結のトルク管理などはすべて自動化されている。この工場ラインでは「自動化率はわずか15％です」というように、大型エンジンの自動化は全体が重いこともあり、なかなか難しいようだ。それと、乗用車の小型エンジンは、エンジン単体を整備する際に修理工場などで見ることができる、エンジンスタンドにベルトコンベアを組み合わせたスタイルであるが、大型エンジンの場合は、重いので、上右の写真のようにそろばん（ローラー）上にエンジンを載せ両翼に作業員がスタンバイし、工具片手に部品を取り付けていくスタイル。

6. 大型トラックの生産ラインを見る

モータリングテストは、450rpmで約3分間回され、摺動部のなじみを高めると同時に異音の発生がないか、オイル漏れが起きていないかを確認する。

ずらりと並んだファイアリング試験室（エンジンダイナモ）。このなかで出来たエンジンに初めて火が入り性能試験がおこなわれる。

エキゾーストマニホールドとターボチャージャーはモジュール化され、それらが取り付くと、あっという間におおよそのエンジンの外観が見えてきた。でも、このままではエンジンルームに納まるエンジンとはいえない。エアコンのコンプレッサー、クーリングファン、EGRパイプ、インタークーラーのパイプなどの補器類を取り付ける必要がある。
「この補器類取り付けラインをここではトリムラインと呼んでいます。トラック用、バス用、産業機械用、それに仕向け地別で、こうした補器類取り付けのバラエティが数多くあるのです」

ファイアリング試験室の出入りは自動的におこなわれるが、ホースの接続、エアダクトのセットなどは作業員の手でおこなわれている。このなかで慣らし運転が約30分、性能試験が10分間おこなわれる。

乗用車のエンジンなら同じ仕様のエンジンを100機とか1000機とか数多くつくるが、大型トラックでは生産数も少なく、同じ型式名のエンジンでも、用途と仕向け地で仕様が変わるのである。

組み立て完了した大型エンジンは、エンジンオイルを給油されるが、そのままボディ組み立てラインに直行するわけではない。モータリングテストとファイア

こちらはトランスミッションの組み立てライン。エンジン同様、重いので専用台を介してローラー上を移動する。

183

合格となったエンジンは、ファイアリング室を出てすぐにミッションと合体される。

完成したエンジン+ミッションは、車体組み付けラインに入る前にこのような専用スタンドで一休み。

リングテスト（試運転とも呼ばれる）の2つの関門をクリアする必要がある。モータリングテストは、文字通りモーターの力で450rpm一定で3分間回転される。これはスリーブとピストンリングをはじめとする摺動部の初期なじみを高める目的だけではなく、オイル漏れがないか、異音が発生していないかを作業員によって確認される。

　モータリングテストをパスしたエンジンは、隣の試運転室に入る。この工場では、試運転室が13部屋もあり、それぞれにエンジンダイナモ（ベンチ）と呼ばれる設備が納まる。この試運転室へのエンジンの出入りこそは全自動だが、キャビン内でのセットアップ、つまりエンジンハーネスのコネクターを繋げたり、冷却システム、排気システム、燃料システムの接続などは作業員がおこなっている。ベンチ側にスイッチがあり、作業員がスイッチを入れることでエンジンが始動し、ここでも慣らし運転を30分ほどおこなう。この間に再度水漏れ、オイル漏れ、燃料漏れ、異音の有無などがチェックされ、各種の性能確認をおこなうという。最大トルク発生回転数（大型トラックエンジンの場合1100～1300rpm）での燃料消費率を確認したり、最大出力回転数での出力がカタログデータ通りに発生しているかなど合計6つの項目での性能確認。それとボッシュ製のスモークテスターによるスモッグテストがおこなわれる。

　セットアップ時間5分間、慣らし運転30分、性能確認時間10分間の計45～50分間をこのエンジンダイナモ室（試運転室）で過ごすことになる。なお、より正確な排ガスデータなどは抜き取り試験というカタチで品質管理部門が100台につき1台の割でおこなうという。乗用車の場合は、エンジン単体でモータリングテストし、各部のあたりを滑らかにするのは大型と同じだが、シャシーダイナモ、つまり車両に載せての出力トルクなど各ポイントでの性能確認をおこなっている。ここに大きな違いがある。

■キャブの艤装ライン

　次にキャブの艤装ラインを見ることにする。ちなみに艤装とは辞書で引くと「船体が完

6. 大型トラックの生産ラインを見る

キャブの塗装工程。これも全て自動化されている。こののち艤装ラインに入る。

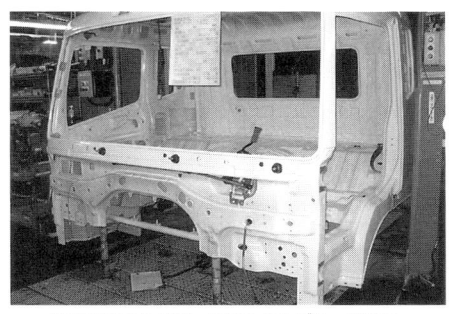

塗装工程からあがってきたキャブは、艤装ラインのスタート地点に立ち、まずワイパーモーターとシフトレバーが取り付けられる。

艤装ラインの速度は1分間に0.7mとゆっくりと進む。赤いカーペットが張ってあり、不用意に傷や汚れをつけないように土足厳禁である。両翼に、部品類が並ぶ。

ワイヤーハーネスやダストカバーなどの部品が両翼にすぐ取り出しやすいカタチで並ぶ。

成して進水してから航海に必要ないっさいの装備を整えて就航するまでの工事の総称」とある。自動車の場合は「車両が公道を走り出すまでのいっさいの作業」と考えていいだろう。つまりキャブの艤装ラインは、塗装ラインから上がってきたいわば箱状のキャブにさまざまな部品を取り付けて仕上げるまでの工程である。

三菱ふそうの大型車キャブの艤装ラインは、全長が130mで約50名の作業員が従事している。その130mのライン上には、25のワークが同時に進行する。つまり25個のキャブの半製品が並ぶので、2人一組でひとこまの作業が展開するスタイルといえる。あとから説明する「総組み立てライン」とは異なり、このラインは人間が乗り込むキャブを扱うため、ライン上にはカーペットが敷き詰められ、土足厳禁である。総組み立てラインのベルトコンベアの速度は1.8m/分というのに比べ、こちらは0.7m/分と速度が遅い。これは次頁中央の写真で見るように、キャブ内部にカーペットを敷いたり、インパネを取り付けたりという細やかな動きを要求され、作業員の動

185

両側のドアパネルもキャブと一緒にラインを流れる。ここでは、キャブトリムを取り付けているところ。

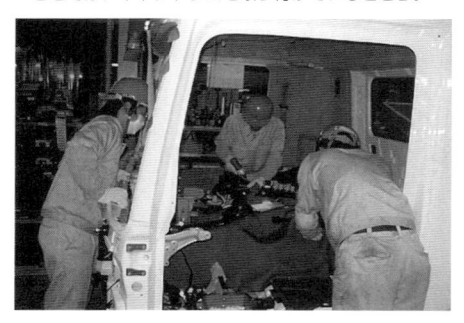

フロアカーペットを張り巡らせているところ。ここで活躍している工具は充電式の電池式ドライバーだ。写真中央下にチラッと見えるのが、ハンドル付きのボルト＆ナット類収納バスケット。

ドアASSYを完成させ、キャブにドッキングする下準備。ドアトリム（ランチャンネル）を取り付ける。2mほどの高さなので背の高い作業員が有利！?

すでにメーター類が組み込まれているインパネASSYをキャブに取り付ける工程。作業員は、作業性とキャブの塗装を不用意に傷つけないように半袖の作業着にアームウォーマーのような防具を着けている。

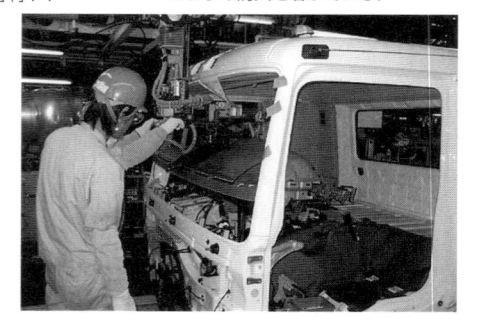

きそのものが、どうしても曲線的になるためなのかもしれない。

いずれにしろ、このラインでは、2人一組で、ワイヤーハーネスを取り回したり、エアコンの室内器を付ける、ドアにランチャンネルを取り付ける、インパネやフロントガラスを取り付け、ドアを取り付け、さらに最後にキャビン全体を約1m持ち上げフェンダーを付けステップをセットしていた。

このラインだけではないが、三菱ふそうのモノづくりラインでは、かつてのリコール偽装問題からはじまった不祥事を是正し愛される自動車づくり企業となるための努力をしている。ラインの要所要所にその部署のプロフェッショナルであるチェックマンの目がひかり、おもに目視などで不具合がないか、ボルトの締め忘れなどのミスがないかを確認、ミスを次の工程まで持ち込まないように配慮されている。これはクオリティゲートという考え方だという。

6. 大型トラックの生産ラインを見る

フロントガラスを取り付ける工程。トラックの場合は乗用車のような樹脂製のウエザーストリップではなくゴム製なので、接着剤を使用することもなく作業性は高い。

キャブ艤装ライン最終段階で、1mほどリフトアップし、フェンダーやステップを取り付ける。作業員のなかには女性も混じっていることから分かるとおり、大型トラックづくりの現場はイメージでは男の世界だが、軽作業の領域も少なくないという。

　艤装ラインの担当者によると、せっかくきれいに塗装されたキャブの一部に作業者が手に持つ工具で不用意に傷をつけることがないように、必要に応じて下からの照度をアップしたり、全体の照度を高めたりしている。高品質に仕上げることが、ひいてはラインで仕事をする従業員のストレス低減にもつながることが多いという。とくにトラックのモノづくり世界は、乗用車に比べ車種による工程数のバラツキが大きいので、作業者全体のバランスに苦心するという。キャブの艤装ラインでは、ボルト・ナットまで含めるとなんと約2000個のパーツが組み付けられ、キャブが完成するのである。

■いよいよ大型トラックのラインオフまで

　エンジン組み付け工場、キャビン組み付け工場、それぞれの建屋で完成したエンジン＋ミッション、キャブの大物トラック構成機能要素は、いよいよ≪車両組み付け総ライン≫で一堂に会し、大型トラックの完成へと向かう。

　三菱ふそう川崎工場の総組み付けラインは3つのラインがある。小型トラックのライン、中型トラックのライン、それに大型トラックの組み付けラインである。中型は別の建屋で組み付けられ、

全長210mの総組み立てラインのスタート地点。ゴールははるか向こうで全体が見渡せないほど長い。スタート地点では、エンジンもキャブも付かないフレームモジュールと呼ばれる状態である。トラックは乗用車と大きく異なり、フレームがすべての始まりであることをよく示している。

フレームにはすでにいくつかの部品、サスペンションの各部品などが付いており、そこに油圧系のホースやパイプ、エア系のホースやパイプ、ワイヤーハーネスなどを取り付けていく。

フレームにエンジン＋ミッションが合体する工程。天井クレーンでは次のフレームに載るエンジンが待機している。

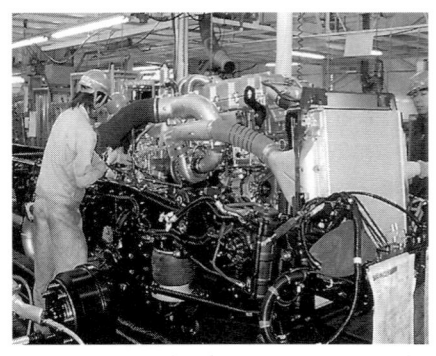

人が5人ほど数珠繋ぎしないと囲めないエンジン。その巨大エンジンをシャシーに、わずか4名の作業員が5分前後で取り付ける。「習熟度の高いスタッフでないと出来ない個所はないように半日のレクチャーで出来る工程にしています」という。その裏には長い間のモノづくりノウハウがある。

大型と小型が隣り合うラインで展開されていた。

1ヶ月間の生産能力はそれぞれ小型トラックが4766台、中型トラックが1234台、大型トラックが1055台(いずれも取材当時のデータ)でスタッフ数は302名、82名、193名の計577名。「小型トラック担当が多いのは昼夜に交代するからなのです。中型と大型は昼間だけの作業ラインです」とのこと。

大型トラックの車両組み立てラインは210mと50mプール4個以上の長さ。駆け足で進んでも30秒はゆうにかかる。黒色に塗装されたフレームは、別の建屋ですでにサスペンションが取り付けられている。

「数年前まで30％ほどに過ぎなかったエアサス仕様の大型トラックはその良さが認められたおかげで、いまや60％前後になっています。そのため、エアサス車は別の建屋であらかじめ取り付けられ、この組み立てラインに入ります」という。

このラインは総勢70名の大所帯で15工程に分かれ、それぞれ4～5名一組で作業が展開される。

まず、搬入されたフレームの内部にエア用のチューブやパイプ、ワイヤーハーネスなどが取り付けられる。コンベアのライン速度は1.8m/分と、キャブのときより2倍強の速さ。

とくにロングボディのウイングスタイル大型トラックの場合、数名の作業員がそのまわりで作業する様子を眺めていると、子供のころ読んだスイフトのガリバー旅行記の挿絵をホーフツとさせられた。小人国に迷い込んだ主人公のガリバーが、台上に固

6. 大型トラックの生産ラインを見る

定され、そのまわりにたくさんの小人がせわしなく働いている姿を思い浮かべてしまった。

よく見るとワークとともにベルトコンベアがゆっくりゆっくり進み、同時にワンブロックで活躍する部品が入るワゴンも同じ速度で進む。ホース、ブラケット、ボルト、ナットなどがおさまる艤装台車である。

ところが、その艤装台車は、次の作業班のところに来ると、自動的にもとの位置に戻る仕掛けになっている。いちいち作業員が手で戻す必要がないのである。その艤装台車が元の位置に戻るポイントには、エアツール、電動工具などが納まる工具を載せたワゴンがあり、それは固定したまま。

ちなみに、このラインで使用される工具は2面幅が小は6mmから大は27mmまでずいぶん幅広い、乗用車ならせいぜい22mmどまりの世界である。

組み付けラインサイドで活躍する艤装台車。数種類のボルト、ナット、エアツールなどがすぐ取り出せる状態でスタンバイしている。

ラインのなかほどで、エンジン+ミッションが頭上から降りてきてフレームにドッキングする。これを見ると、昭和30年代幹線道路をりんご箱のにわかシートにひざにコモをかぶせ、架装メーカーへと半製品のまま自走していた姿を思い出す(当時はキャビンメーカーは別にあったため)。エンジンが載せられると、次はプロペラシャフトが取り付けられ、マフラーが装備される。エアタンクも取り付けられた。

■キャブとのドッキング

いよいよキャブとドッキングする。キャブは、分速1.8mのベルトコンベアの速度に合わせ、上から徐々に降りてくる。文字通りシンクロナイズする、と文字で表現するとずいぶんスムーズに作業は進む印象だが、実はこの工程が一番のポイントのようだ。

シャシーとキャブの合わせポイントを寸分違わず合わせるために左右に作業員がはり付き、ホイストを操作する作業員とさらにそうした動きをサポートする役目の人と計4名が声を掛け合いながら張り詰めた数秒間である。もしここで位置がずれることがあれば、二度手間になるからだ。

ドッキングが無事終了するのもつかの間、作業員は、キャブとフレームをつなぐボルト類を締結していったり、エアホース類、冷却ホース類、ハーネスのカプラーをつなげていく。

もちろん、左右にヘッドライトを付け、ここで、LLC、ブレーキフルードなどが給

総組み付けラインの最終段階だ。いよいよキャブがドッキングされる。上から降りてくるキャブと1分間に1.8メートル進むフレーム＋エンジン＋ミッションのワークがここでひとつになる。4名の作業員の息が合わないと二度手間になりかねない工程だ。

キャブが付いた段階で、エア系とオイル系の取り回しやワイヤーハーネスのコネクターつなぎ、ヘッドライトの取り付け作業などが進む。

水・給油される。スペアタイヤも搭載され、大型トラック用のタイヤ＆ホイールも装着されて、自走できる状態となる。ラインのサイドにスタンバイしているタイヤ自体は作業員が転がし、ハブ近くにもっていき、次に作業員が床上の足踏みスイッチをカチッと押すと、まるでせり上がり舞台のようにタイヤ周辺の床が20センチほど持ち上がり、ハブボルトとホイール穴がぴたりと合わさるやいなや、すかさずナットで仮締め。あとは写真にあるように回転式機銃を思わせる専用ジグでいっきに締め付けるのである。

　三菱ふそうの車両組み付けラインには、通常の組み付け作業員のブルーのヘルメットとは異なる、ピンク色のヘルメットをかぶった作業員が3名いる。チェックマンである。

　チェックマンは、たとえばラジエターホースの締め付けは規定通りになっているか、プロペラシャフトのフランジ部の締め付けに問題はないか、あるいは検査ハンマーでホイールナットを叩くことで締め付け不良がないかなどいくつもの項目をチェックしてゲートごとに厳しい目を光らせる。

　もうひとつ白色のヘルメットをかぶる作業員を発見した。

　白ヘルの作業員は《完成検査官》といい、キャビンの下回りの締め付け具合や

手前が全長7mのトラクター、先に見えるのが全長12mのエアサス付きウイング架装予定車。このように異なった仕様の大型トラックが隣り合って進む組み立てライン。

6. 大型トラックの生産ラインを見る

8個のホイールナットを一度に締めこむことができる専用ジグを操作する作業員。あっという間に作業が完了する。

ラインオフした車両はすぐ車検ラインに入り、速度計の誤差確認、ブレーキテスト、ヘッドライトの光軸検査などがおこなわれる。この時間約8分だった。継続車検の所要時間とほぼ同じだ。

エンジンの載る前にいろいろの部品が仕様通り取り付けられているかをチェックシート片手に確認する係。

　このように、各部署の担当者だけでなく、2重3重に厳しいチェックを入れることで、よりたしかな品質管理を実現しているのだという。

　車両組み付けラインは、フロントグリルとフロントバンパーを最後に取り付けられようやく完成。ラインオフとなった車両は、3メートル走るか走らないかで、

ナンバーこそ付いていないが、これで公道を走る物理的要件は揃った。完成した車両は扇島の自動倉庫で顧客の注文を待つという。

≪車検ライン≫へと入る。車体組み付けラインと車検ラインはきびすを接しているのである。

　車検ラインでは、いわゆる継続車検とまるで同じメニューが展開される。サイドスリップテスト、ヘッドライトの光軸検査、スピードメーターの誤差チェックなどなど。この時間、わずか8分間。ここを終えた車両は工場隣りの車両置き場に一時置かれた後数日以内に川崎港近くの扇島にある巨大な自動倉庫へと運ばれ、顧客の注文を待つのである。

7

物流システムを支える巨大トラックターミナル

　今ではすっかり日常生活に組み込まれているため少しも不思議ではなくなったことのひとつに≪旬を問わず食べ物がいつでも手に入る≫あるいは≪遠くでしか収穫できない野菜が新鮮な状態で食卓にのぼる≫ようになったことがある。こうした物流システムを支えているのが、トラック輸送である。そのトラック輸送システムを成立させているもののひとつが巨大トラックターミナルである。

　トラックターミナルとは、簡単に言えばトラック輸送の効率を追求するうえでのひとつの巨大装置である。

　もしトラックターミナルがない場合を考えてみる。たとえば青森のりんごを地元青森で集荷し、トラックに載せ全国の八百屋に配送する。産地直送のごく単純なものの流れである。一見合理的に見えるが、この手法だと全国のすべての八百屋さんに新鮮なりんごが行き渡ることができない。消費地に到着したころにはりんごがすっかり傷んでしまう。傷んだりんごは商品価値がないからビジネスとして成立し得ない。そこで、トラックターミナルという"発想"が誕生したのである。東京や大阪といった多くの消費者を抱える巨大な市場を持つ地域では、青森からのりんごを載せたトラックをトラックターミナルにまず運び入れ、そこから都内各所に配送する。青森から都内へは大型トラックがその役割をし、都内各地への配送は主に小回りが利く小型トラックがその役割を演ずる。これは何もりんごに限らない。岡山のテキスタイル工場で主に生産される学生服や制服。これも大型トラックで大阪や東京の巨大トラックターミナ

7. 物流システムを支える巨大トラックターミナル

京浜トラックターミナルの全景。東京ドーム5個分の広大な敷地で約2200人以上の構内就業員を擁し、一日1万2000トン近くの貨物を取り扱う。写真上方が都心で右方が東京湾。

京浜トラックターミナルの配置図

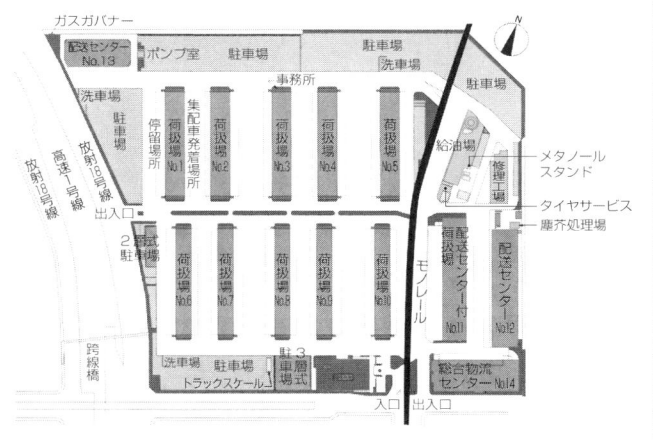

ルに運ばれ、そこから小口輸送として小型トラックに積み替えられ、洋品店やスーパーマーケットに運ばれるのである。逆に都内で生産されたお菓子や工業製品を地方へ送り届ける、という役割も果たしている。

■1960年代の高度経済成長期に誕生

　見ると聞くとでは大違いという言葉もある。そこで、東京の南部地区にある京浜トラックターミナルを訪ねることにした。
　京浜トラックターミナルは、昭和43年(1968年)に誕生した約24万m²の広大な敷地、東京ドーム5つ分だという。場所は都心と横浜を結ぶ首都高速道路放射18号線平和島

193

● 葛西トラックターミナル

● 物流センターの光景

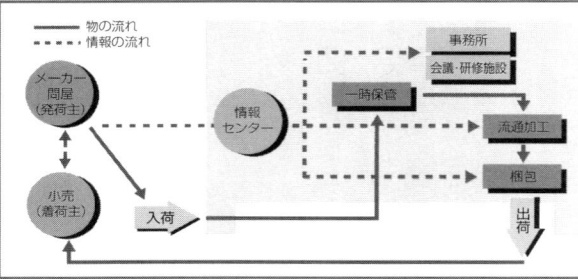

● 物流センター機構図

― 物の流れ
--- 情報の流れ

インターからわずか2～3分の大田区平和島2丁目である。
「このトラックターミナルの建設のきっかけになったのは、高度経済成長期に都内にモノと人が集中し、都市機能が急速にマヒ状態をきたしたことです。これをなんとか解決しようと、当時の運輸省、今でいうと国土交通省の肝いりで予算を獲得、当時の発言力の大きかった民間運送業の社長さん2名が中心で営業開始にこぎつけたと聞いています。そのころは国と東京都、それに民間企業の3社がそれぞれ30％前後の資本バランスではじまったのです。いわゆる特殊法人でした。が、昭和60年（1985年）に完全民営化に移行しました。とはいえ東京都は42％の株主で、あとはゼネコンや銀行、石油元売メーカー、損害保険会社などが株主となっています」

生え抜きの担当部長さんは、実に

プラットフォームにずらり横付けされたトラック。地方から早朝到着し、荷を降ろしたばかり。撮影したのは昼下がりだったため運転手の大半は深夜からの就業に備え、仮眠中か昼食中だ。

きめ細かくこたえてくれた。

　この企業は「日本自動車トラックターミナル株式会社」という純然たる民間会社であり、業態としては、ただ単に民間の運送業者に場所を提供しているため「不動産賃貸業」である。別の側面から見ると、株の大半を東京都が保有していることからも分かるように、公共性の高い業務の色合いが強い。もしこの業務が一日たりとも停滞したら、物流の混乱をきたし、都内の交通にも大きな影響を与え、豊かで便利な現代の暮らしが土台から崩れることになる。もちろん、物流が滞るということは物価の高騰につながる恐れも十分ある。

　ちなみに、日本自動車トラックターミナル株式会社は、ここ京浜トラックターミナルのほかに、板橋トラックターミナル、足立トラックターミナル、葛西トラックターミナルの計4箇所を運営し、日本最大規模を誇るという。巨大な平屋根の作業場が10個ほど並んでいる。上から見ると、まるで飛行機の格納庫ぐらい大きい。

■433個のバースとは何を意味する？

　飛行機の格納庫と思われた建屋を眺めると屋根の下は、次頁の写真のように巨大なプラットフォームのおもむき。そのプラットフォームの大きさは、長さ25mのタイプと20mのものの2タイプあり、そのプラットフォームに、大型トラックが後部をぴたりとくっつけ荷降ろしをしている。荷捌きがしやすいようにプラットフォームの高さは、大型トラックの後部のあおりを下げる（もしくはリアゲートを開くと）位置と同じ高さ（1.2m）にしてある。あるいは、降ろした荷物を別の小型トラックに積み替えている。小型トラックの荷室の高さは1mなので、20cmだけ嵩上げしている個所もある。

　まさにここが「荷降ろし場」なのである。正式にはこのプラットフォームのことを「荷捌き場」といい、トラックの駐車スペースのことをバース（BERTH）という。バースは本来、英語の動詞で「（船を安全なところに）停泊する」というところから《クルマの駐車スペース》という意味だという。ひとつのプラットフォーム（1棟ともいうが）に39個のバースを持っている。つまり1棟当たり一度に39台のトラックを着けて、荷捌きがで

プラットフォームに荷を降ろさず、こうしてバース場に荷を降ろすケースもある。荷はすべて木製パレットに載せられているのが分かる。ちなみに木製パレットは、老朽化すると専門業者が引き取りチップ化され、紙素材に替わるという。

プラットフォームの高さは、大型トラックの荷台にあわせ原則的に1.2mである。トラックが不用意にぶつかっても傷つかないようにゴムがヘリに取り付けられている。手前に見えるのは人がプラットフォームに駆け上がるための梯子だ。

プラットフォームの逆側には、都内行き先案内板が見える。港区、世田谷区、目黒区の文字が読み取れる。

大型トラックでもこうしたウイングボディで荷の積み降ろしがスピーディである。

きるということになる。

　トラックターミナルの規模を説明するうえでバースの数で表現するという。たとえば、ここ京浜トラックターミナルには計433バースがある。39個のバースを持つひとつのプラットフォーム(棟)は、2～6社の運輸会社が使用している。たとえば3号棟では西武運輸とトナミ運輸が隣り合って荷捌きをしているし、5号棟では久留米運輸、東武運輸、丸運、備後通運などの運輸会社数社がすみわけして荷捌きを展開している。

荷捌き場の路面には独自のマークが付いている。向かって左がバースで、右が通路側である。

キャスター付きのカーゴに積んで、このままトラックに載せるスタイルもある。

196

7. 物流システムを支える巨大トラックターミナル

京浜トラックターミナルの管理棟と呼ばれるビル。このビルの1階には管理室、食堂、散髪店、コンビニ、郵便局などのユーティリティ施設を完備している。近くの住民も使用可だという。2階から上は仮眠室と宿泊施設である。

小型トラックをプラットフォームにつけているところ。20cm分の「下駄」を履かせることでトラックの荷台とプラットフォーム面を同一にしている。

なかには20cm分をコンクリートで高くし、小型トラックが荷捌きできるようにしているプラットフォームもある。

　都内の渋滞を避けて、大型トラックはこのターミナルに早朝から午前中にかけて到着し、お昼近くになると、小型トラックに載せ替え都内各所、といっても世田谷区、大田区、杉並区、目黒区など都内南部にディストリビュートされる。降ろした荷物は逆サイドに待機している小型トラックに積み替えられるのだが、よく見ると天井に、かつての上野駅の行き先案内板よろしく行き先表示板がぶら下がっている。この荷捌き作業は都内や近郊に住所を持つ各運輸会社のスタッフがおこなうだけでなく、ト

全長25mもしくは20mのプラットフォームひとつには、いわば呉越同舟のカタチで複数の運輸会社が利用しているのである。

これが配送センター。一時保管機能だけでなく、仕分け作業小分け作業を展開するほかに、なかにはバーコードによる自動仕分けラインを備える運輸会社もある。

小型トラック専用のバースがこれ。都内に配送するトラックが横付けする。昼過ぎに撮影したので、ほとんどのトラックは出払っていた。

京浜トラックターミナルの敷地内には羽田空港を終点とする東京モノレールが走る。最寄の駅は「流通センター駅」である。

ラックドライバーみずからも手伝う。もちろん、このとき活躍するのが、フォークリフトである。パレットと呼ばれる木枠の上に載せられた商品をフォークリフトの2つの爪で器用に保持し、プラットフォームを通して逆サイドに待機する小型トラックの荷台に積み込むのである。

「このバースを持つプラットフォームとは別に配送センターという名称の建物があります。この配送センターは、荷物の一時保管機能を持つだけでなく、運輸企業のスタッフによる品揃え作業、小分け作業、仕分け作業、なかには商品にラベルを添付するなど需要形態に合わせた作業ができるところです。なかには自動仕分け機と呼ばれるベルトコンベア式に荷物が流れ、バーコードによる自動行き先別区分機能を備えたシステムを備えている企業もあります。発送センターには会議室や研修室を備え、各企業の事務所そのものなので、許可なしでは見学できないので残念ですが……」

　たとえばコンビニに商品を搬入する際小分けしたりラベルを貼るなど、各企業各商品で細かな作業を要するケースがあり、そうしたきめ細かい作業をここ配送センターでおこなう。バーコードによるベルトコンベア式仕分けシステムは、かつて佐川急便の現場で見たことがあるが、大きさや形状がある一定範囲のものでないと稼動できないのが厄介ではあるが、ハンディターミナルと呼ばれる端末機を活用することで、実にスピーディに作業が進む。「高度化するニーズに応えている」わけだ。

■トラックターミナルは眠らない

　早朝から動き始めるトラックターミナルは、24時間機能している。ここ京浜トラックターミナルだけでも平日の一日あたりの出入車両数が3800台、貨物扱い量は発送3500トン、到着3000トンで、合計すると6500トン。しかも管理運営スタッフ、ガードマン、運転手、荷捌き作業員など合計約2200名の人間が働く職場で、そのためのいろ

7. 物流システムを支える巨大トラックターミナル

● 夜のトラックターミナル

いろな設備がある。多人数が一度に食事ができるレストラン、コンビニ、郵便局、診療所、理容室、コインランドリー、浴室を備えている。もちろん、仮眠および宿泊室も完備している。仮眠室が436名分、宿泊室が約400名というから能力的には巨大ホテル並みである。乗用車用の駐車スペースも約660台分備えている。

トラックターミナルには、一度に多人数が食事できるカフェテリアが完備されている。650円ほどのランチのほかにお代わり自由のドリップで入れた薫り高い150円コーヒーもあった。

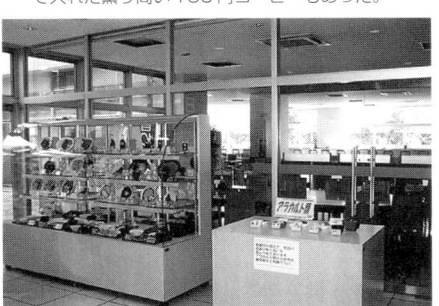

カフェテリア横には、談話室がありTVを見ることもできる。6台ほどのゲーム機もあり、ドライバーが気分転換をはかれる。

構内にはコンビニが備わる。通常のコンビニとほぼ同じだが、Tシャツ、靴下、カッパなどドライバー必携の品が揃っているコーナーがあるのが面白い。

構内には郵便局もあるし、診療所もある。

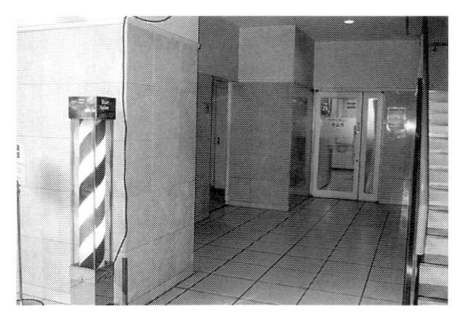

こちらは構内にある理髪店。朝8時から夜11時までと通常の店より長時間営業だ。

こちらは4人用の仮眠室。436名が一度に利用できる。このほか1人利用もしくは2人利用の宿泊施設が約400名分備わる。

　トラックのための付帯設備も万全だ。
　40トンまで測定できる「トラックスケール」と呼ばれる重量計がある。それに一度に10台洗車できる洗車場、一度に10台近くのトラックが給油できるガソリンスタンドがあり、その一角にはCNGステーションも備えている。驚くべきはトラックの車検までできるトラック専用の整備工場（スタッフ20名）、トラックタイヤ専門のタイヤショップまである。整備工場は40年ほどたって建屋こそいささか老朽化してはいるが、ベテランの整備士に混じって働く若いメカニックの姿もあり、生き生きと仕事が展開されていた。しかも指定工場なので、車検整備もするし、エンジン、ミッションのオーバーホールといったクイックの重整備から、ボディの溶接による修復、キャブの載せ替えなど多岐にわたる。トラックタイヤのショップでは、スタッフの姿が完全に隠れるほどのでかいトラックタイヤが軒先に展示してあり、通常の町でよく見かける乗用車用のタイヤショップとはおもむきを異にする。
　ところで、物流とは英語で「フィジカル・ディストリビューション」ともいうが、最近は「ロジスチックス」といわれる。このロジスチックスなる言葉、もともとは兵站（へ

構内に存在する、ドライバーには頼もしい整備工場。指定工場なので車検整備だけでなく、クイック整備、エンジン載せ替えなどオールマイティの整備工場である。

7. 物流システムを支える巨大トラックターミナル

いたん）という日本語訳からも分かるように軍事用語で「作戦軍のために後方にあって車両・軍需品の前送・補給・修理、後方連絡線の確保などを担当する組織」のことである。故事を例にするとナポレオンもヒトラーもロシア戦線で、深追いしすぎついには冬将軍の自然現象に阻まれ、兵站が途切れ、これが敗北に結びついたという。ここから転じて最近の物流企業名にロジスチックスという名称をつけたり、漢字の社名のほかにカタカナで〇〇ロジスチックスなどと呼ぶ企業もある。

　だから、トラックステーションを含め日本のトラックによる運輸システムは、欧米のサンプルを真似たものに違いない、との認識が強くあったが、そうでもないらしい。「あまり知られていないかもしれませんが、日本のトラックステーションのシステムはオリジナルなものです。アメリカは、道路網は確かに完備し日本のそれよりも歴史が長いことは承知していますが、トラックによる輸送は個人経営が主力で、官がアシストしてシステムを構築したというケースはありません。あくまでも民間での物流

整備工場内。くたびれたエンジンを中古やリビルトに載せかえる作業は日常茶飯事だという。

シャシーの補修もおこなっている。手前に見えるのが溶接機だ。乗用車のサービス工場とはずいぶん様子が異なる。

整備工場の工具機器置き場、いわば楽屋裏を見るとその工場の内容が分かる。いくつもの大型トラック用のリジッドラックが見える。奥には溶接作業で活躍する酸素ボンベ、アルゴンボンベ。右手前には使用済みの DE 用触媒。

直 6 の大排気量 DE が 2 機。右がダメになったエンジンで左がこれから車体に取り付ける中古エンジンだという。中古エンジンは墨田区立川（たてかわ）にある某中古部品商から購入するという。

201

で、日本のような半ばパブリックなトラックステーションは見当たりません。ヨーロッパは大手の企業が配送センターを各地につくり、物流コストを下げる努力をしているケースはありますが、アメリカ同様パブリックなシステムのトラックステーションはないと思います」

■日本オリジナルのトラックステーション

　もちろん、日本でもたとえばトヨタが部品共販レベルと補修部品配送センターを持っていたり、運送会社が各地に自前の配送センターを備え、コスト削減化を図っている。アメリカでもヨーロッパでも民間、つまり大企業のなかには自社製品の輸送コストを極力下げる目的で、流通業務の簡素化を狙い配送センターを幹線道路の要に設けているケースはある。日本のように競合する輸送会社がいわば呉越同舟のスタイルのトラックステーションを国土全体として展開している国はあまりないということだ。

　日本のトラックステーションは、現在北海道から鹿児島まで20社ほどの企業が30箇所近くで事業展開し、バース数は4000近くあるという。そこには、京浜トラックターミナル同様、複数の運輸企業が店子として利用し、物流にフル活用している。こうした民間運営とはいえパブリック性の強い業態のトラックターミナルのスタイルは、日本のオリジナルであるといえる。もともとトラックによる運送業務は路線運送事業とも呼ばれ、関係官庁に届出をして許可を得るという類のビジネスだった。歴史的な背景と日本の都市集中型国政から必然的に形作られたのがトラックターミナルといえそうだ。

　「ここ数年中国から年に4～5件ほどの見学団体が訪れます。ご承知のように急速にモータリゼーションが進む中国でも物流の要となるトラックステーションの設立が求められる機運が起こりつつあるようです。ただ、こればかりはその国の地政学的な要

乗用車にくらべ年間8万～10万キロと走行キロ数の多いトラックのホイールベアリングは定期的に交換するケースが多いという。タイヤ1本が重量級なので、整備士の悩みは腰を痛めることだという。

大型トラックも複数台一度に利用できるガスステーションも構内には備わる。通常のガソリンスタンドの約3～4倍の広さである。

素、もともとの物流システム、道路事情などが絡み合って構築すべきもので、どこの国にも当てはまるソリューションがあるわけではないと思いますね」

　日本のみならず、どこの国でも物流コストが安ければ安いほど商品の価格競争力が強くなるわけで、物流コストの低減は地球上どこでも共通した課題ではある。

　京浜トラックターミナルをつぶさに見学すると存在価値がいまさらながら理解できた。

　人・物・金の動きを人間の主要欲望をバックアップする3要素とするならば、トラックターミナルはまさにこの欲望を支える巨大システムといえる。欲望が膨張する理があるのも事実。2006年3月には36バースのトラック駐車場をもつ第15号プラットフォームが建設される。この新型プラットフォームは、40フィートの海上コンテナを牽引する大型トラクターが2階まで自走で乗り入れることができるスタイルで、高度な作業を店子である運輸会社に提供できるもの。次世代型のトラックターミナルを目指し進化し続けるという。

8

ディーラーサービス工場
大型トラックの修理現場

　休日の乗用車(パッセンジャーカー)のディーラーは華やかであるが、トラック専門のディーラーとなると、ちょっと様子が違う。大きなトラックをショーウインドウに飾っているところなど見たことがないし、身近にトラックのセールスマンはいないし、トラックのメカニックの実態もあまりポピュラーではない。街中でトラックのサービスの世界を頻繁に見かけることはないので、その様子が見えてこないのが実情ではないだろうか。そこで、ここでは、一般には知られていない大型トラックの修理現場を覗いてみることにする。
　うかがったのは、東品川にある東京三菱ふそう本社の隣にある"品川整備工場"。国道15号線(第1京浜)よりひとつ海寄りの幹線道路である通称「海岸通り」(芝浦と平和島を結ぶ)に面したロケーション。三菱ふそうは、全国に販売会社36社を擁し、整備工場の拠点数は約250店舗。そのうちのトラック専門の自動車メーカー直系の由緒ある整備工場である。敷地4135m²、小型から中型大型車を整備できるストール(STALLと表記し、もともとは"ひ

品川駅からクルマで10分ほどにある三菱ふそう品川整備工場。

8. ディーラーサービス工場

大型車のストールが並ぶ。右が車検ラインで、左側に大型車専門のリフト設備があり、その奥にはエンジン分解ルームなどがある。この写真には写っていないが、左奥に部品倉庫の建物がある。

大型トラックの整備エリア。専門用語で言うとストールという。この工場はこれが8スペースもある。

と仕切りの厩舎"のことで、ここではクルマの整備エリアのことをいう)に、メカニック数23名で、事務方を入れて全部で34名のスタッフ。東京の品川区、港区、大田区、世田谷区、目黒区など南部5地域をカバーしている。月に1000台ほどの入庫があり、うち約300台が大型トラックの入庫だという。

　この日も、大型トラクター、20トンのウイングボディ車、海上コンテナ車、大型バスなどのほか、珍しいところでは大型車のジャンルに入る羽田空港で活躍する構内車(荷台が巨大なパンタグラフ式にリフトし、機内に荷物を運び込むタイプ)がエンジンの修理で入庫していた。大型車専用のストールは全部で8個あり、全部満車状態だった。

　各ストールには、前後に1セットずつリフト機構を持っている。一度に車両前後ともリフトアップして足回りやアクスル周辺の下回りの整備にかかることができる。「3ヶ月後に、この工場にもようやく最新鋭のステージリフトを導入し、よりスピーディで見栄えのよい工場に衣替えの予定です。もう少しあとでいらっしゃれば……」と工場長は残念がるが、どうしてどうして、よく使い込んだ歴史を刻んだサービス工場はそれはそれで興味が深いものだ。

　たしかに、最新鋭のトラックディーラー工場は、エンジンオイルの自動給油設備とか、後ろ側のリフトが、車軸に合わせて前後できる2柱リフト、あるいはVIPルームを

205

ストールに入る。天井が高く、開口部が広いので、冬場は寒い。そのため奥には灯油を燃料とするスポットヒーターが備わる。

キャブをチルトしてエンジンをチェックしているところ。360psの直列6気筒の6D40型エンジンだ。手前に見えるのがエアクリーナーケース。その側面にターボチャージャーがチラッと見える。

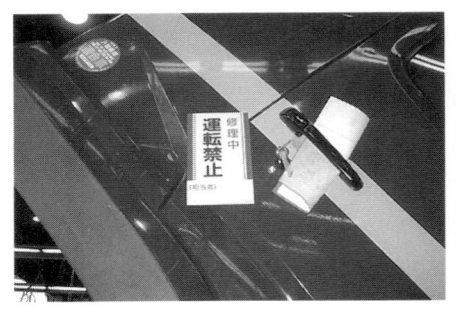

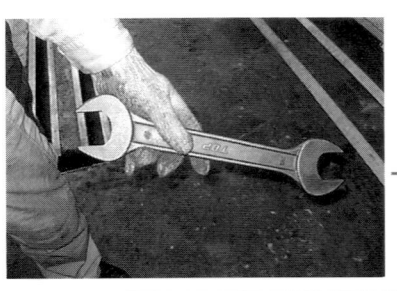

ストールに入った大型トラックはイグニッションキーをこのようにドアに取り付け、万が一の事故に備える。ドアグリップに差し込まれている書類は作業指示書である。

14年のキャリアを持つ大型トラック整備士の工具キャビネット。手持ちの工具セットは、企業からの供与品で、整備工場の中には手持ちツールでそろえているところもあるようだ。ハンドツールはほとんどが国産品であった。

「でかいボルトを脱着するとき使う工具を見せてください」との質問に大型トラックベテラン整備士の一人がこのスパナを工具箱から探してくれた。新潟三条市にあるメーカーTOPの36－41mmのスパナ。エアコンプレッサーのアイボルトを脱着するときに活躍するという。

思わせる超豪華な顧客専用のウエイティングルームといったしゃれた設備が付いているが、この工場はそうした近代的雰囲気はない。でも、いかにも仕事が好きな粒よりの若い整備士集団で、サービスマンのマンパワーをフルに生かしているようだ。

■大型トラックサービスマンのオールラウンド能力とは

「工場によっては、それぞれのメカニックの得意分野を見つけさせ、スペシャリスト

8. ディーラーサービス工場

パワステフルードの無交換が災いし、オイル漏れにいたった車両。指をさしているところにかなりひどいオイル漏れが起きている。これをそのままにしておくとステア特性が悪化するという。パワステフルードの管理不足は乗用車の世界にもよくあることだ。

巨大なエンジンオイルフィルター。側面の取り付け注意事項には、日本語、中国語、アラビア語が書いてある。ワールド商品であることが理解できる。

直径30cmほどある円筒形のエアクリーナーケース。5万キロごとに交換となっている。エレメント自体は、乾式タイプと湿式タイプが選択でき、乾式は清掃で数回使用できるが湿式は清掃できない。

フロントの足回り。ダンパーはオイル漏れしていない限り車検にパスするので使い続けるところは乗用車と同じ。リーフスプリングもクラックが入らない限り一生モノだ。

養成を目指しているところもあるでしょうが、この工場は、オールラウンドプレーヤー的な整備士の育成を心掛けています」と春田道夫工場長は語る。

具体的には、車検班が2班、重整備班が1班、一般班が2班、計5つのグループで構成されている。重整備というのは、エンジンのオーバーホールをはじめ、ミッションやデフ、クラッチのオーバーホールなど数時間からモノによっては2、3日かかる分解整備のことである。一般班というのは、突発的な不具合の起きた車両を至急修理するクイック整備のことである。

各班は4～5名の編成で、うち1名はベテランサービスマンで班長と呼ばれ指導的な役割を果たす。この3つの班ごとに1ヶ月でローテーションする。これまでの筆者の経験ではメカニックの人たちは、それぞれ専門の仕事をしていて、その作業内容が偏りがちに

207

タイヤを外し、ベアリングを取り外しオーバーホール中のアクスル。指をさしているところにインナーとアウターのベアリングが取り付くのである。ライニングのカスがたまり周辺は雪が積もったような状態。車検整備ではこれをクリーンにする。

巨大なホイールベアリング。テーパーローラータイプである。グリス注入はエア圧で自動注入する器具が活躍する。

エア圧による自動グリス注入器。ハブベアリングにグリスを注入中。

取り外したタイヤの裏側。指差しているところがハブで、車検のときはクラックが入っていないかをチェックされる。

思えたが、この工場はどうもそうではないらしい。

　30代なかごろの14年のキャリアを持つサービスマンに、これまで何機ぐらいのエンジンをオーバーホールした経験があるかを聞いたところ「14年間でシリンダーヘッドのオーバーホールを5機、クランクのメタル交換やピストン交換は2機ほどです。デフとミッションの重整備はそれぞれ3回ほどあります」との答え。ターボ

大型の部品洗浄機。特大、大型、小型などこの工場では計5台の洗浄機が活躍していた。ベアリングのほか、ミッションケース、ギアなどの洗浄をおこなう。

8. ディーラーサービス工場

ホイールベアリング1台分をちょうど洗浄していた。洗浄時間は約30分だという。このあとエアブローして新しいグリスが注入される。

かつてインパクトでホイールナットを締めていたが、いまではよりトルク管理が正確にできる電動のタイヤレンチを使用している。ちなみに大型トラックのナットの2面幅は、41mmもあり、締め付けトルクは60Nmと乗用車の約6倍。

チャージャー、ギアボックス、エアコンのコンプレッサーなどかつてはメカニックがオーバーホールしていた項目は、今ではリンク品(リビルトのこと)が市場に出回っているので、こうしたASSY品を活用し部品コストを低減したり整備時間を短縮し、顧客により安くて確かな整備を提供しているという。

エンジンやミッションも、内部部品の傷み具合によっては顧客との相談のうえで、ときにはリビルト品を活用するケースもあるという。

乗用車のサービスの世界では、かつてのドル箱だった車検整備が規制緩和により収益率の低いものに転落し、車検センターが一度に集中的に車検整備設備を備えて実施することでコストダウンを図るなど、新たなサービスの様相を見せている。

こうした流れのなかで、車検専門の整備士が生まれたり、クイック専門で仕事をするメカニックもいて、オールラウンドプレーヤー的整備士像とは程遠い様相を呈している。

だが、トラックのサービスの世界では、乗用車のサービスの世界にくらべ、対象とするのが生産財であり、荷物を載せて稼ぐトラックである。モデルチェンジのスパンも長いし、乗用車とくらべれば熾烈を極める販売合戦はあまり見られないことも影響しているのであろう。

■進化するハイテク機構の学習に岡崎まで飛ぶ

例外もあるかもしれないが、トラックの整備士は、おおむねじっくり腰を落ち着けて整備能力を高めることができるようだ。

排気ガス低減のためのハイテク技術を支えているのは、電子制御によるエンジンコントロールである。ディーゼルエンジンを心臓部とする大型トラックも、10数年前か

らエレクトロニクスによる制御が導入され、しかも日進月歩で複雑化している。それをサービスするメカニックも、電子関係の知識やスキルを要求される。

ディーラーの整備士は、こうした最新の勉強をする機会が頻繁にある。三菱ふそうの整備士の場合、岡崎市にある三菱自動車教育センターに缶詰になり、集中的に学習して、ここで得た知識と経験を持ち帰り現場で生かしているという。

外付けコンピューター診断機MUT－Ⅲ。ECUの履歴を見るなどいまやこの機器なしにトラブル診断はできないという。

そのカリキュラムはたとえば、電子制御初級コース、電子制御中級コース、電気関係の中級、エンジン中級、エンジン上級というもので、セミナーの期間は7〜10日間だという。

とくにエンジンはじめ、エアサス、ABSなど主要なコンポーネントは電子制御されているため、たとえばエアサスはいまや大型トラックではごく当たり前の装備のひとつになりつつあるのだが、これを交換した場合、ただ単に部品を物理的に交換しただけでは整備不良となる。パソコンのような初期化をおこなわないと不具合が生じる。

この初期化のことをキャリブレーションと呼んでいるが、この作業をするうえで欠かせないのが、MUT－Ⅲ（MUTはマルチ・ユース・テスター）という外付けのコンピューター診断装置。このMUT－Ⅲは、エンジンコンピューターであるECUの履歴を読み取ることができるため、これまで時として経験と勘、それに運不運といういささかあやふやなパラメーターのうえでおこなわれてきたトラブルシューティングが、劇

単位時間当たりの走行キロ数が多く、振動も小さくない大型トラックは、各部のトルク管理がとても大切。プリセットタイプのトルクレンチ（一部バー式も見えるが）が10数本スタンバイしている。年1回の矯正で正確さをキープしているという。

ミッションのオーバーホールやデフの修理で大活躍する各種のプーラー類。エンジン分解コーナーの備品である。

8. ディーラーサービス工場

小型エンジンを見慣れた人には、「ずいぶんオイルフィルターレンチがあるね」とつい言いたくなるが、実はこれみなピストンリングコンプレッサー。ピストンリングを取り付けた状態でピストンをシリンダーに挿入するとき活躍する特殊工具である。

カラーやシールを打ち込むとき使用するインストラーと呼ばれる工具。先端部をハンマーで叩くのでつぶれている。なかには、ハンマーの力あまって軸が折れ、無骨に溶接しなおしているものもある。

的に科学的にスピーディに、しかもある程度のレクチャーを受けるだけでできる。
「ただし、MUT－Ⅲも万能テスターではありません。ある程度の範囲を絞り込むのですが、最終的なトラブル原因を見出すには、サーキットテスターと目視によるところです。ですから、経験と勘も大いに必要なのです」という。

たとえば、大型トラックのお客様が「ウォーニングランプが点灯したのだが……」と不安そうな顔をしてサービスフロントに飛び込んできたとする。この場合、まずフロントマンが顧客を問診。どこのウォーニングランプがいつから、どんな状況で点灯したのかなどの情報をキャッチする。すると現場のメカニックが、車両をストールに入れ、さっそく、問診情報を踏まえてMUT－Ⅲを立ち上げ、原因を絞り込んでいく。たとえば、ABSのランプが点いてというケースなら、MUT－Ⅲは2桁の数字を表示し、≪フロント右の断線≫ということが判明。そこからは目視とサーキットテスターで不具合個所を見つけるという流れである。

■エンジンオイルの交換にかかる費用

これはまさに≪クイック整備≫(ここでは一般整備と呼んでいる)である。

大型トラックのサービスに限らないが、ビジネスの極意は、顧客の満足度をいかに高めるかである。突然の不具合をスピーディ、かつ確実に解決する、しかもできるだけお客の立場を考え割安でということだ。ところが、これは大型トラックに限らないが、いわゆる機械モノは、悪くなってから修理すると出費が大きくなるケースが少なくない。

「とくに最近は、物流ビジネスの競争が激しくなったせいで、メンテナンス代を節約したいと強く思っているお客様が少なくない。たとえばパワステのフルードについ

て典型的な事例がよく起きます。乗用車のお客様もそうでしょうが、トラックのお客様もパワステフルードは、一生モノで無交換だと信じてらっしゃる方が少なくないんです」

　オイルが相当にじんだ大型車のギアボックスで、シールがダメになり、オイルが漏れ始めている。このままいけば、操舵力に異変が起きて、運転に支障をきたすという。トラックの場合はステアリング機構はR&B（リサキュレーティング・ボール）が多いので、そのボールが摩滅したり、ボールを支えるハウジング内面が摩耗して、リンク品を使っての修理でも工賃込みで20万円近く（新品なら30万円前後）になるという。5万キロごとにフルードの交換（工賃込みで1万円少しという）をしておけば、トラックの寿命以上に長持ちするという。

　ただし、エンジンオイルの管理については、トラックのユーザーは、乗用車に比べかなり理解が行き届いているといえる。日本の乗用車のオーナーのなかには燃料さえ入れれば永遠に走り続けるものだと信じてオイル交換などおそらく念頭にない人もいる。そのため、取材してみるとエンジンがダメになっているケースが少なくない。イニシャルコストの安い乗用車なら、ある意味これでもOKなのかもしれないが、価格が高く、しかもお金を稼ぎ出す「生産財」であるトラックは、動かなくなったら即仕事が

ホイールベアリングを打ち込むときに使用するハブレンチ。軸の穴部にバーを差してぐるぐる回すことでベアリングを挿入する。

これもエンジン分解室のある備品で、小さな部品棚。グリスニップル、銅ワッシャー、ライト類のバルブいろいろ（右側）、Oリング、ヒューズなどだ。別のところにはタップとダイスのコーナーもある。

これがエンジン分解室の全貌。スタッフ2人の陰になって見えないが、ここにグリス注入機がセットしてある。

8. ディーラーサービス工場

ブレーキバルブASSYと呼ばれる部品。大型トラックはエア圧でフットブレーキをアシストするので、ペダルの下部にブレーキバルブが付いている。このバルブがメンテ不良で不具合を起こすことがあるという。それと乗用車と異なり、ペダルがオルガンタイプなので、フロアマットがペダル下部に食い込みブレーキ引きずり現象トラブルがたまに起きるという。こうなるとライニングはあっという間になくなり、危険となる。

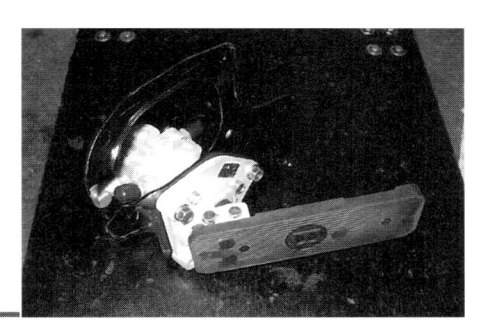

(左)ポピュラーに使用するボルト＆ナットコーナー。M4からM16が揃っている。同じネジ径とピッチでも長さが異なるものもスタンバイしている。

(右)リンク部品のコーナー。ビニールを被せられているのでわかりづらいが、上からエアドライヤー、ブレーキバルブ、クラッチブースター、エアドライヤーだ。いずれも交換頻度の高い部品。

できないことを意味する。エンジンオイル管理の大切さは、骨身に沁みているようだ。

大型トラックの場合、排気量1万3000ccとエンジンは乗用車の10倍にも達する。オイル容量も35〜40リッターとこれまた10倍。ディーラーでオイル交換とオイルフィルターエレメント(6100円)を交換してもらうと工賃(8000円)込みで4万円オーバーとなる。乗用車なら、1万円でおつりがくるので4倍以上と思ったら早計で、オイル交換スパンは3万〜6万キロ(3万キロごとはCD級オイルで、6万キロごとはCF−4級の高級オイルのとき)とターボ付きの乗用車に比べ6倍から12倍長い。

■ピストン1個が3万円強の世界

金額の話になったついでに、気になる大型トラックの部品代をたずねてみた。

三菱ふそうスーパーグレートに載る直列6気筒の6M70型エンジンのピストン1個が3万4300円で、1600cc直4エンジン乗用車の例ではピストンピン付き4個セットで3710円

213

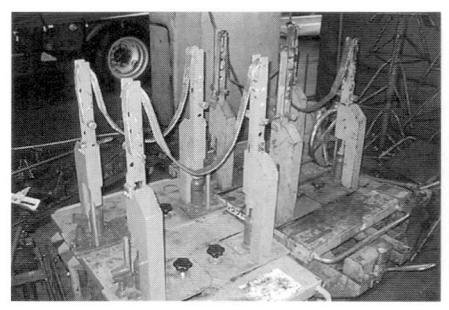

ミッション台。クラッチのオーバーホールをするとき、車両から取り外したミッションを一時ここに置いておく台だ。乗用車はいまやATがほとんど、しかもミッション自体が軽いのでこうした機器はまず見かけない。

部品倉庫には使用頻度の高いブレーキライニングを在庫している。ライニングがいかに大きな部品か写真から想像して欲しい。

荷物を載せて動くトラックにはクラックなどの不具合がたまにあるらしくリーフスプリングがスタンバイしている。この部品倉庫に在庫していない部品については、神奈川県厚木にある部品デポから一日2回の便でこの工場に運ばれる。朝10時に注文すれば午後2時30分には到着するという。

部品倉庫の全貌。街の部品商ほどの規模である。消耗部品はここで間に合う。

であるから全く違う(約35倍)。ファンベルトが7520円で3倍弱、ウォーターポンプが5万8800円で、これは5倍以上である。ターボチャージャーが52万5000円(リビルトなら約半額)、サーモスタットが4400円、ブレーキライニングがフロント1軸(8枚分)3万6500円、リア1軸(8枚分)が4万9100円。

　大型トラックは、お金を稼ぐ存在とはいえ、乗用車から見るとメンテナンス費用がずいぶん高額となる。そのためディーラー工場などは大口の顧客、たとえば100台とか150台所有している運輸会社などと≪年間整備契約≫をして、スケジュール整備、車検に対応している。その費用は、ライバル工場から見ると一番知りたい数字なので明確には答えてもらえなかったが、その口ぶりから想像すると「ベーシックな軽自動車1台分ほどの金額」であるらしい。

8. ディーラーサービス工場

日常点検の大半は、フロントパネルをあけるとできる。向かって左側にクラッチのリザーバータンクとウインドウオッシャータンク、右手にLLCのリザーバータンク。中央にヒーターホース、ブレーキライン、中央手前にエンジンオイルのフィラーキャップがある。

フロントパネルには、エンジンオイルのレベルを見るオイルレベルモニターが付いている。緑色のランプならOKで、LOW側の橙色ならオイル量が少ないことを示し、FULL側の橙色なら逆にオイルの入れすぎを示している。

大型トラックの車検検査コーナー。後ろ2軸タイプの車両も使用できるように手前にローラーが数多くある。全長は15mである。

　トラックの年間走行キロ数は、乗用車の約10倍ともいえる10万キロである。だから、トラックの寿命はざっくりいえば100～150万キロ。この間にキャブを取り替えることもあるし、エンジンを載せかえることもないわけではない。たとえば、ホイールベアリングを例にすると、大型車の場合、1軸の片側にインナーベアリングとアウターベアリングで、いずれもテーパーローラータイプ。このホイールベアリングなど乗用車では一生モノであるが、大型トラックの世界では40～50万キロで交換。その間の車検ごとに取り外し、新しくグリースを封入しセットする。これを怠ると、信号で止まるごとにゴロゴロと不快な音を発生する（よほどのベテランドライバーでないとトラックの場合確認できない）。これがひどくなると車軸にクラックが入り、重大事故に結びつくという。

　愛車の部品の交換をしたことのある読者なら理解していると思うが、クルマを修理する立場で対象のクルマを眺めると、サービス性、つまり目標の部品にスムーズに手

に持つ工具が入り込み、回りに邪魔な部品が大きな顔をして立ちはだかっていないのがいい。工具はできることなら通常のメガネレンチやソケットツールといったハンドツールでことがすみ、高価でその後使用頻度の低そうな特殊工具(SST)の必要がないならもっといい。大型トラックの整備士にたずねたところ「部品がでかいからサービス性がいいかと思いがちですが、意外とそうでもないです」という答が返ってきた。

重いタイヤを楽々運べるタイヤドーリーなどトラック特有の省力機器もあるが、それでも部品1個の重量が乗用車のそれにくらべ3〜5倍重く、レンチをボルトの頭に嚙ませ回そうとしてもまわりの部品が邪魔をして振り幅が十分とれずに困るというケースも少なくないという。

しかも、トルク管理をきちんとしなくてはいけない部位が大型トラックには多く、ひとつの作業時間が比較的長くかかる傾向だ。たとえば、ウォーターポンプの脱着の場合、フロントカバー(タイミングカバー)のなかにあるタイプと違いエンジンブロックに取り付いているタイプなので有利のはず。ところが、LLCを抜き、オルタネーターの取り付けボルトを緩め、各ホースを外すという一連の作業で2〜3時間かかる。構造は乗用車よりシンプルだが、各部品が大きく、大きな工具を使い、しかも作業者の動き代が多くなるため、好条件と思われるウォーターポンプですらこれだ。

■乗用車の整備の現場と大きく違うところ

最近では排ガス規制装置や騒音振動低減を目的とした装備が追加されたおかげで、サービスマンの作業は昔に比べ多くなっている。たとえば、燃料のサプライヤーポンプを脱着するためには周辺のパイプなどを取り外さなくてはいけなくなったし、EGRクーラーの追加でヘッドカバーの脱着時間も長くなった。アンダーカバーを外したり、インシュレーターを外したりと、昔のトラックにはない部品の追加で、整備士からみると前作業を強いる傾向にある。

4柱リフトを備える大型車のストール。柱自体がレールの上を前後にスライドし、左右を結ぶバーがスイッチひとつで最大2m持ち上がり、下回り整備ができる仕掛け。前後とも一度にリフトアップもできる。

8. ディーラーサービス工場

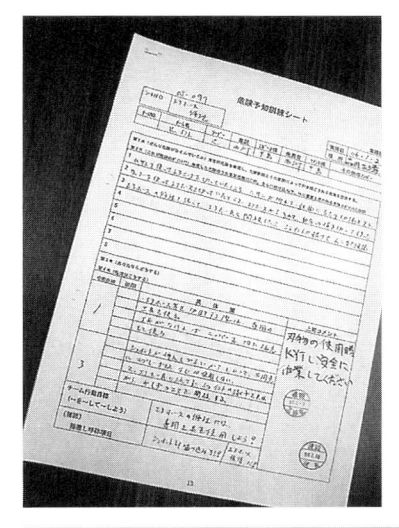

参考までに見てもらいたい。こちらは別棟の小型トラック専門の吊り下げ式リフト。これは下に何もないのでよりサービス性が高い。

「危険予知訓練シート」。整備士は日常の仕事がいわば危険に取り囲まれている状態。そこで、文字でいろいろな危険状況の情報を読んで、聞いて、つねに危険回避シミュレーションをしている。

　中型トラックにもいえるが、とくに大型トラックのサービス業務で、スタッフ全員が最大限気をつけていることは、安全面だという。大型トラックの場合は、2人とか3人の複数で作業すること、しかも対象とするトラック自体が大きいため、ともすれば姿が見えない。姿が見えないということは「存在しない」と判断して、ことに当たることがあるので、安全を十分確保して作業をする習慣を付けさせる必要が乗用車整備にくらべ格段に高いという。

　こうした安全性を考えて、エンジンキーを差し込んだままのサービス作業は絶対おこなわないし、ストールに入っている間は必ず輪止めをかけ、不用意に車両が動かな

大型車軸に付いているブレーキライニングは、全部で4枚。左右で8枚。シューはリベットで止まっている。

大阪の茨木工場に返却されるリビルトエンジンのコア（素材）が木枠で梱包され、これから送り届けられる。

217

い状態をキープしているという。このあたりも乗用車をサービスする世界とはずいぶん違うといえそうだ。

　安全性に関しては、全国の三菱ふそう整備工場からの「ヒヤリ・ハット」情報などを社員全員に読んでもらい、注意を常にうながしているという。「ヒヤリ・ハット」というのは、思わぬ危険状況に遭遇してヒヤリとかハッとする、という意味である。

　例えば、「ツナギ置き場で散乱したツナギで足が絡まり転びそうになった」といった情報から、ミッションを降ろしたときの危険情報などだ。大型車のミッションをフロアにおいた状態で、不意に倒れそうになった場合、乗用車のエンジンやミッションなら人の手で支えることができるが、大型の場合、作業員が支えようとしても抗しきれず、ひどいときには身体の一部をつぶしてしまう大ケガを招くため「そんなときは部品の破損を考えず逃げろ！」と教えているという。ここも乗用車の整備の現場の常識とは大いに違うところだ。

空港で活躍する構内車もクイック修理で入庫していた。天井上から吊り下げられているホース類はエアホース、グリス、ブレーキフルード、エンジンオイルの4つだ。

9

トラックのチューニング及びドレスアップ

　トラックは、ドライバーみずからがその車両のオーナーといった例外もあるが、大半は所属企業の所有物。だから通常の乗用車と同じようにチューニングやドレスアップを楽しむのは限界がある。しかも、ここ数年のディーゼル排ガス規制でエンジンをモディファイすることは実際上不可能。デコトラ、あるいはアートトラックといわれる満艦飾に飾り付けをしているトラックは、ほぼ例外なくドライバー自身がオーナーである。
　オーナーでないトラックドライバーも、できるだけ運転を楽しんだり、快適な運転席空間にしたい気持ちはマイカーのドライバーと少しも変わりがない。社外品＝非合法という意識が拭い去れない向きもないとはいえないが、数年前の規制緩和で合法的

空力特性を高め、省燃費など経済的効果が期待できるドラッグフォイラー。素材はメトンと呼ばれる樹脂製で、肉厚は約5ミリ前後、重量50kg（大型トラックの場合）。ルーフ上にあらかじめセットされている2×4個の計8個のM8ボルトでとめられる。

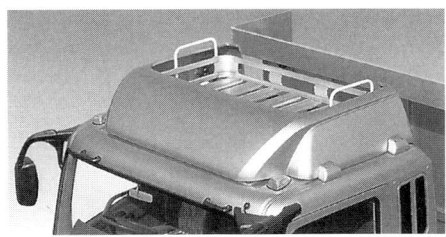

サイドスカート。これ単独でも高速走行時の燃費が約3％も改善するといわれる。

なチューニングの幅がずいぶん広がったこともあって、実際には許容範囲が広がり、その背景には使用者責任というバックボーンも育ちつつある。

　チューニングの世界には、大きく分けて、自動車メーカーもしくはディーラーが扱ういわゆる純正チューニングパーツ（アクセサリーパーツとも呼んでいる）と社外のチューニングパーツとがある。ここでは、この純正および社外チューニングパーツを含め、チューニングの実際を取材した。

■トラックのエアロパーツ

　まず、エクステリアのチューニングパーツ。いまやすっかり珍しくなくなったキャブの屋根に取り付けられているエアロパーツ。

　トラックはいわゆる前面投影面積が大きいため、燃費悪化をひきおこす空気抵抗が乗用車にくらべ大きい。とくにキャブのルームの形状がフラットだと流れる空気が渦を巻きそれが抵抗となる。そこで、ルーフにエアロパーツを取り付けることで後ろのパネルボックスとの段差をなくし、抵抗を減らそうというもの。ふそうの場合、これはドラグフォイラー（ドラッグは引きずるモノ、つまり抵抗。フォイラーはかき消す、という意味。全体で"抵抗をくじくもの"）という商品名。

　ルーフにはあらかじめ4～6箇所の隠しボルト（M8のボルトが多い）があり、これを利用してかなりの重量物（大型で約50kg）を取り付ける。こうしたエアロパーツの素材に

ルーフの掃除などで活躍する梯子。大型車の場合車幅が限られているので、可動式が少なくない。手前に引くと車体とのクリアランスが増え足をかけることができる仕掛け。これに限らないが、外装部品の大半は、見栄え向上のために取り付けるドライバーもいる。

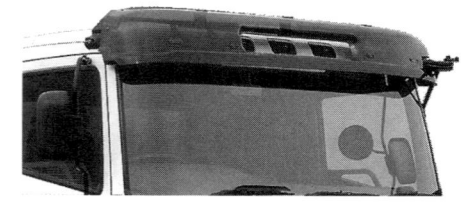

アクリル製のフロントウインドウバイザー。直射日光から目を守るだけでなく、北海道などでは霜よけ効果も期待できるという。

昔からトラックドライバーに人気なのがメッキバンパー。見た目向上部品だ。

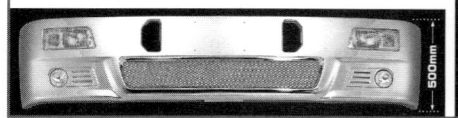

こちらもメッキバンパー。

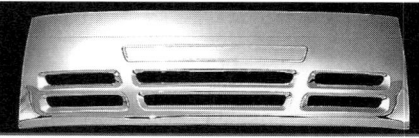

9. トラックのチューニング及びドレスアップ

中型車用の社外メッキバンパーがずらり。3万〜7万円である。

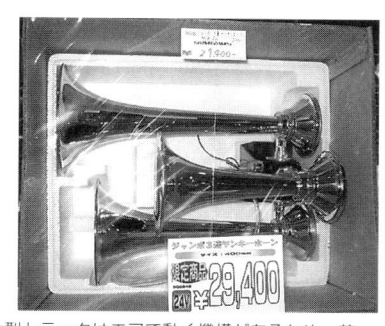

大型トラックはエアで動く機構があるため、昔からヤンキーホーンの取り付けは少なくない。

意外と人気なのは、このホイールナットカバーで、ステンレス製、樹脂製、鉄メッキ製の3タイプある。価格は1個300円台の世界。

人気のクリアレンズがずらり揃っている。もちろん車種別で、1セット3000〜8000円。

フロントガラスの油膜を落とし安全運転をキープするワイパーアーム。3000円前後。替えゴムタイプは1310円だ。

は大きく分けてディスクロペタジェンという樹脂製タイプと、おなじみのFRPの2タイプある。前者はあらかじめ上型と下型の型をつくるため準備コストがかかるが量産性に優れ、後者は型費用が省けるため少量生産に向いている。肉厚自体は両方とも4.5〜5mm程度とされる。このルーフに取り付けるドラッグフォイラーにさらに側面の隙間に取り付けるサイドデフレクター、さらには両サイドのあおりの下部にサイドスカートを付けることで、4〜10%の燃費改善が見込まれるという。

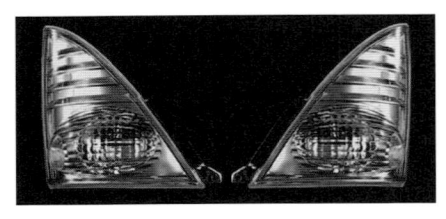

左上・大型車用のステンレス製ホイールカバーセット。
右上・メッキのミラーカバー。
中・クリアタイプのウインカーレンズ。
下左・丸型3連テールランプ。リレー付きで5万円台。
下右・フロントグリルを一新するカスタムオーナメント。

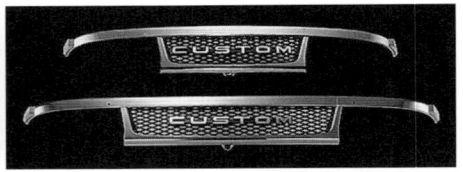

　以上のデータは、純正エアロの場合で、社外品の場合は、燃費効果が純正の7～8割程度だといわれる。ただし、社外品の最大の魅力は、大型トラックの純正品が24万円もするのに対し価格が5～6掛けで手に入る点だ。
　トラック用品独特のアクセサリーのなかに「キャブタラップ」というものがある。キャブ側面に取り付ける梯子のことだ。
　キャブのルーフの上に登り洗車をしたり、ルーフに積もった雪降ろしをしたり、荷物の積み降ろしをするときに便利だけでなく、見栄えを高めるために取り付ける人もいる。
　大型トラックに限っても、どこの自動車メーカーも可動式、固定式、ステンレス製、スチール製の組み合わせで6タイプほど用意してあるのは、「月に100本以上も売れる」(ふそうの用品担当者)からに違いない。可動式というのは中型にはないもので、普段はキャブのパネルに張り付いている状態だが、使用時に手前に引き出すことで足がかかるクリアランスが確保でき梯子として機能できる。
　大型トラックの場合全幅2400ミリのなかで付けるので、ともすれば保安基準を外れるための苦肉の設計が可動式というわけだ。固定式のスチール製は左右で4万円ほどだが、ステンレス製になると固定式で9万円、可動式だと10万円となる。

9. トラックのチューニング及びドレスアップ

　トラックの世界で昔から定番の外装部品はメッキバンパーである。これこそ見栄えを高める部品で、ふそうだけでも月に200本以上販売するという。ただし、このメッキバンパーは補修部品(つまり破損して新品に交換するというケース)としての位置づけもあるので、その数すべてがチューニング用に使われているとはいえない側面がある。大型トラックのメッキバンパーは1本8万円もするが、社外品だとランプ類の付属部品付きで8掛けあたりで手に入るという。

　トラックの世界では、バンパーに限らず≪メッキの部品に交換して見栄えを高める≫という領域がある。ドアガーニッシュ、ホイールキャップ、センターキャップ、ステップ回り、クオーターガーニッシュ、ドアハンドルのガーニッシュ、ミラーキャップ、フロントパネル、フロントグリル、ワイパーアームなどなどまるまるメッキ仕立てにできるほど用品は揃っている。このあたりは乗用車にはない世界だ。

■人気の高い泥除け

　もうひとつ外装部品でトラック特有の用品としては泥除けがある。メーカーのオプションではマッドガードという呼称を使用しているが、この世界では≪泥除け≫がもっぱらの通り言葉。ノーマルではタイヤ&ホイールのまわりに板金製のフェンダーが付くが、これだけだとタイヤがはねた汚れが車体の裏側に付着する。そこで、2重

フロント部分に社外の泥除けを付けたところ。

泥除けのバタつきを防ぎ、泥除け自体の寿命を長くするマッドガードフレームは、昔からのトラックの用品の定番だ。

こちらは、リアの泥除けをつけているところ。

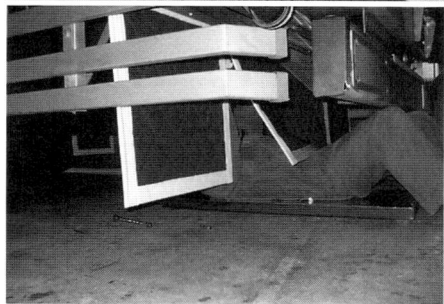

社外の泥除け。フロントタイヤに付ける小さいタイプである。色や大きさ、デザインがいろいろある。

これも社外の泥除け。横断幕状のかなり重量タイプで、大型車用ともなると縦600mm、横2350mmの大きいものだ。

3重の泥除けを取り付けることも珍しくない。しかもトラックの泥除けは面積が広いので並の薄手の泥除けでは、走行中パタパタしてときにはタイヤとの間に巻き込み短期間で破損する。そこで、そのパタパタ現象を抑えるためと泥除け自体の耐久性を高める目的で、コの字型のフレームを取り付ける。これにもメッキタイプとステンレスタイプの2種がある。

こうした純正品とは別に泥除けの世界は、乗用車のことしか知らない人には想像を超えるものがある。肉厚数ミリのいかにも重量級で、しかもトレッドいっぱいの、のぼりを横にした横断幕状の泥除けが売られており、これがかなりの人気だという。機能部品というよりも見栄えを高めるための用品である。

神奈川県伊勢原市にある国道246号沿いの某トラック用品店では、この泥除けコーナーがあり、大きさ、色、素材などいくつものタイプが並び、横の工場では購入した泥除けの加工＆取り付けサービスもしている。

たまたま静岡から訪れた10トン車がこの泥除けを購入し、取り付け作業の一部始終を見ることができた。223頁の写真にあるようにバタつきをなくす目的で下部にアングルを取り付けたタイプで、フレームにドリルでM10ボルトが取り付く穴をあけ、20分ほどの時間でしっかり取り付けられる。価格は工賃込み前後で4万3000円と純正にくらべはるかに低価格のようだ。ちなみに、この10トントラックドライバーは、所属する会社に事前に泥除け取り付け許可を得てきたが、その費用はドライバー個人のポケットマネーから出していた。実は、泥除けの世界は歴史が長くしかも関心度が高いせいか、各地区の用品部品メーカーがトラックオーナーの要望にこたえ屋号を入れたり、独自のメッセージを書き連ねたりする。いわば

マーカーランプ。接触や球切れで良く交換することもあって人気の商品。白熱球とLEDとがある。

オイルコックチェンジャー。オイルパンの底に付いているドレンボルトの代わりに付けることでいちいちレンチでドレンボルトを外す手間なしにオイルを排出できる。少し操作力が重いレバーを90度動かすだけで廃油を排出できる仕掛け。

オーダー部品の世界なのである。

　トラック用品店で一番売れるのは、マーカーだという。マーカーもかつては白熱球専門だったが、最近ではLEDタイプも増えている。月に1000個近く売られている用品店もあるほど。

　ちなみに、トラックの側面に3個とか5個とか奇数個使用していて、1台分だと6個、10個単位で、白熱球だと300円から500円ぐらいで手に入る。LEDはそれより高価で1個2000円前後だが、消費電流が少なく、使い勝手がいい。

スーパースエットエクセレント。機械的なスプリングを内蔵したあおりの自動開閉装置。早い話スプリングの反発力を利用してあおりの開閉作業をアシストするのである。3万〜4万円と意外に高い。

■DIYでオイル管理してセーブマネーするドライバー

　一昔前の乗用車のオーナードライバーのなかには、オイル管理をするユーザーが少なからずいたが、いまはディーラー、整備工場、あるいは大型カー用品店で済ませるケースがほとんど。ジャッキアップするための装備や機器、それに抜いた廃油の処理を考えると面倒だからである。

　ところが、トラックユーザーの世界では、オイル管理をDIYするケースが今でも少なくない。これは大型トラックの場合、オイル容量が35〜40リッター、中型トラックでも約20リッターと乗用車の10倍、あるいは5倍なので人任せだとどうしてもコストの高いものになるからだ（ディーラーに頼むと4万円オーバーだ）。こうした背景から、よく出るメンテ用品が「オイルコックチェンジャー」である。オイルコックチェンジャーは、オイルパンの底に付いているドレンボルトの代わりに取り付けるもので、文字通りそのコックを手でひねる（といっても簡単に動かないようにある程度の力が必要）だけで、容易に廃油が下に落ち、オイル交換の手間がずいぶん、これだけで楽になるという用品である。ちなみに、大型トラックエンジンのオイルパンに付くドレ

ンボルトの2面幅は、日野が32mm、いすゞと三菱ふそうが27mm、日産ディーゼルが24mmだ。

　このオイルコックチェンジャーは、実は25年ほど前まで乗用車用も見かけたのだが、縁石などにぶつけ破損してオイルが抜けたり、オイルパンのドレンボルトネジをいためオイルパン交換のトラブルを引き起こす可能性ありとしていつの間にか姿が見えなくなったのだが、トラック用品として生き延びている。メーカーオプションになっていて、ふそうだけでも年間レベルで1000個以上の注文を受けるという。単純計算すると年間5000個以上売れていると想像できる。価格は4410円。ホース付きタイプは6825円だという。

■運転時間が長いトラックのキャブ内用品の世界

　インテリア部品も乗用車の世界では想像できないほどのまったく異なる世界が展開される。

　その代表的な用品は、ハンドルカバーとシフトノブ。2つとも直接ドライバーの手

中型〜大型、ほとんどどんなトラックも申し合わせたように付けているハンドルカバー。大型車になると50センチφだ。価格が手頃で、運転席回りががらりと変えられるところが受けているようだ。

ずらり並んだシフトノブ。これもトラックドライバーには定番アクセサリーのひとつ。

安眠セットや寝相の悪い人のためのベッドガードも揃っている。寝心地は良さそうだ。

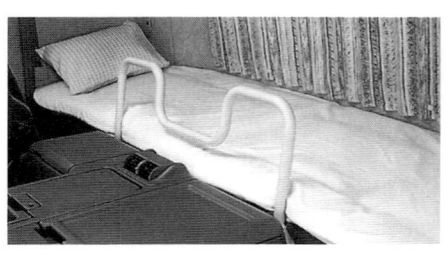

2名仮眠用のベッド。キャンピングカーと共通した用品の一つといえる。純正品だと5万円以上もする。

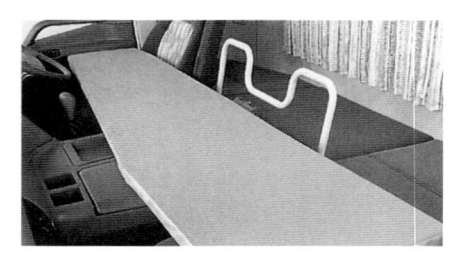

がタッチする個所だけに、乗用車にはない"常識"めいたものがある。

　シフトノブをまず検証してみよう。1970年代のトラックを想像するとシフトレバーは床から出ていたせいで、シフトチェンジするたびに身をかがませたりする必要があり、シートポジションとシフトレバーの距離感を、シフトノブを付け替えることで調節するケースも珍しくなかった。ところがいまのトラックは、乗用車以上にシートアジャスターをはじめドライビングポジションのアジャスト機構が充実しているので、かつてのドライバーが強いられたような全身を動かしてのシフトチェンジは不要。人間工学的によく考えたドライビングポジションを取ることができる。シフトノブは、いまや機能を高めるという意味ではなく、自分の仕事場である運転空間を自分流に変身させたいアクセサリーである。3000〜5000円と比較的手軽に手に入るため、用品店ではよく売れる商品のひとつだという。

　ハンドルカバーもそれとよく似ている。

吸湿シートカバー。トラックならではのシートカバーで、濡れた衣服のまま座っても吸湿効果があるので、大丈夫。汚れが付着したらきつく絞ったタオルで拭き取るかドライクリーニングするのだそうだ。

　理にかなった運転操作を約束するのは、純正のステアリングホイールで十分なのだが、常に手に触れている部品だけに、≪自分流でありたい≫という気持ちが沸き起こる。乗用車と違いトラックは、モノを運ぶ車両で運転を楽しむ乗り物ではない、というドライバーの堅苦しい意識を、ハンドルカバーを取り付けることで解消しているのかもしれない。トラック用品店の店長いわく「白色のハンドルカバーが人気です、うちでは月に200個以上出ます」とかなりの人気アクセサリーである。白だとすぐ太陽光線をうけてダメになると思いきや「UVカットビニール素材」を使用した商品まであり、

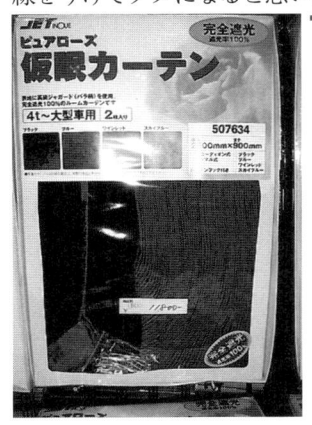

トラック専門店では、仮眠用のカーテンが安く販売されていた。1万1800円だ。完全遮光が謳い文句だ。

昼間でもこれがあれば車内で熟睡できそうな「ラウンドカーテン」。純正品だけでなく社外品もある。

227

耐久性がそれなりに高いという。ハンドルカバーは3000〜5000円とシフトノブ同様手軽に手に入ることもあり、たいていのトラックが付けているベストセラー用品となっている。

なお、官庁をはじめ比較的堅い企業に出入りしているトラックにも、こうしたハンドルカバーやシフトノブを付けている車両がある。なかにはステッカーひとつ貼っても出入り禁止となる企業もあるが、インテリアパーツはある程度市民権を得ているようだ。

安眠したいドライバーのための羽毛布団セット。価格は5670円と意外と安い。

長距離トラックの世界で仕事の疲れを軽減したり、快適なキャブを演出するのが、ラウンドカーテンと呼ばれるものだ。これは、キャブ前後左右の窓部分を厚手のカーテンで覆い尽くすもので、車内での仮眠にはとても重宝する。純正にもこのラウンドカーテンがあり3万〜5万円とかなり高価。用品店では、各種サイズが揃っていて、素

リアガラスに貼り付けて使用する「蓄冷式リアクーラー」。走行中に蓄冷剤を冷やしておくことで、アイドリングストップ時もベッド部を快適に維持できる。目安の快適維持時間は約4時間だという。

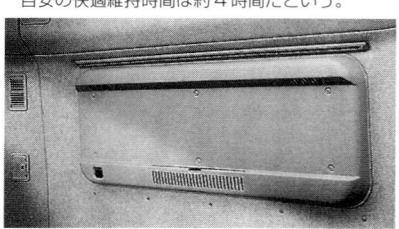

蓄熱式の仮眠マット・ひだまりくん。24Vコンセント仕様で、1時間弱蓄熱しておけば、約8時間も表面が暖かい状態を維持する。省エネ用品として人気が高いという。

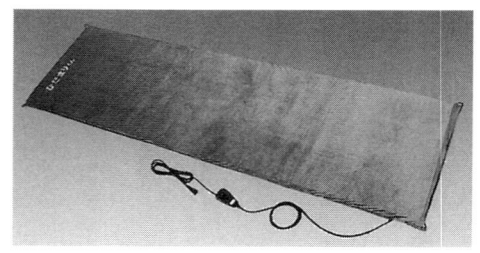

24V用の車内扇風機。6インチタイプと8インチタイプの2つがあり、価格はどちらも2310円。

後付の空気清浄機。12V仕様なのでDC-DCコンバーターを介して使うことになる。

9. トラックのチューニング及びドレスアップ

材にもよるが価格も半分ほどで手に入る。ふそうの用品担当者によると大型トラックでの装着率は20%弱で、中型はそれより低く10%ぐらいではないかという。

■省エネ大賞の用品も登場

　大型トラックの運転席の背後には横になれる空間がある。
　そこで使う安眠セットという名の布団と枕セットもあるし、なかには羽毛布団セットも揃っている。車中泊の経験からいうと、夏場と冬場はつらいものがある。夏涼しく、冬暖かいコンディションで横になりたいのが人情だ。そこで、蓄冷式リアクーラーと蓄熱式仮眠マットがある。前者は、大型車がデビューした1996年ごろに登場した用品で、走行中に蓄冷材(アイスノンのようなもの)を冷却しておき、エンジン停止時でもベッド部の温度を約4時間前後快適に保ち続けるという用品で、夏場のアイドリングストップ時でも快適な睡眠がとれる。
　蓄熱式仮眠マットは、55分間フルに蓄熱しておくと室温20℃で表面温度40℃を約8時間キープするという優れもので、いずれも省エネ用品として購入時に手続きをすれば補助金が出るという。
　快適なトラック生活で、冬場一番手頃に活用するのは、24V用のカーポット。シ

車載用のポット付き温冷蔵庫「飲みごろくん」。24V仕様で価格は8万4000円。

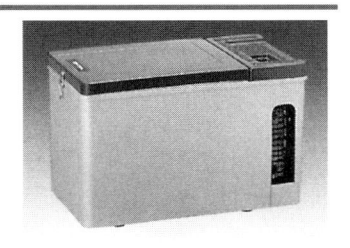

24ボルト用のカーポット。20分ほどで温かいお湯ができる。容易にコンビニの駐車場に止まれない大型トラックドライバーの必携品らしい。価格は5000円。

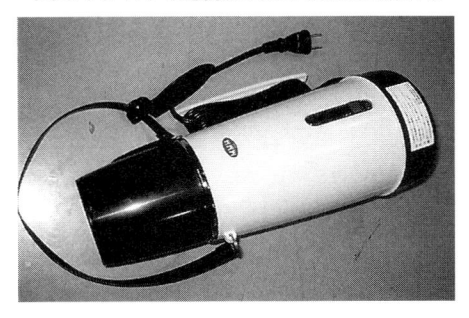

車載用冷凍冷蔵庫。容量が15リッターで、12V、24V、100V電源いずれでも使えるところが便利。冷凍－18℃、冷蔵＋5℃、350ミリリットル缶なら23本も収納するという。

アルミ製の燃料タンク。150～300リッターの6タイプ揃っている。保安基準上は問題なしだ。

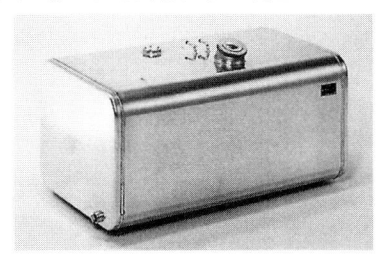

HIDは実はトラックの世界がパイオニア。これはそのチューニングバルブ。145／140Wだという。価格は7120円。

デコデコの愛称でトラックドライバーには広く知れわたっているDC-DCコンバーター。通常のカー用品店で手に入る乗用車用、つまり12V用の電機用品を24Vの大型トラック電源で使用するときの必携の用品がこれ。容量で価格が大きく異なる。たとえば13A用なら7880円。

ガーライターから電源をとり20分前後で熱いお湯ができる。車内でカップラーメンが楽しめたり、キャップ自体がカップにもなるので、インスタントコーヒーを味わえる。これなら5000円ほどで手に入るが、メーカーでは「車載用ポット付き温冷蔵庫・飲みごろくん」(価格8万4000円)もカタログに載せている。24V仕様で350ミリリットルの缶を入れることができいつ何時も暖かい、あるいは冷たい飲み物を楽しむことができる。大型トラックの場合、コンビニに気楽に入る駐車スペースがないため、こうしたアメニティ用品が人気だという。このほか、夏場の虫を寄せ付けないモスキーネット、空気清浄機や車載用の冷凍冷蔵庫までラインナップしている。こうなると車内はキャンピングカー並みの装備に近いといえる。

■人気用品のデコデコとは

トラックの世界では、その世界でしか通じない専門用語というか符丁なるものがある。

「デコデコ」というのもそのひとつで、これはDC-DCコンバーターのこと。24Vの大型トラックの車内で、12Vの電気用品、たとえばカーオーディオ、カーナビ、カーポットなどを使うとなるとこの「デコデコ」が必需品となる。価格は容量(12Aから40Aまで)にもよるが、だいた

これがデコデコ、つまりDC-DCコンバーター。これを介して24Vを12Vに変換できるのである。中身はコイルなので長時間使うと熱が発生するため放熱フィンが付いている。

9. トラックのチューニング及びドレスアップ

い3000円から1万4000円まである。デコデコと近い用品として「DC-ACインバーター」も揃っている。これは家庭用の100V電気製品、たとえばラジカセ、パソコン、TVなどを車内で楽しむ時の必需品。これもデコデコと同じで容量により価格に幅があるが、150Wタイプで6000円、大容量1000Wタイプで3万円弱である。

このほか、メーカーのアクセサリーカタログには、"多機能収納ケース"なるものがある。これは数年前女性の大型トラックドライバー（少数派だが）のための企画商品で、キャビン片隅に置いておくと、衣類を収納でき、しかも下部は仮眠用に足が納まるというもの。

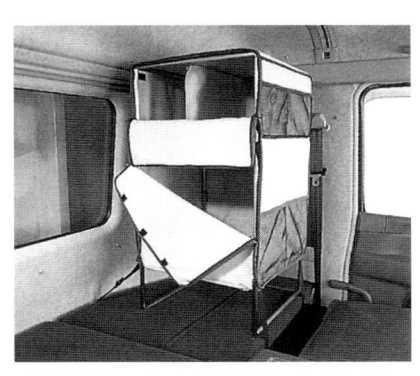

多機能収納ケース。女性ドライバーをイメージして企画した用品で、仮眠時に下部に足をもぐりこませられるのがミソ。30年ほど前独身女性ご用達だったファンシーケースのクルマ版である。

作業着からデート用の素敵な洋服に着替えたり、パーティ用に服装を収納するなどの意図だったが、あまり注目されないという。いずれにしろトラックのキャブ内は、乗用車の世界とはまるで異なる"働く現場をより快適にする"新しい用品や仕掛けがこれからも生まれる予感がする。

231

トラックのすべて		
2006年3月22日初版発行　2013年3月27日第7刷発行		
編 者	GP企画センター	
発行者	小林謙一	
発行所	株式会社 グランプリ出版	
	〒101-0051　東京都千代田区神田神保町1-32	
	電話03-3295-0005(代)　振替00160-2-14691	
印刷・製本　シナノ パブリッシング プレス		

©2006 Printed in Japan　　　　　　ISBN978-4-87687-281-7　C-2053

既刊案内

国産トラックの歴史

日本の近代化と高度成長を物流の面から支えたのがトラックだ。また国産自動車は乗用車より軍需に支えられたトラックから発達していった。紆余曲折を経た国産トラック史を、産業史と技術史の両面から活き活きと描き出す。

中沖　満＋GP企画センター編　A5判　240頁　　定価**2000**円＋税

建設車両の仕組みと構造

土木・建築の現場で活躍する建設車両は、ざっと見ても掘削、積み込み、運搬、道路建設など用途も多種多様だ。一般の人にはあまり知られることのない建設車両の仕組みと構造を図解説明する。

GP企画センター編　　A5判　264頁　　定価**2000**円＋税